国家自然科学基金项目（41971164，41630644）
中国科学院战略性先导科技专项（A 类）(XDA23020101) 联合资助
第二次青藏高原综合科学考察研究子专题（2019QZKK0406）

欠发达地区资源环境承载力约束与可持续调控研究

周 侃 著

科学出版社

北京

内 容 简 介

　　本书以欠发达地区资源环境承载力的多尺度特征刻画、致贫机理揭示及可持续调控路径探索为目标，采用宏观与微观分析相结合、要素与综合评价相结合、时序演化与尺度效应研究相结合、数值模拟与实地校验相结合的研究方法，定量评估欠发达地区资源环境承载力格局，初步解析区域相对贫困与资源环境承载力的作用关系。本书由三个篇章组成：上篇，重点阐释研究背景与意义、国内外研究进展、基本概念与原理等导论；中篇，主要通过宏观尺度实证分析，探索欠发达地区资源环境承载力特征、致贫机理及承载力剧变背景下欠发达地区的经济韧性；下篇，以宁夏西海固地区为典型区域，探索微观尺度资源环境承载力评价与承载状态测度方法，研究其资源环境承载力提升及可持续调控模式。

　　本书可供欠发达地区国土空间规划与治理、各层级资源环境承载力评价与监测预警、差异化反贫困政策制定时参用，也可为地理学、国土空间规划、区域科学、资源科学、环境科学等相关领域的研究学者、规划工作者、管理决策者及高等院校相关专业师生参考。

审图号：GS 京 （2022） 0072 号

图书在版编目（CIP）数据

欠发达地区资源环境承载力约束与可持续调控研究 ／ 周侃著 . —北京：科学出版社，2022.6
　　ISBN 978-7-03-070498-6

　　Ⅰ. ①欠…　Ⅱ. ①周…　Ⅲ. ①不发达地区–自然资源–环境承载力–研究–中国　Ⅳ. ①X372

中国版本图书馆 CIP 数据核字（2021）第 225884 号

责任编辑：杨逢渤／责任校对：樊雅琼
责任印制：吴兆东／封面设计：无极书装

科学出版社 出版
北京东黄城根北街 16 号
邮政编码：100717
http://www.sciencep.com
固安县铭成印刷有限公司印刷
科学出版社发行　各地新华书店经销
*
2022 年 6 月第 一 版　开本：787×1092　1/16
2024 年 3 月第三次印刷　印张：14 3/4
字数：350 000
定价：188.00 元
（如有印装质量问题，我社负责调换）

前　言

　　我国自然地理环境复杂多样，资源环境系统对社会经济发展的强烈约束是客观存在的国情。然而，长期以来，我国资源环境承载力约束的客观性普遍被忽视，快速工业化与城镇化进程付出了过度依赖消耗资源、牺牲生态环境的巨大代价，人口和经济增长与资源保障、环境容量、生态保护之间的矛盾尖锐，造成局部乃至全局性的资源短缺危机、环境污染危机、生态破坏危机，严重阻碍了国家生态文明建设进程和全面协调可持续发展。尤其是在我国的欠发达地区，在总体薄弱的资源环境承载力本底上，过去很长一个时期内人口持续增加、产业发展粗放、设施支撑不足、市场体系建设滞后、自我发展能力偏低，加之老、少、边、穷等社会经济文化因素作用，往往是资源环境与社会经济系统相互交融、承载力超载问题突出的关键区域，还是各类可持续发展问题叠加、人地关系总体处于紧张状态的弱势区域和问题区域。

　　资源环境承载力作为特定区域的资源环境系统对人类生产生活活动支撑能力的综合表达，是认知区域人地关系可持续性的重要量具，其研究范畴既包括土地资源、水资源、环境、生态和灾害等单要素承载力，也涵盖多要素共轭下的综合承载力。由于普遍面临资源赋存、环境容量、生态安全及灾害风险等多重约束，欠发达地区的资源环境承载力通常本底值低、未被人类占用的剩余值少、未来可供持续利用的潜力值小，使欠发达地区成为资源环境承载力评价及人地交互研究重要的"试验场"。

　　早在 20 世纪 80 年代，世界环境与发展委员会（World Commission on Environment and Development，WCED）就指出，区域贫困与资源环境之间是相互依赖与相互强化的螺旋下降过程（Downward Spiral），认为对欠发达地区的经济扶持通常依赖于当地资源利用和环境损耗，在取得快速经济增长的同时，因自身技术手段落后、开发模式粗放，掠夺型发展方式造成资源环境进一步恶化，并加剧生存困难与发展不确定性。2015 年，联合国将"消除贫困"列入 2030 年 17 项可持续发展目标（Sustainable Development Goals，SDGs）之首，消除贫困以提升区域可持续性成为研究热点。目前，大量研究从各类资源环境要素的退化及承载力评价入手，反映了欠发达地区承载力同贫困生成、演化与变迁的多尺度时空关联，并且从区域和个人层面指出，承载力与相对贫困的相互作用具有复杂性，且受到重大工程、气候变化、政策调控、当地社会文化等多重因素的影响。

　　面向欠发达地区经济、社会和生态效益相统一的区域可持续发展目标，需要以资源环境超载状态关键参数的量化表征、限制性因子的空间诊断方法探索为基础，结合资源环境承载力演化的社会经济响应和适应性研究，定量揭示承载力的长期演化规律及致贫贡献率，解决县域、镇域、村域、社区乃至家庭或个人层面的可持续调控手段精细化、精准化难题，因地制宜地实现欠发达地区的承载力卸载减负和系统提升。尤其要注重基于欠发达地区的承载力约束程度和地域功能类型，探索实现区域可持续发展和居民可持续生计的"区域+个体"互动发展模式，寻求不同空间尺度、不同发展阶段资源环境与社会经济在边际成本及效益上的综合权衡。基于上述背景，本书以欠发达地区资源环境承载力的多尺度特征刻画、致贫机理揭示及可持续调控路径探索为目标，采用宏观与微观分析相结合、要素与综合评价相结合、时序演化与尺度效应研究相结合、数值模拟与实地校验相结合的研究方法，定量评估了欠发达地区资源环境承载力格局，初步解析了区域相对贫困与资源环境承载力的作用关系。本书由三个篇章组成：上篇，重点阐释研究背景与意义、国内外研究进展、基本概念与原理等导论；中篇，主要通过宏观尺度实证分析，探索欠发达地区资源环境承载力特征、致贫机理及承载力剧变背景下欠发达地区的经济韧性；下篇，以宁夏西海固地区为典型区域，探索微观尺度资源环境承载力评价与承载状态测度方法，研究其资源环境承载力提升及可持续调控模式。

在本书撰写过程中，得到了作者所在单位中国科学院地理科学与资源研究所主体功能区和"双评价"理论方法研究团队的鼎力支持与帮助。研究团队以樊杰研究员为首席科学家，先后牵头研制了《资源环境承载力和国土空间开发适宜性评价方法指南》《主体功能区划技术规程》《资源环境承载能力预警技术方法》等技术规程，在我国历次重大区域规划、国土规划中发挥了重要作用。本书即是在樊杰研究员的悉心指导下，在作者主持的国家自然科学基金等项目资助下，参与研究团队承担的承载力监测预警机制、国土空间规划、主体功能区等重大生态文明体制改革研究任务时个人的延伸性学术探索，也是参与汶川、玉树、芦山、鲁甸等历次国家科技救灾及承载力评价后续开展的系列跟踪研究。

需要说明的是，本书下篇"微观尺度综合评价"的主体内容源自作者博士论文《区域资源环境承载能力评价方法及其理论基础研究》中针对宁夏西海固地区开展的 4 个实证研究章节，衷心感谢导师樊杰研究员的指导与培养，作者在学术道路的每一步成长，无疑都凝聚着恩师的谆谆教诲和悉心栽培，他渊博的学识、严谨的治学风格、唯实的研究态度将继续指引作者在未来的学术研究中继续进步。此外，本书第 13 章中提升西海固地区资源环境承载力的政策支撑体系一节，还参考了研究团队完成的《宁夏六盘山片区扶贫攻坚与区域发展规划》文本的部分内容，感谢徐勇、王传胜、盛科荣、陈东等对该部分内容的指导与建议。因篇幅所限，在本书末仅列出主要参考文献，难免存在书中引用但未列出的文献资料作者，特表示深深的歉意。

本书的出版得到了作者主持的国家自然科学基金项目（41971164，41630644）、中国科学院战略性先导科技专项（A 类）（XDA23020101）、第二次青藏高原综合科学考察研究子专题（2019QZKK0406）的联合资助。在本书研究资料收集过程中，得到了宁夏回族自治区乡村振兴局、固原市及各县区人民政府的支持与帮助，谨此向他们致以最真挚的谢意。此外，殷悦和伍健雄同学参与了繁重的书稿校对工作，在此一并表示诚挚的谢意。

2020 年后，中国反贫困重点已从解决绝对贫困区的精准脱贫转变为综合施策推动相对贫困区同步实现现代化。我们欣喜地注意到，在新时代背景下，欠发达地区生态文明建设显著改善了生态环境本底，基础设施投入极大提升了经济发展基础，加之在国家国防安全、生态安全、粮食安全、能源安全、社会安全格局中的战略地位更加凸显，欠发达地区具备了更优越的发展新局面。也要清醒地认识到，其资源环境承载力偏低且提升潜力受限、要素间变化响应敏感、超载后修复代价巨大等基本特征，决定了未来要系统解决相对贫困问题仍然具有长期性、艰巨性和复杂性。因此，诚邀资源环境生态研究学者、国土空间规划工作者、相关领域管理决策者、高等院校相关专业师生关注欠发达地区的资源环境承载力问题，从多尺度、多要素、多主体解析其致贫机理与调控策略，为综合施策推动欠发达地区高质量发展与现代化做出新的科技贡献。

　　由于作者水平有限，书中难免存在不足之处，欢迎读者批评指正。

周　侃

于中国科学院奥运村科技园

目　　录

上篇　导　　论

中篇　宏观尺度实证分析

下篇　微观尺度综合评价

上篇　导　　论

|第1章| 绪　　论

1.1　研究背景与意义

1.1.1　研究背景

1. 经济高速发展引发资源供需矛盾和生态环境问题

我国自然环境复杂多样，社会经济发展受地形条件、地质灾害、生态安全等要素的限制极大，加之人口高速膨胀导致资源供需矛盾和生态环境问题更加尖锐，资源环境系统对社会经济系统的强烈约束是我国当前客观存在的国情。从土地资源来看，我国人均平原面积仅 860m²，分别相当于欧洲和美国的 10% 和 7%，而 2007 年耕地面积总量为 18.26 亿亩[1]，只占国土面积的 12.68%，其中人均耕地仅 1.38 亩，不到世界平均水平（3.03 亩）的 1/2[2]。水资源亦承受着巨大压力，我国水资源总量为 28.13 亿 m³，占世界水资源总量的 6% 却要供养着世界 21% 的人口，全国人均占有水资源量约为 2029m³，仅为世界人均占有量的 35.40%，耕地亩均占有水资源量 1540m³，约为世界平均水平（74.67%）的 3/4[3]。据全国地质环境安全综合评价测算，我国地质环境极不安全区、不安全区合计占国土总面积的 8.75%[4]。地质灾害调查结果显示，全国除上海外，各省区市均存在滑坡、崩塌、泥石流灾害，现已记录编目的灾害隐患点约 28.85 万处，直接威胁 1891 万人和 4431 亿元财产的安全[5]。此外，生态系统脆弱性和敏感性日益凸显，水土流失与生态安全综合科学考察结果显示，我国水土流失面积 356 万 km²，约占国土面积 37%，因水土流失造成的经济损失相当于当年 GDP 总量的 3.5%[6]。

2. 工业化和城镇化进程以牺牲生态环境和过度消耗资源为代价

长期以来，我国高速的经济增长和大规模的城镇化是以过度消耗资源和牺牲生态环境

---

① 1 亩≈666.7m²。
② 联合国粮食及农业组织 . 2008. 联合国粮农组织统计数据库 . https://www.fao.org/faostat/zh/#home.
③ 世界银行 . 2021. 世界银行开放数据库 . https://data.worldbank.org.cn/.
④ 中国地质调查局 . 2019. 全国地质环境安全程度图 .
⑤ 国土资源部 . 2017. 全国地质灾害防治"十三五"规划 .
⑥ 《〈中华人民共和国水土保持法〉释义（一）》. 2011.

为代价所取得的。各地区在推进工业化和城镇化的进程中，普遍忽视本地资源环境承载力约束的客观现实，盲目做大 GDP 和城市规模，造成我国资源环境问题进一步加剧，经济发展与资源保障、环境容量、生态安全之间的矛盾日趋凸显。冒进地开展工业化和城镇化导致产业重复建设和城镇无序蔓延，全国耕地面积从 1996 年的 19.51 亿亩减少到 2007 年的 18.26 亿亩，人均耕地由 1.48 亩减少到 1.38 亩，18 亿亩耕地的红线面临被突破的危险①。人工渠道替代天然河流、人工水库替代天然湖泊，以及围垦造田造成河湖湿地生态系统严重萎缩。20 世纪 50 年代以来，在全国面积大于 $10km^2$ 的 635 个湖泊中，已有 231 个湖泊发生不同程度的萎缩，其中 89 个湖泊干涸，湖泊萎缩面积约 1.38 万 km^2，约占湖泊总面积的 18%；同样，全国天然湿地面积减少了约 1350 万 hm^2，减少幅度达 28%（谭飞帆等，2017）。

3. 资源环境承载力逐渐成为区域发展决策和国土空间规划的科学依据

20 世纪末以来，以人口、资源、环境与发展（Population Resources、Environment、Development，PRED）为核心的人地关系综合研究成为可持续性科学研究的重要科学命题，与可持续发展的资源环境基础评价密切相关的水、土、资源、环境承载力研究广泛开展。资源环境承载力作为衡量人地关系协调发展的重要依据，正在成为区域可持续发展的重要指标，党的十八大报告中指出通过推进生态文明建设增强可持续发展能力，"形成节约资源和保护环境的空间格局、产业结构、生产方式、生活方式，从源头上扭转生态环境恶化趋势，为人民创造良好生产生活环境"。在实践中，自资源环境承载力评价在汶川、玉树、舟曲、芦山四次灾后重建规划中得到全面应用以来，资源环境承载力在全国主体功能区规划、全国国土规划、东北振兴规划、京津冀都市圈规划等国家重大区域规划，以及土地利用规划和城市规划等百余项国土空间规划中得到应用。2010 年国务院颁布的《全国主体功能区规划》明确指出，"推进形成主体功能区，就是要根据不同区域的资源环境承载能力、现有开发强度和发展潜力，统筹谋划人口分布、经济布局、国土利用和城镇化格局"，并将国土空间划分为优化开发、重点开发、限制开发和禁止开发四类主体功能区，提出"根据资源环境承载能力开发的理念"，强调"根据资源环境中的'短板'因素确定可承载的人口规模、经济规模以及适宜的产业结构"。

1.1.2 研究意义

上述研究背景表明，当前对资源环境承载力，特别是面向国土空间规划的区域资源环境承载力的研究具有重要的理论和现实意义。

1. 资源环境承载力是人地关系相互作用研究的重要载体

将单纯基于自然资源禀赋的承载力研究扩展到涵盖自然资源禀赋和人类发展需求的综

---

① 联合国粮食及农业组织. 2008. 联合国粮农组织统计数据库. https://www.fao.org/faostat/zh/#home.

合承载力研究，通过资源环境承载力研究揭示自然系统（地）对人文系统（人）的作用力及作用关系，是人文–经济地理学进行人地系统相互作用研究的重要载体。人文–经济地理学旨在揭示地球表层的自然圈层与人类生产生活圈层相互作用关系及其人地关系地域系统和国土空间开发格局形成演变的规律。人地相互作用成为人文–经济地理学研究的关键命题，也是人口资源环境相均衡、经济–生态–社会效益相统一的国土空间开发格局优化的基础性研究。吴传钧认为"人"和"地"两种要素按照一定的规律相互作用交织在一起，交错构成的复杂、开放的巨系统的内部具有一定的结构和功能，在空间上具有一定的地理区域范围，构成了一个人地关系地域系统。他强调"对人地关系的认识，素来是地理学的研究核心"（吴传钧，1991；陆大道和郭来喜，1998）。在自然地理学领域，以物质能量流为载体，通过最具活力的如碳、水等生命物质的循环过程，研究它们在地球不同圈层之间的运动规律及由此产生的圈层之间的相互作用规律（邓伟，2009），可以很好地刻画人地关系的相互作用过程及其机制。相比之下，长期以来人文–经济地理学未能找到较优的人地关系研究载体。资源环境承载力综合研究为探索人地关系地域系统中"地"对"人"的作用提供了一种途径。

2. 资源环境承载力是区域可持续发展理论的发展与深化

区域可持续发展理论的深化不仅需要资源环境承载力的理论探索与研究拓展，还需要资源环境承载力提出综合测度区域可持续发展状态的技术支撑与方法体系。开展资源环境承载力研究是区域可持续发展理论发展和完善的基础，对推动地球自然资源和国土空间可持续性研究具有重要的理论意义。区域可持续发展的核心在于经济、社会与资源环境之间的相互协调（图1-1），而资源环境承载力作为测度三者相互作用关系的纽带，是衡量区域可持续发展的重要判据。资源环境承载力探讨一定时期一定经济技术水平下一定区域的资源环境条件，在维持生态环境系统良性发展的前提下，所能持续支撑的人口及社会经济发展规模或能力，其研究不仅注重区域 PRED 间的相互作用机理，测度和评判区域资源环境对经济社会发展的支撑能力和保障程度，还对未来的发展趋势进行情景预测分析等，这些都是可持续发展理论研究的重点内容。采用资源环境承载力的理念和评价方法认识区域可持续发展条件，为科学选择区域可持续发展模式奠定了基础。随着人们对可持续发展的要求不断提高，全球社会经济的空间分布格局正逐步走向与资源环境的平衡与协调，资源环境承载力评价的综合研究对社会经济与资源环境协调发展发挥着积极作用。

图1-1　不同区域发展观表征的经济、社会与资源环境的相互关系

3. 资源环境承载力评价支撑国土空间规划和区域发展战略制定

长期以来，我国各种空间布局规划的编制缺乏科学基础，从而降低了规划编制和决策的科学性。资源环境承载力评价作为编织国土空间规划的基础性工作，为国土开发条件适宜性及限制性的确定、国土开发分区和空间结构的确定、不同区域开发强度和功能指向的确定、区域城市化模式和产业结构调整方向的确定、国土整治重大工程的确定等提供科学依据，为统筹谋划人口分布、经济布局、国土利用和城镇化格局，引导人口和经济向适宜开发的区域集聚，以及促进人口、经济与资源环境相协调发挥着重要作用。此外，区域资源环境承载力评价以促进区域可持续发展为基本前提，探讨区内社会经济与资源环境系统之间的作用机理，量化研究资源环境系统对社会经济系统的支撑能力，通过对资源环境系统支撑力与社会经济系统压力进行对比分析和评价，能够在制定国土空间规划和区域发展战略时认清区域资源环境本底，为欠发达地区资源环境调控提供重要参量，制定与资源环境承载力相适应的区域发展模式；通过对区域资源环境承载力的综合测算，以及对不同决策情景的资源环境承载力的动态模拟和评价，建立区域资源环境承载力调控机制，从而衍生出一系列具有明确政策内涵和实际可操作的区域土地管理、节能减排、生态保护、环境治理等领域的管制措施。

1.2 研究方案设计

1.2.1 研究目标与主要内容

本书拟达到以下研究目标：初步构建欠发达地区资源环境承载力评价的方法体系，明确评价体系结构、评价流程和指标体系。一方面，通过大尺度研究，探索欠发达地区资源环境承载力特征、致贫机理和经济韧性；另一方面，通过贫困程度较深、资源环境承载力约束较强的典型区域研究，探讨资源环境承载力评价与承载状态综合测度方法，提出欠发达地区资源环境承载力的优化与可持续调控策略。如图1-2所示，主要研究内容包括：

（1）在系统梳理国内外资源环境承载力研究现状基础上，从资源环境承载力的概念及演化特征、评价体系结构及基本流程等维度尝试性地进行理论基础阐释。

（2）从宏观尺度入手分析欠发达地区基本格局及资源环境承载力特征，以长江经济带为例解析区域资源环境承载力的致贫机理，并分析区域资源环境承载力剧变背景下欠发达地区的经济韧性，探讨欠发达地区反贫困的不确定性。

（3）基于宁夏西海固地区资源环境承载力的基本特征及其影响因素，确定小尺度资源环境承载力评价指标体系与评价流程，围绕关键指标开展案例区承载体要素和承载对象要素评价。

（4）提出多尺度资源环境承载力约束类型划分流程，以此为基础开展地域功能适宜性评价，对案例区资源环境承载状态进行识别与划分，根据不同的资源环境承载力类型区明确空间指引。

（5）研判欠发达地区可持续发展的区域资源环境承载力约束及综合施策路径，并将资源环境承载力评价过程与结果转化为优化与调控策略，解析案例区承载体（资源环境系统）优化路径及承载对象（社会经济系统）调控举措，制定适应资源环境承载力的配套政策体系。

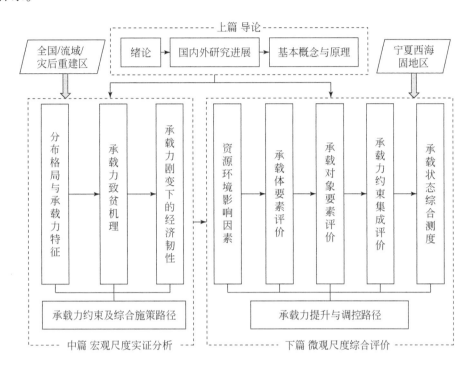

图 1-2　框架结构与主要研究内容

1.2.2　研究方法与技术路线

本书在发挥经济地理学综合性和区域性特点的同时，结合资源科学、环境科学、地质学、灾害学、社会学等学科的相关理论，以定量研究为主、定性研究为辅，在注重理论方法探索的同时开展案例实证，集成应用要素研究与综合研究相结合、宏观尺度实证分析与微观尺度综合评价相结合、非空间表达与空间表达相结合、计算机模拟与外业调查相结合的研究方法，具体而言：

（1）要素研究与综合研究相结合。由于单一要素代表的区域资源环境承载力具有一定的局限性和片面性，本书力争克服现有区域资源环境承载力研究中偏重单要素局部研究、缺乏多要素整体研究的问题，不仅对区域资源环境的优势要素进行研究，还对资源环境系统和社会经济系统之间要素的相互作用机理及变化规律进行系统分析，以找出决定区域资源环境承载力的"短板"要素。

（2）宏观尺度实证分析与微观尺度综合评价相结合。针对绝对贫困和相对贫困的时空格局及一般演化规律，本书从宏观尺度讨论欠发达地区长期面临的资源环境基础与资源环境承载力特征，对区域资源环境承载力的致贫作用进行宏观层面的定量测度和共轭性分析，讨论综合施策推动欠发达地区高质量协调发展的模式。在微观尺度，则聚焦乡镇及自然地理单元的资源环境承载力评价，以资源环境承载力的要素与综合评价方法讨论为基础，刻画微观层面的区域资源环境承载力格局，瞄准超载问题区，对其影响因素进行甄别，为反贫困战略在微观层面的精准落地奠定基础。

（3）非空间表达与空间表达相结合。现有资源环境承载力评价方法偏重宏观尺度、行政单元的非空间表达而欠缺微观尺度、自然单元的空间表达。本书面向国土空间规划与区域发展战略制定对空间表达与非空间表达的不同需求，在运用逻辑斯谛回归模型、数据包络分析法、经济韧性模型、层次分析法等手段进行非空间表达的同时，纳入综合指数模型、空间插值模型、空间叠加分析等手段开展空间评价，并试图构建行政单元与自然单元尺度转换的方法路径。

（4）计算机模拟与外业调查相结合。本书力求评价结果数字化和空间化，充分发挥计算机技术的数据处理和空间分析功能，在 ArcGIS、SPSS 等软件平台的支持下，对资源环境–社会经济复杂系统进行动态模拟和预测预警。同时，通过外业调查获取土地利用现状图、社会经济数据、农户调查数据等数据和资料，为完善和修正指标体系、确定变量与参数提供支撑。

第 2 章 国内外研究进展

2.1 研究起源与发展

承载力理论起源于人口学和生态学，主要对生物在某一资源环境约束下的种群数量增长规律进行描述，提出生物种群增长的数学表达式，分析研究生物种群增长的调控机理，并开展了大量的实证研究。最早可追溯到 1798 年 Malthus 提出的人口论，他发表《人口原理》(*An Essay on the Principle of Population*)，认为粮食线性增长赶不上人口的几何增长或指数增长，人类将面临饥饿和营养不良，最终产生疾病、饥荒或战争等后果，从而对人口数量产生抑制作用，因此人口数量将不可能无限制地增长下去。其中隐含的生物具有无限增长的趋势，而自然因素是有限的，生物的增长必然受到自然因素的制约等假设条件构成了承载力理论的基本要素和前提。

Verhulst（1838）首次提出承载力理论数学表达公式——逻辑斯谛方程，为承载力理论提供了数学表达公式，并采用 19 世纪初法国、比利时、俄罗斯和英国人口数据检验了方程结果。在 20 世纪早期，研究者分别利用实验室或野外条件下的生物种群数据开展了逻辑斯谛方程拟合与实证研究，如昆虫、微生物、绵羊和驯鹿等，发现在实验室培养环境下的生物种群数量增长能够较好地遵循逻辑斯谛曲线特征并通过饱和水平、上限、最大种群数量、"S"形曲线渐近线等概念表达生物在环境约束下的最大种群数量。

Bentley（1898）在对美国西部牧区载畜量的研究中，首次明确提出了承载力概念，开始使用承载力来表示在一个有限的放牧区域和时间内不对牧场资源产生危害的最大牲畜数量。Park 和 Burgoss（1921）将承载力概念扩展到人类生态学中，认为承载力是在某一特定环境条件下（主要指生存空间、营养物质、阳光等生态因子的组合）某种生物个体存在数量的最高极限。Odum（1953）将承载力概念和逻辑斯谛曲线的理论最大值常数 K 联系起来，将承载力概念定义为"种群数量增长的上限"。从此，生物在自然条件制约下的种群数量增长规律统一至承载力的概念中，常数 K 通常就表示为承载力的数学意义，承载力概念常用于管理和解决实际问题。

20 世纪 50 年代以来，随着全球人口膨胀、环境恶化和资源短缺等问题的出现，承载力概念被应用于自然环境对人类活动的限制研究中，为可持续发展理念形成奠定基础。相关学科最新的理论与方法研究成果都被吸纳和应用于承载力的评价与研究，总体可概括为单要素研究和多要素综合研究两个领域。

2.2 单要素研究进展

2.2.1 土地资源承载力研究

土地资源承载力通常以耕地资源的粮食生产能力为标志，旨在计算区域农业生产所提供的粮食能够养活多少人口，主要围绕"耕地—食物—人口"展开，它以耕地为基础，以食物为中介，以人口容量的最终测算为目标。威廉·阿伦在1965年提出了以粮食度量土地资源承载力的计算公式，测算在不发生土地退化的前提下，一个土地利用系统所能永久支持的最大人口密度，以每平方公里人数表示，主要考虑总土地面积、耕地面积和耕作要素等。而后以联合国粮食及农业组织（Food and Agriculture Organization of the United Nations, FAO）1977年进行的发展中国家土地的潜在人口支持能力研究影响较大，它以国家为单位进行计算，将每个国家划分为若干农业生态单元，并将其作为评价土地生产潜力的基本单元，同时给出各农业生态区农业产出对高、中、低3种投入水平的响应，按人对粮食及其他农产品提供的热量及蛋白质的需求，给出优化种植结构及相应的农业产出，得出每公顷土地所能承载的人口数量。

国内的土地资源承载力研究着重评估全国土地资源承载力的总量、地域类型与空间格局。例如，1986年中国科学院自然资源综合考察委员会在中国1:100万土地资源图编制基础上，首先开展并完成了《中国土地资源生产能力与人口承载量研究》，该研究从土地、粮食与人口的平衡关系出发，讨论了中国土地与粮食的限制性，并预测了2000年、2025年和最大生产力的食物生产能力及其可供养人口规模。1989~1994年，国家土地管理局与联合国粮食及农业组织合作引进了农业生态区（Agro-Ecological Zone, AEZ）技术，在1:500万土壤图基础上进行了中国土地的食物生产潜力和人口承载潜力研究，测算了在低、中和高投入水平下全国土地分别可承载11.0亿~11.9亿人、13.9亿~14.8亿人和14.9亿~18.9亿人。而后土地资源承载力研究的区域由全国性的大尺度转向中小尺度，尤其是针对省域或城市地区的土地资源承载力研究逐渐增多（苏璧耀和许建国，1992；廖金风，1998；刘长运等，1998；孟旭光等，2006；张衍广等，2007）。土地资源承载力研究是当前资源承载力研究的热点之一，已取得一定进展和研究成果，但总体上尚处在进一步发展和完善之中，多数研究领域局限于测算耕地的粮食生产能力及对人口粮食消费的承载力，且以相对孤立、封闭的视角研究区域系统，忽视了区际贸易的作用及区际人口流动的影响，因而可操作性不足，并且难以揭示区域人地关系。特别是在工业化和城镇化快速发展的背景下，土地资源承载力的研究与评价亟须进一步向土地资源条件支撑人口集聚和建设开发行为的能力拓展。

2.2.2 水资源承载力研究

水资源承载力研究主要面向评价指标与方法、承载状态与类型分区等方面。水资源承载力评价指标作为判断和评价现状水资源是否超载的重要依据,学术界从自然条件、社会经济需求等角度对其进行了有益的探索。许有鹏(1993)以新疆和田河流域为例,选取影响水资源承载力的主要因素,如耕地率、水资源利用率、供需水模数、人均供水量和生态用水率等进行综合评价。施雅风和曲耀光(1992)从流域水资源供需平衡和生活质量入手,对乌鲁木齐河流域水资源承载力进行了分析计算。惠泱河等(2001)对水资源承载力评价指标体系进行了专门研究,从社会经济承载能力、人口承载能力、水环境容量、可供水量、需水量五大方面共 16 个分项中设置了 60 多个指标,并从中选取 8 个指标对陕西关中地区水资源承力进行分析评价。朱一中等(2002)从水资源供给能力、水环境容量、人口发展、社会经济发展、水资源区际调配、产品交换六个方面设置了 18 个评价指标进行研究。冯海燕等(2006)选取工业、农业总产值和可承载的城镇人口数量作为北京水资源承载力的衡量指标,在现状延续、节水兼污水再生回用、节水兼境外调水和节水前提下同时实施污水再生回用与境外调水的综合型 4 种方案下模拟北京水资源承载力的动态变化。从评价指标出现的频率来看,采用频率较高的经济系统指标有人均 GDP、单位 GDP 水耗、三次产业比例等,采用频率较高的社会系统指标有人均粮食产量、人均生活用水定额、城市化水平、人口密度、人口自然增长率等,采用频率较高的自然系统指标有水资源利用率、人均可用水资源总量、生态环境用水率等。

水资源承载力类型区研究囊括了流域承载力、湖泊承载力、绿洲承载力、沿海地区海洋承载力等,其中流域承载力的研究成果居多,如海河流域、黑河流域、石羊河流域、塔里木河流域、黄河流域、辽河流域的水环境承载力研究等。在流域承载力研究中,以北方片区和内陆河片区为主要研究对象,尤其是水资源严重不足、污染严重的西北内陆河和黄河、海河流域。目前,水资源承载力研究存在的问题在于现有的水资源承载力研究着重研究了水资源可承载人口和社会经济发展总量规模和结构,事实上水土资源与社会经济活动的空间配置状况对水资源承载力有着极为重要的影响,有必要加强空间差异与区域组合研究,以进一步增强水资源承载力研究成果的实用性。

2.2.3 环境承载力研究

在全球生态破坏和环境污染日益严峻的形势下,学术界开始高度关注并重新评估环境问题,环境自净能力、环境容量、环境承载力等概念相继被提出。国内较早提出区域环境承载力概念在《我国沿海新经济开发区环境的综合研究——福建省湄洲湾开发区环境规划综合研究总报告》中,该研究报告构建了港口资源、水资源、土地资源、大气输送扩散能力、海域污染物扩散自净能力、污染物承受能力六类指标,并建立承载力指数评价模型进行分析。唐剑武等(1997)从环境系统与社会经济系统的物质、能量和信息交换入手,将环境承载力指标分为以下三类:自然资源供给类指标,如水资源、生物资源、土地资源等;社会条件支持类指标,如经济实力、公用设施、交通条件;污染承受能力类指标,如污染源迁移、扩散和转化能力,以及绿化状况等,并以此为基础构建环境承载力模型进行分析评价。洪阳和叶文虎(1998)认为环境承载力指标分为自然资源支持力、环境生产支持力和社会经济技术支持水平三类指标,同时提出了可持续环境承载力的两种计量模型。在近年的定量研究中,李定策和齐永安(2004)确定了用于分析焦作大气环境承载力的发展变量和制约变量,根据制约变量及当地实际情况对各发展变量进行评分,再通过加权求和计算了焦作市区1996～2000年大气环境承载指数的大小。

在一系列指标体系探讨与定量研究积累下,环境承载力被定义为"在维持环境系统功能与结构不发生不利变化的前提下,一定时空范围的环境系统在资源供给、环境纳污和生态服务方面对人类社会经济活动支持能力的阈值"(刘仁志等,2009)。目前,国内外环境承载力评估方法繁杂多样,总结归纳目前应用较为广泛的评估方法,主要包括指标体系综合评价法、承载率评价法、环境质量标准对比法、生态足迹法、系统动力学方法等。其中,指标体系综合评价法将反映经济、社会、环境质量的多种指标综合为集成指数或综合值,常用的指标体系综合评价法有压力-状态-响应(PSR)法(王奎峰等,2014)、模糊综合评价法(段新光和栾芳芳,2014)、主成分分析法(王春娟等,2012)和模糊物元模型(张会涓等,2012)等。指标体系综合评价法主要优点是计算结果的综合性强,计算过程相对简单,但该方法的结果通常为单一指数,相对抽象,难以对具体管理实践形成有效指导。承载率评价法也是应用较多的一种评价方法,其首先是建立模拟模型计算各项污染因子环境容量,然后是通过污染物排放量与环境容量比较来表征环境要素承载力状况(薛文博等,2014;白辉等,2016)。承载率评价法的核心为环境容量核算,而目前环境容量核算在技术方法、数据支持、计算结果的科学性等方面还存在诸多不确定性,加之环境系统的开放性和环境介质的流动性加大了准确估算环境容量的难度,其在短期内广泛应用的难度较大。此外,环境质量标准对比法是目前较为通行的替代性方法,该方法采用污染物浓度超标指数作为评价指标,通过各类大气和水污染物的年均浓度监测值与该污染物容许的环境质量标准比值进行测算,得到的污染物浓度超标指数即可衡量环境承载力状况(刘年磊等,2017;樊杰,2019a)。

2.2.4 生态承载力研究

狭义的生态承载力研究往往研究生态系统所能容纳的最大种群数量,而广义的生态承载力研究将生态系统的自我维持、自我调节能力同社会经济活动强度和具有一定生活水平的人口数量相联系,前者以净初级生产力估测法的研究较为典型,后者运用生态足迹法的研究较具代表性。通过对净初级生产力的估测,确定该区域生态承载力的指示值,通过判定现状生态环境质量偏离本底数据的程度,确定自然体系生态承载力的指示值。例如,王家骥等(2000)根据水热平衡联系方程及植物的生理生态特点建立了净初级生产力模型,对黑河流域净初级生产力进行估算。李金海(2001)将大陆典型生态系统净初级生产力作为背景值,探讨了确定自然系统最优生态承载力的依据,并以河北丰宁县为案例进行了生态承载力测算。

与净初级生产力测算不能反映生态环境所能承受的人类各种社会经济活动能力不同,基于生态足迹法的生态承载力研究集中体现了自然生态系统对社会经济系统发展强度的承受能力和一定社会经济系统发展强度下自然生态系统健康发生损毁的难易程度。生态足迹法以具有等价生产力的生物生产性土地面积为衡量指标，定量表征人类活动的生态负荷和自然系统的承载力。全球生态足迹网络（Global Footprint Network，GFN）按照收入对不同国家和地区进行分组，基于生态足迹方法研究了不同组的生态承载力及相应的可持续发展状态（谢高地，2011）。戴科伟等（2006）提出了区域总生态承载力和可利用生态承载力的概念，为生态足迹方法应用于小尺度生态脆弱区的承载力研究提供了方法框架。而供需平衡法用区域生态系统提供资源量与当前发展模式下社会经济需求之间的差值，以及现状生态环境质量与当前人类生存需求的质量之间的差值来衡量承载力（高吉喜，2001）。

2.3 多要素综合研究进展

2.3.1 宏观尺度资源环境承载力研究

全球尺度的资源环境承载力研究可追溯到 20 世纪 60 年代末到 70 年代初，由美国麻省理工学院的丹尼斯·梅多斯等学者组成的"罗马俱乐部"。他们利用系统动力学模型对世界范围内的资源（包括土地、水、粮食、矿产等）、环境与人的关系进行评价，构建了"世界模型"，深入分析了人口增长、经济发展（工业化）同资源过度消耗、环境恶化和粮食生产的关系，预测到 21 世纪中叶全球经济增长将达到极限，并提出避免世界经济社会出现严重衰退的经济"零增长"发展模式。20 世纪 80 年代末到 90 年代初，以英国爱丁堡大学马尔可·史勒瑟教授为代表的学者提出采用提高承载力的策略模型（Enhancement of Carrying Capacity Options，ECCO）作为资源环境承载力的计算方法，该模型在"一切都是能量"的假设前提下，通过自然资产核算将资源、环境和经济因素相联系，以能量为折算标准，建立系统动力学模型，模拟不同发展策略下，人口与资源环境承载力之间的弹性关系，从而确定以长远发展为目标的区域发展优选方案。

从全国层面来看，资源环境承载力评价已经越来越多地成为我国各项重大空间规划中的重要组成部分，全国主体功能区划中已经包含了资源环境承载力评价，而且汶川地震和玉树地震的灾后重建总体规划中资源环境承载力评价还成为重建适宜性分区的主要依据（樊杰等，2008；樊杰，2010）。在《全国国土规划纲要（2016—2030 年）》编制的前期研究中，基于全国国土开发资源环境的背景和现状，计算了全国县域国土开发的理论潜力，然后综合考虑地形、地质灾害、气候、生态安全、粮食安全等国土开发限制性因素的影响，得到全国国土开发的实际潜力，综合考虑交通通达性、现有城乡建设用地影响性、规划城市群的影响性等国土开发动力，分析了不同区域国土开发利用的风险和适宜性。张燕等（2009）研究了 2000 年和 2006 年中国省域的区域发展潜力和资源环境承载力的空间关联性规律，认为区域发展潜力与资源环境承载力空间分布呈现由沿海到内陆再到西部的阶梯递减趋势，并提出资源环境承载力是影响区域发展潜力的重要因素，其对低发展潜力地区的制约作用比高发展潜力地区要大。陶岸君（2011）通过对不同地区区域发展的土地资源成本、水资源成本、环境成本和灾害成本的评估，得出我国县域资源环境承载力的空间格局，并以此结果作为约束未来国土开发的主要条件。

在跨区域的大尺度研究中，毛汉英和余丹林（2001a，2001b）采用承压类、压力类、区际交流三大类指标构成的评价指标体系，运用状态空间法对环渤海区域资源环境承载力进行定量评价，并利用系统动力学模型对区域承载力和承载状况的变化趋势进行模拟和预测，其模型由经济、环境、物耗、人口、承载基础、生活质量和区际交流 7 个子模块构成。马爱锄（2003）选用生态足迹和相对承载力两种方法对 2001 年西北地区的资源环境承载力进行了计算，认为西北地区自 1985 年以来一直处于超载状态，且超载人口规模始终维持在 1000 万人以上。2008 年，吕斌在"中国城市承载力及其危机管理研究"课题综合报告中，采用单要素承载指数和综合指标体系两套方法对我国京津冀城市群、长江三角洲城市群、珠江三角洲城市群、中原城市群和成渝城市群五大城市群的资源环境承载力现状进行评价，通过调节城市化速度、资源结构、资源利用效率等因素模拟城市资源环境要素需求。吴振良（2010）基于物质流模型的评价指标体系，选取矿产资源开发强度、工程建设开发强度、生物资源利用强度等 10 个指标组成的资源环境压力评价指标体系，引入生态足迹模型中对区域生态承载力的测算方法，测算环渤海三省两市的区域资源环境压力指数。陈吉宁等（2013）在对环渤海沿海地区 13 个地级市的资源环境承载力进行评估时，除考虑陆域资源环境要素外，还纳入近岸海域环境容量指标，从海域统筹的角度考虑海洋环境与陆域资源环境承载力超载状态。

2.3.2 中观尺度资源环境承载力研究

早期对中观尺度的研究以干旱区绿洲生态环境承载力研究为代表，方创琳和申玉铭（1997）采用灰色计量模型原理与方法，对 2010 年河西走廊绿洲生态前景和承载力进行了系统分析；张传国（2002）、张传国和方创琳（2002）、张传国和刘婷（2002）、张传国等（2002）提出绿洲系统生态–生产–生活"三生"承载力的概念，即绿洲系统承载力是指绿洲系统的自我维持、自我调节能力与绿洲系统资源与环境的供容能力（生态承载力）和经济活动能力（生产承载力），以及满足一定生活水平人口数量的社会发展能力（生活承载力），进而系统探讨了绿洲系统"三生"承载力的评价指标体系，并采用多模型互补对接支持下的系统动力学模型，对塔里木河下游地区绿洲系统"三生"承载力进行了多情景预测分析。

而后，中国科学院牵头开展的面向汶川灾后恢复重建规划的资源环境承载力综合评价具有一定代表性。该研究根据水土资源、生态重要性、生态系统脆弱性、自然灾害危险性、环境容量、经济发展水平等的综合评价，确定可承载的人口总规模，提出适宜人口居住和城乡居民点建设的范围及产业发展导向。围绕重建规划区适宜性程度评价，首先确定自然地理条件、地质条件与次生灾害危险性、人口与经济发展基础 3 类共 10 个指标项作为承载力评价的基本指标体系；并把灾损作为辅助指标，把堰塞湖胁迫作为不确定因素，参与重建条件适宜性评价。然后按照重建条件适宜性的基本标准，采用"逐步遴选、动态修正、综合集成"的方式，对重建条件适宜性进行 5 级评价。接着增加灾损指标，并综合考虑居民点空间结构合理化的要求，归纳适宜性的 3 种区域类型。最后，结合灾损和受活动断裂、山地次生灾害威胁程度及工程地质条件，在 10 个极重灾县提出适宜和适度重建地块的备选区范围作为进一步深入工作的对象区，并修正重建条件评价结果。此外，还增加了堰塞湖不确定因素，对依据评价结果进行重建的时序安排提出建议（樊杰等，2008）。

中观尺度研究基本以区域综合承载力指数排序和承载人口数量测算为目标。钱骏等（2009）对阿坝藏族羌族自治州地震灾区资源环境承载力进行评估，通过对土地资源承载力、水资源承载力、大气环境容量、水环境容量的测算，认为区域的土地资源承载力相对较差，是制约阿坝藏族羌族自治州地震灾后重建、产业和城镇规划布局的主要因素。彭立等（2009）对水资源、环境容量和土地资源分别进行评价，确定以土地资源的人口承载力反映汶川地震重灾区 10 县的资源环境承载力，并从土地粮食承载人口、适宜建设用地承载人口和经济收入承载人口 3 个方面分别进行计算，综合确定人口的合理规模。赵鑫霈（2011）确定了聚集程度、资源支撑、环境容量和科技进步来代表资源承载力指标，以及人口发展、经济增长、资源消耗和环境污染来代表人口与社会经济发展压力指标，计算出了长江三角洲六大核心城市的资源环境承载力指数。高红丽（2011）建立了由土地、水资源、科教、环境和交通五大要素 25 个指标组成的综合承载力评价体系，而每个指标项划分为压力类和支撑力类两个维度，进而对成渝城市群城市综合承载力进行分析。孙才志和陈玉娟（2011）建立了辽宁海岸带水资源承载力 SD 模型和土地资源承载力的评价指标体系，对辽宁沿海六市水、土资源承载力的动态变化进行了综合评价。李旭东（2013）研究了 1995~2006 年贵州乌蒙山区自然资源、经济资源和社会资源对其人口的相对承载力。王红旗等（2013）从生态支撑系统、资源供给系统、社会经济系统及调节系统 4 个方面构建资源环境承载力评价指标体系，并运用集对分析模型对内蒙古资源环境承力进行评价。陈海波和刘旸旸（2013）运用层次分析法和聚类分析法对江苏十三个市区资源环境承载力的空间差异进行了比较研究。

2.3.3 微观尺度资源环境承载力研究

相比宏观尺度研究，微观尺度资源环境承载力研究开展较晚、研究成果较少，较典型的成果有中国科学院面向玉树、舟曲和芦山灾后重建规划的资源环境承载力综合评价，这些研究以地质灾害为主控因子，以水土条件、生态环境为重要因子，以产业经济、城镇发展、基础设施为辅助因子，以灾损分析为参考因子，全面评估灾区的资源环境条件并制定了重建分区方案。孙顺利等（2007）分析和建立了矿区资源环境承载力评价指标体系及结构，运用矢量投影原理，建立了矿区资源环境承载力评价的多指标投影评价模型。王浩和江伊婷（2009）在镇域尺度传统人口规模预测基础上，以土地承载力预测法进行校核，从而确定一个合理城镇人口的城镇。田宏岭等（2009）采用多因素综合叠加统计方法对地质灾害、地貌环境、耕地资源、旅游资源、水资源 5 项因素进行评价，对研究区域按 3km×

3km 进行栅格化处理，得出成都灾区 5 县市资源环境承载力的初步分区结果。吴良兴（2009）以大型煤矿矿区生态系统为研究对象，构建了煤矿矿区的资源环境综合承载力评价指标体系，并确定了评价指标的标准化表达式及评定指标分值。刘斌涛等（2012）通过构建山区人口压力测算模型，纳入城镇人口压力指数、农村人口压力指数和人口自然增长率 3 个构成要素，来综合反映基于资源环境承载力评估的四川凉山彝族自治州人口数量压力特征。王进和吝涛（2012）建立厦门集美区半城市化地区复合生态系统动力学模型，模拟惯性发展情景、既定目标发展情景和保护生态环境情景下社会、经济和自然因素之间的动态关系。

2.4 研究进展评述

2.4.1 总体评述

回顾整体发展历程，资源环境承载力研究从早期种群承载力研究转向以土地资源承载力研究为主，20 世纪 90 年代后环境承载力研究、水资源承载力研究不断兴起，步入 21 世纪后生态承载力研究、城市承载力研究、资源环境综合承载力研究又成为研究主流。资源环境承载力研究从以非人类生物种群的增长规律研究逐渐转向人类经济社会发展面临的实际问题研究，从食物、环境或资源单要素承载力研究发展到资源环境多要素综合承载力研究，应用范围从野生动物管理逐渐扩展到人类经济社会活动的各个领域。资源学、生态学、地理学及其相关学科最新、最前沿的理论研究成果都被吸纳和应用于该命题的分析与研究。总之，区域资源环境研究实现了研究对象多元化、研究要素复杂化、研究方法定量化（表 2-1）。

表 2-1 各尺度资源环境承载力研究特点比较

比较内容	宏观尺度	中观尺度	微观尺度
研究对象	全球、国家、综合经济区、一级流域、省域等	城市群地区、二级流域区、集中连片特困地区等	市域、县域、城市单体、产业园区、乡村聚落、矿区等
集成方法	系统动力学模型、层次分析法、综合指数法、状态空间法等	层次分析法、主成分分析法、系统动力学模型、生态足迹法、GM(1,1)模型、集对分析法等	GIS 空间分析法、遥感分析法、系统动力学模型、主成分分析法等
数据精度	国家级、省级行政单元	地市级、区县级行政单元	乡镇级行政单元、自然地理单元
典型案例	罗马俱乐部"世界模型"、提高承载力策略模型、主体功能区划县域国土空间开发综合评价指数	汶川灾后恢复重建规划的资源环境承载力综合评价、绿洲生态环境承载力评价	玉树、舟曲和芦山灾后重建规划的资源环境承载力综合评价
应用价值	预警人类面临的资源环境压力状态、转变社会发展理念与方式、制定国家国土空间开发与管制策略	认识区域的可持续发展状态和发展趋势、探讨要素约束下区域发展规模与路径、建立区域资源环境承载力调控机制	人口居民点与产业布局选址、人口合理容量测算、灾害风险规避与防治、产业发展导向制订

2.4.2 研究不足及存在问题

从研究现状来看,在区域资源环境承载力获得广泛应用并成为人地关系综合研究新热点的同时,对资源环境承载力的宏观、中观尺度研究仍然是主流,研究精度更多地停留在省域或市域间的宏观分析、比较和排序上。更为尖锐的是,由于区域资源环境承载力仍未完全廓清承载体与承载对象之间错综复杂的相互作用机理(石忆邵等,2013),一些学者甚至认为它并非客观存在,是一个伪科学命题,建议废弃对区域资源环境承载力的研究(张林波,2007;Lindberg et al., 1997)。

(1)基本概念界定和基础理论亟待统一。区域资源环境承载力的基础理论研究现今仍然处于探索发展阶段,完整的理论体系尚未形成,其概念、内涵、系统构成等仍存有一定的争议没有统一。对承载力本身的概念存在认识上的不一致,有承载“能力”、承载“规模”、承载“阈限”等不同的观点(刘晓丽和方创琳,2008),区域资源环境承载力的内涵还时常与区域综合发展水平、区域可持续发展能力、环境容量等相混淆。系统构成方面,鉴于区域资源环境承载力中承载对象的多样化,究竟以人口规模、经济规模还是城镇规模等作为承载对象并定量测度存在较大不确定性。

(2)综合性和要素间共轭性研究相对薄弱。地域系统本身就是一个复杂系统,系统内部资源环境和社会经济各要素之间存在着复杂的非线性相互作用关系,综合性的集成研究是区域资源环境承载力评价结论科学客观的重要前提。基于地质学对次生地质灾害危险性的评价、生态学对生态重要性的评价等相关学科对单要素的评价,有效合理地创建资源、生态、环境、灾害等自然要素同人口、产业、聚落、设施等人文要素相互作用与相互匹配的综合分析方法,才能解决资源环境综合承载力问题。然而,已有研究多集中于单要素研究,在指标综合时采用对各单要素承载力进行简单加权求和的方法测算综合承载力指数,对资源环境与社会经济系统的深层相互作用机理考虑不足。

(3)指标体系适应性及量值化水平有待提升。由于现有研究指标体系设置存在差异,不同研究成果对同一区域的评价结论呈现较大出入的状况屡见不鲜。例如,在省域层面研究中,马爱锄(2003)测算出新疆、宁夏等地区属于承载力富余区,而在邱鹏(2009)的研究中,新疆被划定为超载、宁夏则是严重超载。又如,在市域层面研究中,有研究认为自贡、遂宁、重庆属于较高承载力区,也有学者测算出自贡、遂宁属于中承载力区,重庆则属于低承载力区(石忆邵等,2013)。此外,在现有指标体系中,地质灾害风险、区域政策与制度安排等重要指标往往被忽视。为全面反映区域的真实承载水平,区域资源环境承载力评价指标体系的构建既要反映地域系统的整体性,还要充分体现地域分异规律及地域系统的开放性,应将通适性指标与特征性指标相结合,将可再生要素指标与不可再生要素指标相结合,将固定性指标与流动性指标相结合。

(4)多尺度评价和多情景模拟方法有待丰富。在资源环境承载力评价的常用技术方法中,对区域整体的非空间模拟方法日渐成熟,如生态足迹法、系统动力法、层次分析法、主成分分析法等,这些方法的评价精度通常为省级、地市级或区县级行政单元,而面向微观地域单元的空间格局刻画有待深化，面向多要素、多目标、适用于多尺度的评估模型还需开拓。资源环境承载力方法应充分吸收空间分析功能，融合实地典型调查、系统建模、信息监测、仿真模拟与"3S"（RS、GIS、GPS）等技术，促进承载力研究向数字化和空间可视化进一步拓展。

（5）应用出口仍具有广阔的可开拓空间。现有资源环境承载力的应用出口往往侧重对承载力盈亏状态的相对值评估，得出的结论仅是若干小区间相对资源环境承载力值的大小比较，而对区域资源环境承载力绝对数量的量化评估较少，对相关经济发展问题的研究和政府政策的建议不足。同时，应用方向仍局限在对资源环境承载力现状的静态刻画，强调未来多情景模拟的研究成果十分有限。区域资源环境承载力评价应面向自然系统对人文系统的作用机制分析与测度，应着眼区域客观资源环境综合约束条件优劣、解析资源环境禀赋的空间结构、剖析影响承载力形成和演化的显著因子、预测未来发展导向，为区域发展战略制定、资源环境要素配置与区际调控、生产生活区位选址提供科学依据。

此外，资源环境承载力的理论和方法研究体系仍需进一步深化：①在资源环境承载力的基本理论构架下，进一步探讨资源环境承载力的演变规律与影响机制，完善评价过程中地域功能识别、人口容量测算、超载状态测度的模型方法，提升资源环境承载力综合测度的定量化水平。②加强时序性的动态情景模拟，建立生态移民、工程设施建设、灾害诱发等不确定性因素下的资源环境承载力预估模型方法，使资源环境承载力的静态评估转换为动态评估，更加客观地揭示区域资源环境承载力的变化趋势。③探索不同精度的资源环境承载力评估和识别技术，研制资源环境承载力评价与空间布局方案优化匹配的方法，以提升承载力评价支撑布局规划多方案的机动能力和针对性。④针对资源环境承载力评价数据库的多源、多尺度、多精度特征，探索评价基础数据处理与校验的常见问题与解决方案，开发通用要素快速提取模块和指标体系数据挖掘模块，建立资源环境承载力评价的专题制图与表达规范。

|第3章| 基本概念与原理

3.1 基本概念解析

资源环境承载力指在维持人地关系协调可持续的前提下，一定区域内的资源环境条件对人类生产生活的功能适宜程度及规模保障程度。区域资源环境承载力并非简单地追求资源环境所能支撑或供养的最大人口规模，它既要求人类生产生活适宜、区内人类物质生活水平和人居环境优质，又要维系生态环境良性循环，保持生态系统的健康稳定和生态安全，还要确保资源合理有序开发，实现各类资源的永续利用。它以人地关系协调可持续为前提，整体考虑资源与环境综合效应，探究其支撑经济社会可持续发展的匹配关系与变化。从概念界定不难看出，区域资源环境承载力由承载体和承载对象两大基本要素组成。

其中，承载体即为资源环境系统，其不但是生命存在的基础，而且为人类物质生产提供了劳动资料、劳动对象，以及生产过程得以进行的空间场所，还为人类的生产生活废料提供了排放的空间和净化条件。承载体可分为两类：①资源系统，由土地资源、水资源、生物资源、矿产资源等组成的支持人类社会经济发展的各类资源要素；②环境系统，由水、气、土、热等无机元素组成的环境要素。承载对象为社会经济系统及从事生产生活活动所产生的附属物与废弃物，包括人类生活活动，即人类的基本生活和消费占用，以及人类生产活动，即人类为自身生存和发展而进行的农业、工业等再生产活动和要素占用。此外，还有一类既可视为承载体又可作为承载对象，即社会环境系统，特指人类所创造的各种人造环境，如社会物质技术基础、公共设施、交通条件等。

科学认知资源环境承载力，要从承载体和承载对象来综合理解。着眼于承载体，资源环境承载力可以表达为，在承载不断变化的人类生产生活活动时，资源环境系统进入不可持续过程时的阈值或阈值区间，即资源环境系统对社会经济发展具有上限约束作用，对相同规模和类型的人类生产生活活动，以及不同的自然结构、自然功能，其约束上限的阈值或阈值区间是不同的，即资源环境承载力同自然结构和自然功能有着紧密的关系（陆大道和樊杰，2012；樊杰，2014a）。着眼于承载对象，资源环境承载力表达为，在维系自然基础可持续过程的同时，能够承载的最大经济规模或人口规模。显然，在同样的自然基础条件下，不同的开发功能、不同的利用效率，其可承载的经济规模或人口规模是不同的，即资源环境承载力同发展方式和发展水平有着紧密的关系（樊杰等，2013；陆大道和樊杰，2012）。

区域资源环境承载力根据要素类型不同，可分为土地资源承载力、水资源承载力、水环境承载力、大气环境承载力、生态环境承载力、海洋环境承载力等，分别侧重于对资源环境的各承载要素对人类生产生活的支撑条件和支持水平进行研究。按区域类型不同，区域资源环境承载力又可分成流域资源环境承载力、沿海（或海岸带）资源环境承载力、城市（或城市群）资源环境承载力、村镇（农村）资源环境承载力、灾区资源环境承载力等，区域类型差异将会导致资源环境承载力体系中的主导因素更迭、特征因素出现。例如，流域资源环境承载力突出了水资源和水环境重点约束下的承载力特征，而区内上游与下游的组合关系会成为新因素纳入承载力的支撑体系。

3.2 理论基础阐释

3.2.1 可持续发展理论

资源环境承载力评价最根本的出发点是实现区域的可持续发展。因此，用可持续发展理论来指导资源环境承载力研究是十分必要的。通过分析可持续发展理论，可以发现其核心思想与资源环境承载力的内涵不谋而合。1987 年，世界环境与发展委员会在《我们共同的未来》中讨论了经济、社会和环境等一系列问题，提出了可持续发展的概念，随之可持续发展成为备受关注的发展新模式和世界各国争相研究的热点。可持续发展就是一种以可持续利用资源和环境物质为基础的发展战略，包括社会经济的增长和以可持续方式使用资源，在发展中解决存在的环境问题，以及社会生活质量的提高和环境质量的不断改善等。它是一个综合的、动态的概念，将发展的概念从单纯经济增长拓展到经济、社会、资源环境协调发展的新高度。在城市可持续发展进程中，城市交通系统作为其重要组成部分，应以可持续发展目标为导向，以实现可持续发展为最终目标，以环境的可持续为基础，以经济的可持续为条件，以社会的可持续为目的，促进环境-经济-社会复合系统的持续、稳定、健康发展。

资源环境承载力系统反映了自然圈层同人文圈层相互作用所呈现的资源属性、环境属性和灾害属性总和所能够承载的人类生产和生活的能力（樊杰等，2015）。不难看出，资源环境承载力既是水土资源保障、环境容量、灾害风险的函数，可视为决定人类是否可持续发展的资源环境门槛的阈值表达；同时也是人类生产生活方式、类型、结构、效率等的函数。要维系区域可持续发展就是要实现自然圈层中资源属性最大化、生态环境正外部性最大化及生态环境负外部性、灾害属性最小化，即增强区域资源环境承载力（樊杰等，2017）。通过区域资源供给限值、环境容量限值、生态安全限值等资源环境约束改善，以及人口经济合理规模控制、开发利用方式综合调控，改变区域资源消耗与利用效率、环境损害与效益、生态系统扰动与破坏的演化趋势，扭转以资源环境为代价的发展方式，确保资源环境承载力始终处于不超载的承载状态中。

3.2.2 地域功能理论

地域功能是指一定区域在更大的空间范围内，在自然资源和生态环境系统中、在人类生产和生活活动中所履行的综合职能和发挥的作用。与地域功能相关的是功能区,即承载一定地域功能的区域。地域功能理论认为,对于不同功能区而言,地域功能具有差异,且其构筑的空间结构应当是有序的。地带性等揭示的自然生态系统空间分布规律,以及中心地理论等揭示的经济社会系统空间组织规律使得自然和人文复合后的地域空间有其基本的空间分布特征。但是,自然形成的功能区格局往往不能同时满足对自然生态系统干扰最小,以及支撑人类不断增长的生产生活需要的双重目标,因此不是最优的空间组织模式。地域功能的研究就是在识别地域功能类型的基础上,优化空间组织,寻求最优或次优的功能区划方案。合理的功能区组织方案至少应符合两方面的要求:一方面是实现不同功能区综合发展水平的均等,这是保障不同地域功能建设的前提条件;另一方面是实现各功能区所组成整体的效益最大化,而这不仅同功能如何划分有关,而且与时间取值有关。也就是说,地域功能的类型、功能区划的方案会因时间的不同而发生变动,其资源环境的承载力也会随之发生调整。

地域功能的形成过程体现了自然系统对人类活动的承载和反馈,以及人类活动对自然系统的占用和调适。地域功能在国土空间内的分异是人地关系地域系统空间耦合的自然结果。一方面,自然地理环境和经济社会活动都存在显著的地带性和非地带性分异特征(樊杰,2019b;彭建等,2015)。不同类型的经济社会活动也具有不同的区位指向和空间组织规律,因此不同区域的资源环境承载力都存在明显差异。另一方面,经济利益最大化的区位也可能是生态重要性或脆弱性最高的区位。由于生态系统是维持人类社会生存和发展的自然基础,国土空间的可持续发展要求人类活动避免对生态敏感地区的干扰。地域单元开发利用功能的优先次序要求人类活动让位于生态安全,生产空间让位于生活空间,这为国土空间秩序的构建和功能冲突处置提供了科学依据。只有实现生产生活功能和生态保护功能的最优匹配,国土空间才能够实现整体效益的最大化,这决定了潜在最优的区域空间结构。但在市场经济条件下形成的区域空间结构和空间整体效益最大化要求的区域空间结构往往存在冲突(盛科荣和樊杰,2018;周侃等,2019)。这客观上要求必须按照不同功能的地域类型形成规律及人类生产和生活活动的区位原理,通过因地制宜的资源环境承载力状态,解决或最大限度地纠正国土空间配置中的市场失灵问题,以实现区域空间结构达到帕累托最优。

3.2.3　人地关系地域系统理论

按照人地关系地域系统思想研究的基本范式,区域发展研究主要有三方面的内容:不同尺度空间内部的发展问题,包括社会经济发展过程及其与资源环境的协调关系;相同尺度空间的差异性规律及其相互作用规律;不同空间的基本格局与尺度转换过程中的相关问题。区域发展研究既强调社会经济系统与资源环境系统的综合,也强调社会经济系统内部传统因素与新因素的综合。这样,区域研究就成为人地关系地域系统研究的载体,资源环境承载力为研究人地关系地域系统中"地"对"人"的作用提供了一种途径。

通过区域资源环境承载力评价,揭示区域人地关系地域系统演化过程、结构特点和发展趋向，制定人口–资源–环境要素的综合优化调控路径与方向，为合理配置资源、确定国土整治重点对象提供科学依据，为国土开发空间布局、空间管治策略制定提供发展指引，有效地保障区域发展路径能够客观准确地遵循国土资源利用、国土空间开发、国土生态建设等在方向、目标、结构和布局等方面的架构，并对未来国土开发、资源利用等问题进行"预防"和"引导"，使区域经济和社会获得稳定发展的同时，自然资源得到合理开发利用，生态环境保持良性循环，实现人地关系地域系统优化。

3.2.4 资源环境稀缺理论

资源环境稀缺是伴随自然资源环境供给的有限性提出来的，资源环境的稀缺性表现在可供人类生产生活使用的自然资源量、自然环境中可容纳废弃物的有限性使人们不能无限地占有和使用资源环境，从而引起并凸显了资源环境价值化和增值。Malthus（1798）在其著作中提出的人口论认为，人口的指数增长与自然资源环境的非指数平稳增长在经过一段时间后，由于自然资源环境的稀缺性，人口数量或早或迟将超过自然资源环境所能承受的水平。由于资源环境的稀缺性，资源环境承载力存在极限，所有的自然资源环境都将很快被人类占据利用。

当资源消耗加剧、环境质量急剧下降，资源环境承载力的稀缺性上升，人类生产生活的边际成本将显著提高。一旦物理性稀缺资源被转化为以价格变化形式反映的相对稀缺性时，社会经济系统就会自动通过寻求某种资源来替代这一相对稀缺自然资源的方式对价格信号做出反应。也就是说，不断上升的相对成本会刺激人类技术进步和管理更新，激发更优越的替代性资源或环境改善途径。因此，人类生产生活可能使资源环境承载力出现暂时的相对性稀缺，但通常不会导致对经济增长的绝对约束。但是，当资源环境承载力达到极限、人类在资源环境替代方面无能为力时，资源环境系统将会受到不可逆的影响和冲击。也就是说，若人类忽视自然资源环境的有限性，自然资源环境将面临严峻破坏，甚至导致人口数量、人类生产生活过程以灾难性形式减少。

3.3 基本演化规律

在人类活动的长期扰动下，区域资源环境承载力在不同发展阶段表现出一定的演化特征（表3-1）。①原始采集狩猎阶段，在生产力发展水平极低条件下，人类社会完全依赖自然环境，人口数量与自然界提供的食物数量之间存在严格的制约关系，并停留在维持简单基本需求的水平，人地系统呈现原始的协调，资源环境承载力富余。②农业社会阶段，农耕和简单再生产活动对环境形成一定压力并表现出缓慢退化态势，但资源环境承载力仍然较富余。③工业社会阶段，资源环境承载力剧烈变化，对化石能源等不可再生资源的集中利用导致资源消耗速度较快甚至枯竭，严重的环境污染导致环境质量迅速恶化，资源环境承载力突破预警值（E）并不断逼近压力的临界点（O），资源环境承载力趋于饱和甚至超载（图3-1）。④后工业化阶段，通过从高消耗追求经济增长模式向可持续发展模式转型，以及环境修复和生态整治，资源环境承载力回归至临界点以下并逐渐呈现协调可持续。不同区域类型资源环境承载力的演化特征具有一定的差异性，以发达地区和欠发达地区为例，具体如下。

表 3-1　区域资源环境承载力在不同发展阶段的演化特征

比较内容	原始采集狩猎阶段	农业社会阶段	工业社会阶段	后工业化阶段
经济发展方式	融入天然食物链中，采食渔猎	农业为主，自给型经济	工业主导，商品型经济	服务业主导，协调型经济
主导资源类型	气候、水、土、生物资源	可再生资源	原料型资源及能源	人力资源
能源动力类型	人力	人力、畜力及简单天然动力	非生物能源	清洁的可再生能源
环境响应	人依赖环境、无污染、无干扰	环境缓慢退化	短期污染与长期生态扰动	与环境协同进化
人地关系	被动适应	天定胜人	人定胜天	人地协调
承载力状态	富余	较富余	趋于饱和	协调

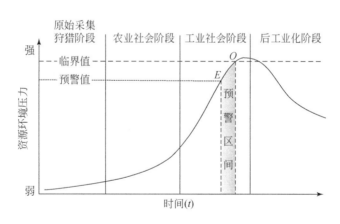

图 3-1　区域资源环境承载力的基本演化过程

3.3.1　发达地区（以城市化地区为例）

在发达地区，尤其是城市化地区，当资源环境承载力接近预警值（E_d）时，人地系统开始失调，资源环境问题相继出现，在资源环境承载力超过临界值之前（I_d）主动进行发展方式转型，逐渐减轻资源环境压力，使区域回归至人口、社会、经济与环境的协调可持续发展路径［图 3-2（a）］。若延误转型时机而达到临界点（O_d），将造成资源环境问题和人地矛盾积压，严重危及人类生产生活活动甚至人居安全，在此时被迫转型，将需要支付更高额的治理成本才能出现资源环境压力缓解的拐点（P_d）［图 3-2（a）］。

3.3.2　欠发达地区（以生态功能区为例）

在以生态功能区为主的欠发达地区，资源环境承载力的演化呈现了演替速度快、预警期短、超载后修复难度大、周期长的特点［图3-2（b）］。资源环境承载力从富余向饱和再向超载状态更迭迅速，对人地关系的响应极为敏感，且资源环境承载力的预警区间（$E_u O_u$）较上述两类地区最短，在此期间，若错失主动转型时机（I_u）将导致区域资源环境长期超载，资源环境系统严重衰退的风险大增，其修复代价巨大，甚至对生态类地区造成不可逆的破坏性影响。

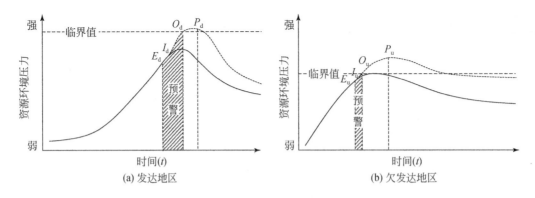

图 3-2　资源环境承载力的演化特征对比

3.4　指标体系构成

区域资源环境承载力评价应构建具有空间尺度弹性和功能指向多样性的国土开发利用适宜程度评价方法，形成承载对象分类体系及功能地域识别技术流程，根据评价对象区域的不同，科学确定承载对象，然后选择差异化的评价指标体系。具体而言，区域资源环境承载力的综合评价首先应从国家战略、主体功能区划、上层位区域规划等角度，围绕人口集聚功能、工业生产功能、农牧业生产功能、生态保育功能等方面，对区域进行功能预估以科学确定承载对象。然后根据承载对象类型的差异，从自然地理条件、地质环境条件、生态环境条件及社会经济发展基础等维度，将常规指标与特性指标相结合构建差异化的评价指标体系，并结合区域发展因素和机制系统分析，得出国土空间开发利用适宜程度的分级评价结果。接着借助空间结构理论和方法，对区域的功能类型进行划分，在测算出国土开发强度的同时，融合收入水平、城镇化率、产业结构、可利用土地等相关因素，基于人口容量空间分异规律与人口增长趋势分析，定量预测不同地区农业人口、城镇人口和人口承载总量，确定人口容量适宜规模，并以此核定区域资源环境承载力状态。同时，针对承载对象的差异性和国土空间开发利用的适宜程度，进一步明确不同功能类型区的开发利用适宜方向，并根据资源环境承载力的支撑条件，形成多套备选方案，通过综合比选最终确定地域功能类型及区划的推荐规划方案。

区域资源环境承载力评价指标体系构建除应当遵循科学性、综合性、层次性、可操作性等一般性原则外，还应当符合以下原则：①尊重自然规律性。评价应体现尊重自然、顺应自然、保护自然的生态文明理念，充分考虑资源环境的客观约束，始终坚守自然资源供给上限和生态环境安全的基本底线，把区域生态安全、环境安全、粮食安全等放在优先位置。②突出评价针对性。评价应根据城镇、农业、生态不同功能指向和承载对象，遴选差异化评价指标，设置能够凸显地理区位特征、资源环境禀赋等区域差异的关键参数，因地制宜地确定指标算法和分级阈值。③把握评价整体性。评价应系统考虑区域资源环境构成要素，统筹把握自然生态整体性和系统性，指标体系设计统一完整，综合集成反映要素间相互作用关系，客观全面地评价资源环境本底状况，制定与之相适应的开发利用方式。④注重评价可操作性。评价应将定量评价与定性判定相结合，合理利用评价技术提供的弹性空间，并与部门工作基础充分衔接，确保评价数据可获取、评价方法可操作、评价结果可检验。

根据上述原则，结合指标体系建构方法论，区域资源环境承载力评价指标体系由承载体要素和承载对象要素构成，两要素一般包括以下基础指标。

(1) 承载体要素作为面向自然地理单元进行评价的指标集合，由生态系统脆弱性、生态重要性、食物生产适宜性、水土资源约束性、地质环境约束性、环境容量约束性等要素指标构成。生态系统脆弱性指标包括沙漠化脆弱性、石漠化脆弱性和土地盐渍化脆弱性三项基础指标；生态重要性指标包括水源涵养功能重要性、土壤保持功能重要性、防风固沙功能重要性及生物多样性维护重要性；食物生产适宜性指标由气候（含光、热、水条件）适宜性、土壤食物适宜性、载畜能力及肉类生产能力四项基础指标组成；水土资源约束性指标包括水资源丰度、水资源开发利用效率和可利用土地资源等基础指标；地质环境约束性指标涵盖了区域地壳稳定性和地质灾害易发程度；环境容量约束性指标包括大气环境容量、水环境容量、海域环境容量和土壤环境容量等基础指标。

(2) 承载对象要素是面向行政区划单元进行评价的指标集合，由人口发展、经济增长、污染物排放、技术与管理、资源消耗、环境治理、基础设施等要素指标构成。人口发展要素包括了人口总数、人口密度、人口自然增长率、城镇化水平四项基础指标；经济增长要素包括 GDP、人均 GDP、第二和第三产业产值比例、GDP 年均增长速度；污染物排放要素含二氧化硫排放量、氨氮排放量、化学需氧量排放量；技术与管理要素包括研发支出占 GDP 比例、高新技术产业产值占 GDP 比例、环境保护与治理投资占 GDP 的比例等；资源消耗要素包括人均城市建设用地面积、人均耕地面积、人均水资源占用量、万元 GDP 水耗四项基础指标；环境治理要素由工业废水处理率、工业废气处理率、工业固体废物综合治理率构成；基础设施要素则包括城镇人均住房使用面积、人均拥有道路面积、人均供水量等基础指标。

此外，外部要素作为区域资源环境承载力评价的辅助要素，用于表征地域系统开放性、刻画区际重要自然或人文要素的流动，可包含区外资源环境要素流入/流出、区外社会经济要素流入/流出等指标。其具体基础指标应根据区域的现实特征确定，常见的基础指标有水资源或矿产资源跨区调度、水环境河流上下游间环境效应、水资源跨流域配置，以及外出打工、生态移民、教育移民等人口区际流动等。

中篇　宏观尺度实证分析

第4章 欠发达地区基本格局及资源环境承载力特征

经过改革开放 40 年（1978～2018 年）的反贫困实践，中国在解决绝对贫困方面取得卓越成就，成为世界上减贫人口最多的国家，也是率先完成联合国千年发展目标的国家和地区之一。按照世界银行绝对贫困线标准测算，2011 年中国贫困人口减少 7.5 亿人，占全球同期减贫人口总数的 70% 以上。自 2013 年我国实施精准扶贫战略以来，中国反贫困事业进一步取得历史性突破，按照 2011 年确定的农村年人均纯收入 2300 元（2010 年不变价）贫困线标准，我国贫困人口从 2012 年底的 9899 万人减少到 2018 年底的 1660 万人，平均每年减贫人口约 1373 万人，贫困发生率也由 2012 年的 10.2% 下降到 2018 年的 1.7%（图 4-1）。同时，也要认识到，在解决绝对贫困阶段获得举世瞩目的辉煌成就并不意味着我国贫困问题的终结，未来以解决相对贫困为主的欠发达地区反贫困持久战仍将继续。本章首先对中国的欠发达地区进行界定与变化类型识别，然后分析欠发达地区的时空格局演化规律，最后重点讨论欠发达地区长期面临的资源环境基础与承载力特征。

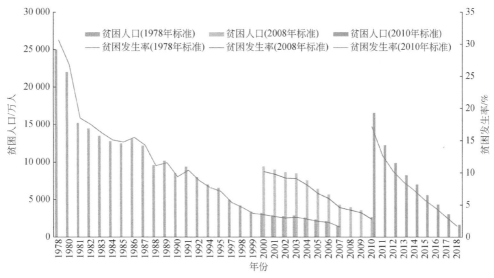

图 4-1　1978～2018 年中国贫困人口与贫困发生率变化

注：1979 年无数据

4.1　界定标准与识别方法

与个体和家庭尺度下综合考虑收入、就业、教育、卫生、生活水平等多维度的相对贫困人口界定不同，以县域为基本单元的农村相对贫困区界定一般以县级行政区的农村居民人均纯收入作为主导指标（郭之天和陆汉文，2020）。因此，本研究同样以农村居民人均可支配收入作为核心界定指标，用以客观反映农村贫困面和相对贫困人口分布的区域性特征。此外，还基于以下考虑：居民人均可支配收入依然是减贫效果的重要量具，尤其在中国长期的城乡二元体制下，农村居民人均可支配收入提高便能较好反映实现相对贫困的基本面；国际上诸如世界银行、欧盟等，以及国内通常都以居民人均可支配收入为基准进行相对贫困的区域瞄准，并安排和执行各种区域减贫项目（王小林和冯贺霞，2020；董晓波等，2016）。考虑到界定标准的可衔接与延续性，兼顾县域尺度居民生计收入数据的可获得性，鉴于世界大多数国家的人均国民收入分布曲线呈正态分布，处于人均国民收入75%之下或175%之上的相对贫困或相对富裕的人口占比较低（杨骅骝等，2018；周侃等，2020），故以全国农村居民人均年收入的75%作为基准值识别农村相对贫困区，并进一步将农村居民人均年收入低于全国水平50%的县域识别为农村深度贫困区（叶兴庆和殷浩栋2019），如表4-1所示。

表 4-1 2000～2018 年四大板块欠发达地区人口规模及占总人口比例变化

板块	2000 年		2010 年		2018 年	
	数量/万人	比例/%	数量/万人	比例/%	数量/万人	比例/%
东北	1 837.97	17.22	651.26	5.94	775.04	7.15
东部	790.57	2.25	1 639.96	4.59	1 392.30	3.75
中部	6 556.23	14.73	8 048.15	15.89	5 861.67	10.91
西部	16 658.54	46.75	13 153.25	36.47	10 665.13	28.10
合计	25 843.31	20.39	23 492.62	17.52	18 694.14	13.35

4.2 时空格局演化

4.2.1 人口规模格局

解决温饱问题、消除绝对贫困通常是在一定时期内可以实现的目标，但解决相对贫困问题则具有长期性、艰巨性及复杂性。马文武和杜辉（2019）对欧盟提出的人均国民收入低于均值75%的区域视为欠发达地区的标准略作调整，将农村居民人均纯收入（2013年后调整为农村常住居民人均可支配收入）作为基准值划定欠发达地区。2000～2018年，欠发达地区的划分结果显示，我国欠发达地区的人口规模长期维持在2亿人左右，2000年、2010年和2018年3期的欠发达地区常住人口规模依次为25 843.31万人、23 492.62

万人和 18 694.14 万人①，中西部板块的份额稳定在 90% 左右，中西部板块在 3 期占相对贫困人口总量的比例依次为 89.83%、90.25% 和 88.41%（表 4-1）。从各省区市的相对贫困发生率（欠发达地区人口占总人口比例）上看，甘肃、贵州、云南、陕西不仅相对贫困发生率高（>30%），而且相对贫困人口规模均大于 1000 万人，此外，青海、西藏、宁夏、新疆等西部板块的相对贫困发生率也都在 30% 以上（图 4-2）。

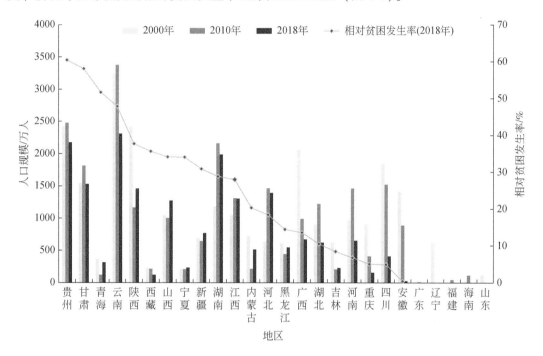

图 4-2　2000～2018 年各省区市欠发达地区人口规模及相对贫困发生率变化

4.2.2　时空分布格局

2000 年以来的空间分布显示（图 4-3），我国欠发达地区空间分布集中、空间结构稳定的基本格局没有改变。尽管县域数量由 2000 年的 799 个减少至 2018 年的 610 个，但县域空间分布的位置是高度稳定的。根据欠发达地区的变化类型识别发现②，稳定型县域 471 个，占 2018 年欠发达地区县域总数的 77.21%，集中连片特困地区分布于大兴安岭南麓山区、燕山-太行山区、秦巴山区、云贵高原区、西北深石山区等山地丘陵地貌区；新

---

① 限于 2018 年县域农村常住居民人均可支配收入数据的可获取性，黑龙江、湖南、陕西的相对贫困县采用 2016 年数据划分，四川、青海、新疆、西藏四省（自治区）采用 2017 年数据划分。

② 将 2000 年、2010 年、2018 年 3 期的相对贫困县域划分为稳定型、新增型、反复型、消除型 4 类：稳定型，3 期相对贫困县域名单中均存在；新增型，2000 年不属于相对贫困县域，而后 2 期被纳入相对贫困县域；反复型，2000 年为相对贫困县域、2010 年退出，但到 2018 年又重新纳入相对贫困县域；消除型，在 2018 年退出相对贫困县域。

增型县域 108 个，占 2018 年欠发达地区县域总数的 17.70%，离散分布于稳定型县域周围。2000 年以来的消除型县域主要分布于辽宁、内蒙古东部、安徽、湖北东部、广西南部等东部沿海和低山丘陵地区，而在邻近成渝、环渤海、珠江三角洲、长江三角洲等地区的部分中西部区县，对外承接城市群的辐射带动，对内借助特色旅游、工矿产品开发、特色农业生产等资源密集型产业发展，欠发达地区的空间分布范围局部收缩。此外，还存在 5.08% 的反复型县域，均分布在 14 个集中连片特困地区范围内、位于第一阶梯和第二级阶梯的过渡地带，该类型也体现出欠发达地区脱贫后返贫的波动性和长期性。

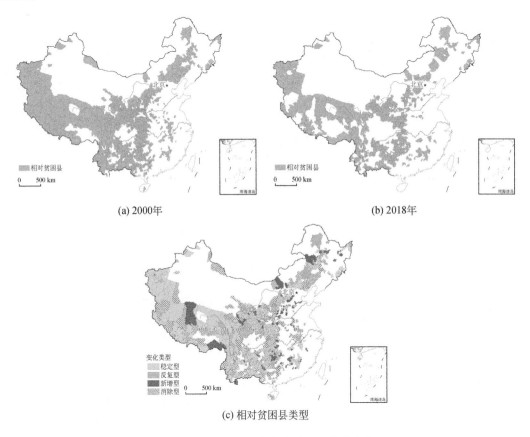

(a) 2000年

(b) 2018年

(c) 相对贫困县类型

图 4-3　2000～2018 年欠发达地区分布变化

4.2.3　地域功能格局

欠发达地区以山地丘陵地貌为主，与青藏高原生态屏障、北方防沙带、黄土高原—川滇生态屏障和南方丘陵山地带在空间上高度重合，是全国"两屏三带"生态安全战略格局的主要空间载体。如表 4-2 和图 4-4 所示，在各类主体功能区中，重点生态功能区县域的数量最多、分布最广，包括了大小兴安岭、三江源、甘南、祁连山、南岭山地、黄土高原、大别山、滇桂黔石漠化区、浑善达克沙漠、川滇森林及生物多样性区、秦巴生物多样性区、武陵山区、藏东南高原边缘、藏西北羌塘高原等生态功能区，涵盖了水源涵养、水土保持、防风固沙和生物多样性维护 4 种类型。以生态服务功能为主体的地域功能属性，决定了欠发达地区不具备开展大规模人口集聚和高强度工业化开发的条件。2018 年，在欠发达地区的重点生态功能区内，人口规模仍然高达 9182.95 万人，占欠发达地区常住人口总量的 49.76%，人口基数大导致各类生产生活活动对自然环境的扰动持续存在，高强度非主体功能的开发行为势必对生态保护主体功能造成影响，同时加剧自然承载力超载。

表 4-2　2018 年欠发达地区的主体功能类型统计

主体功能类型	县域数量		土地面积		经济总量		人口总数	
	数量/个	比例/%	面积/万 km²	比例/%	数量/亿元	比例/%	人口数/万人	比例/%
城市化地区	67	10.98	20.14	7.31	7 683.66	16.43	2 451.86	13.29
农产品主产区	173	28.36	89.19	32.35	16 234.80	34.72	6 821.03	36.95
重点生态功能区	370	60.66	166.31	60.34	22 844.51	48.85	9 182.95	49.76

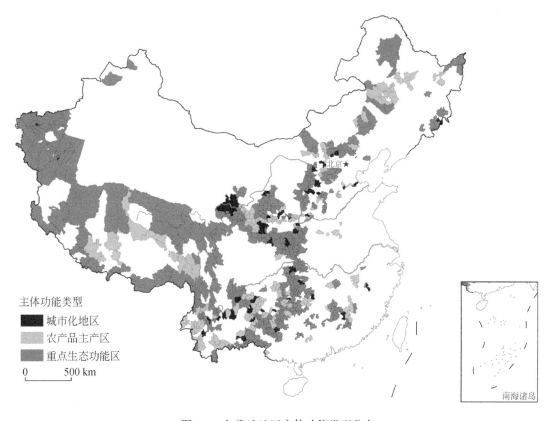

图 4-4　欠发达地区主体功能类型分布

此外，欠发达地区内还零散分布了以城市化地区和农产品主产区为主体功能定位的县域，占欠发达地区土地面积的 7.31% 和 32.36%，占常住人口总数的 13.29% 和 36.96%，反映出欠发达地区远离江河主流、干流和流域下游低平地，以及社会经济较先进的区域性中心城市，这种边缘性和封闭性阻碍了区外物质与能量输入，资源环境承载力实现内部"挖潜"的空间较小。值得注意的是，2018 年欠发达地区内的城市化地区人均 GDP 约为 31338 元，为农产品主产区的 1.32 倍、重点生态功能区的 1.26 倍，远低于全国尺度优化和重点开发地区较农产品主产区和重点生态功能区高 2~5 倍的一般水平。由此表明，该类区自身经济增长乏力、辐射带动作用偏弱，就欠发达地区内部培育形成对重点生态功能区超载人口的经济和社会拉力并不现实，需要整体视角、全局谋划跨区域先富带后富的新格局，依托城市群、都市圈、邻近中心城市发展，引导欠发达地区人口及发展要素的合理流动。

4.3 资源环境基础与承载力特征

4.3.1 资源环境基础

本节对 2018 年欠发达县域的水土资源、生态重要性和生态系统脆弱性进行要素和资源环境基础的约束程度进行识别。从要素评价结果来看（图 4-5），土地资源要素的约束区域（即可利用土地资源潜力为一般及以下的等级区）主要分布于青藏高原、豫皖鄂湘赣、云贵高原等地区；水资源要素的约束区域（即可利用水资源潜力为一般及以下的等级区）集中成片分布于黄土高原、东北平原、河西走廊等地区；生态要素的约束区域（即生态重要性和生态系统脆弱性为中度以上的等级区）集中分布在新疆南疆、青藏高原、黄土高原及云贵高原、秦巴—武陵山区等地区。

从要素空间匹配来看，土地–水资源约束在黄淮海平原和天山北坡等地区十分显著、土地–生态约束在青藏高原和云贵高原及南方山地丘陵地区十分显著、生态–水资源约束在

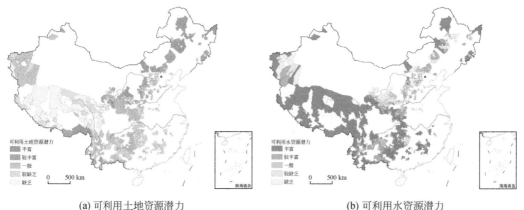

(a) 可利用土地资源潜力　　　　　　　　　　(b) 可利用水资源潜力

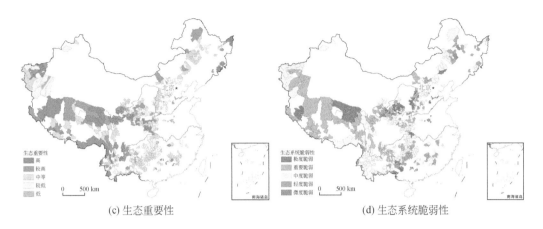

(c) 生态重要性　　　　　　　　　　　　　　　(d) 生态系统脆弱性

图 4-5　欠发达地区资源环境基础的单要素评价图

黄土高原地区十分显著（徐勇等，2016）。欠发达地区以山地丘陵为主的地貌结构造成自然承载力的约束性要素类型多样且具有共轭性，支撑性要素空间匹配程度偏低，因而欠发达地区广泛存在不具备发展条件的区域（图 4-6）。该类型区受到自然承载力强约束，由于自然地理环境极端恶劣或生态功能非常重要，自然承载力难以改善，在解决温饱之后不具备发展的基本条件和动力。该类型县域共 250 个，土地面积 127.98 万 km^2，合计常住人口为 7882.83 万人，占欠发达地区总人口的 42.17%，集中分布于青藏高原、六盘山区、横断山区、乌蒙山区、罗霄山区等（表 4-3）。

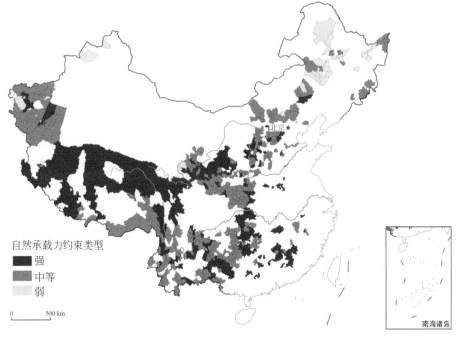

图 4-6　欠发达地区自然承载力约束类型分布图

表 4-3 欠发达地区资源环境基础的约束类型统计

约束程度	县域数量		土地面积		人口	
	数量/个	比例/%	面积/万 km²	比例/%	人口数/万人	比例/%
强	250	40.98	127.98	46.43	7782.83	42.17
中等	333	54.59	122.91	44.59	9907.09	53.68
弱	27	4.43	24.75	8.98	765.92	4.15

此外，欠发达地区也存在自然承载力中等或弱约束、具备一定发展条件的地区，这些地区往往受生态条件限制较小，拥有一定的水土开发潜力，矿产资源和生物资源也较为丰富。该类型区县域共 360 个，土地面积 147.66 万 km²，常住人口 10 673.01 万人，占欠发达地区总人口的 57.83%，主要分布于东北部大小兴安岭、秦巴山区、燕山-太行山区、滇桂黔石漠化区等。在维系自然承载力稳定的前提下，可在该类型区创新扶贫工作体制机制，在政策制定中体现出地区资源优势的价值，实现资源优势向经济优势的转换，推动地方经济和民生质量得到有效提升。

4.3.2 资源环境承载力特征

1. 区域总体承载力较弱

我国欠发达地区地形地貌复杂多样，资源环境要素的空间匹配状态欠佳，承载力受短板要素制约的同时，空间分异特征十分显著，区域总体承载力较弱。在怒江傈僳族自治州（简称怒江州），山地面积占全州总面积的 98% 以上，受怒江、澜沧江及其支流切割，境内平坝、阶地、冲洪积扇和河漫滩等可利用土地稀缺，且分布零散、地块较小。除地形限制外，怒江州土地资源还受生态保护、梯级电站开发淹没区等因素限制。运用 GIS 叠加分析测算①，怒江州适宜开发建设的土地资源量为 236.07km²，仅占全州总面积的 1.61%，有限分布于怒江、澜沧江、独龙江干流的沟谷地带。西海固地区尽管土地资源未受地形条件显著约束，但土壤贫瘠、蒸发强烈、水资源稀缺，北部干旱区资源型、水质型缺水并存，降水稀少，苦咸水分布广泛，而南部山区资源型、工程型缺水突出，水量较为丰富的泾河由于六盘山山脉相隔且缺乏大型调水工程，本来量少质差的水资源可利用量更少。西海固地区人均水资源占有量 380m³，远低于重度缺水区人均 1000m³ 的标准，而耕地亩均占有水量仅 108m³，分别为黄河流域和全国水平的 34.7% 和 8.0%。

2. 资源环境负荷超载

人口快速增长过程给欠发达地区本来就较低的承载力带来巨大压力，目前欠发达地区

---

① 适宜建设地空间范围测算公式：[适宜建设用地]=（[地形坡度]∩[海拔]）-[河湖库等水域]-[各类保护区]-[优质耕地]-[梯级电站开发淹没区]。

资源环境超载问题日趋严重，部分地区的人口总量已经超出人口合理容量的最大阈值。1978年以来，怒江州和西海固地区的人口总量基本翻番，怒江州人口密度从1978年的19.86人/km²增加至2010年的36.38人/km²，西海固地区也从1978年的19.86人/km²增加至82.59人/km²。人口增长的压力集中反映在资源环境负荷上，怒江州人均适宜建设用地仅441.81m³，而现状人均建设用地达447.29m³，表明怒江州的用地发展空间已经超出可承载规模。通过水资源承载指数测算①，西海固地区水资源负载指数为18.07，表示水资源利用程度很高、开发潜力极低。按照全国人均综合用水量标准（500m³）测算，西海固地区除泾源县外，其余区县实际人口规模均远高于可利用水资源所能供养的人口规模，其中西吉县现状常住人口35.43万人，而理论可供养人口仅16.24万人，人口超载率达118.17%，进一步表明西海固地区水资源承载状况为过载。此外，欠发达地区居民为满足基本生存需要而进行长期过度开垦，导致水土流失问题严重，滑坡、崩塌、泥石流等自然灾害频发，地质环境要素对承载力的制约凸显。

3. 要素间变化响应敏感

欠发达地区资源环境承载力各构成要素间联系紧密，人口发展、经济增长、污染物排放等承载对象的压力，易触发区域生态系统、地质环境、环境容量等承载体的响应，使之受到水土流失、土地石漠化与沙漠化威胁，造成生态环境退化、人地关系失调。与发达地区相比，欠发达地区人口增长过快、居民劳动技能偏低，大部分人口被束缚在当地进行粗放式农业生产，由此导致区域发展陷入"人口增长—贫困加剧—生态退化"的恶性循环（图4-7）。以怒江州为例，州内人口分布与重点生态功能区在空间上部分重叠，全州海拔

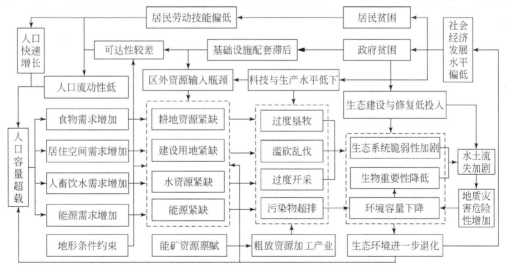

图4-7　欠发达地区资源环境承载力要素响应示意图

---

① 水资源负载指数测算公式（封志明和刘登伟，2006）：[水资源负载指数]=$K\sqrt{[人口]\cdot[GDP]}/[水资源总量]$，其中 K 为与降水有关的系数。

在 2000~2500m 的居民点占比超过 30%，而这一海拔区间属三江并流世界自然遗产地的缓冲区，人类活动的轻微扰动就可能对保护区生态系统造成显著影响。其中，能源消费需求过剩带来的区域生态环境响应具有很强的典型性。长期以来，怒江州能源结构单一，主要靠砍伐树木来满足基本的燃料需求，669 位农户的问卷调查显示，"平时使用最多的能源"中，选择"木柴"的家庭合计 508 户，占总样本量的 75.9%，木柴在家庭能源消费中仍然占主体地位，从而对当地森林植被和生态系统造成明显破坏。目前，在海拔 1500m 以下的地区，原生森林植被基本消失，41% 的农户认为近 10 年生态环境变得"明显恶化"或"有些恶化"。

4. 承载力提升潜力受限

欠发达地区通常为江河流域分水岭和源地的分布区，远离干流和下游低平地及社会经济较先进的区域性中心城市，这种边缘性和封闭性阻碍了区外物质与能量输入，加之设施配套相对滞后、先进技术扩散迟缓，资源环境利用效率偏低，使其对资源环境本底高度依赖，承载力提升潜力受限，加剧了区域资源紧缺和环境退化。以水资源为例，西海固地区水资源利用结构同宁夏区域相似，以灌溉农业为主，农业灌溉用水占总用水量的比例均在 90% 以上，但西海固地区主要供水来源为本地水，特别是西吉县、隆德县、泾源县、彭阳县，其处于山地区陵区，可用于农业灌溉的外来水为零，与宁夏全区黄河水占总供水量的 97.62% 形成极大反差。西海固农业、林业、果园等农业用地的亩均用水量仅 211m³，仅相当于宁夏平均水平（924m³）的 22.84%。从水资源开发利用设施来看，西海固 147 座中小型水库中，绝大部分建于 20 世纪 50 年代后期和 70 年代初期，运行年久、淤积严重，总库容以每年 1000 万 m³ 逐年减少，相当于损失一座中型水库，水库蓄水能力由 20 世纪 80 年代的 1 亿 m³ 下降到 2009 年的 0.31 亿 m³，而灌溉水利用系数仅 0.47（赵雪雁，2014），缺水与浪费水的问题并存，技术与设备投入不足显著制约了稀缺性资源的利用潜力。

4.4　小　　结

本章对欠发达地区基本格局及资源环境承载力特征的分析表明，我国欠发达地区的集中分布态势仍未发生显著转变，贫困发生率较高的区域仍然连绵分布于我国中西部山地丘陵区、重要水系发源地或少数民族聚居区。欠发达地区资源环境承载力具有区域总体承载力较弱、资源环境负荷超载、承载力提升潜力受限、要素间变化响应敏感，以及超载后修复代价巨大的基本特征。

随着区域社会经济发展，影响欠发达地区资源环境承载力的因素在形态和内容上都进一步扩展，除水土条件、生态环境、资源赋存等传统地理环境要素外，科技进步、区际要素交流、制度与政策安排，以及自然灾害等不确定性因素的影响逐渐显现，对区域资源环境承载力的整体阈值、空间分异与变动趋势等方面的作用不容忽视，特别需要在欠发达地区资源环境承载力评估和情景预测的指标体系设计中充分考虑。

　　此外，在实地调研过程中发现，欠发达地区产业发展路径调整、生活方式与消费水平变化等因素也会对当地资源环境承载力产生一定影响。例如，一些欠发达地区的产业结构在从以传统农业为主导向以资源深度加工产业和生态旅游业为主导转变的过程中，将创造大量技术含量较低、增收效益显著的就业机会，实现本地劳动力就地转移，能够一定程度上缓解资源环境承载力超载压力。

第5章 欠发达地区资源环境承载力的致贫机理：以长江经济带为例

长江经济带作为流域经济一体化布局、功能差异化协同、区域均衡化发展的主要平台，横跨长江流域、东中西三大地带，覆盖滇西边境山区、乌蒙山区、滇桂黔石漠化区、武陵山区、罗霄山区、大别山区、秦巴山区及四省藏区8个集中连片特困地区（图5-1），区域资源环境承载力敏感而脆弱、空间变化和流域响应明显。在实施精准扶贫战略以来，长江经济带欠发达地区县域数量与人口规模均显著减少，2010年和2018年长江经济带欠发达地区的县域分别为353个和237个，人口总量分别为13 366.68万人和8992.26万人（表5-1）。长江经济带欠发达地区占全国欠发达地区的比例明显降低，其占全国欠发达地区总人口的比例由2010年的56.90%降至2018年的48.10%，反映了实施精准扶贫战略以来长江经济带的反贫困成效十分突出，对推动全国解决绝对贫困具有重要作用，研究其在区域资源环境承载力约束下的反贫困路径与新变化具有典型性和重要借鉴意义。

表5-1 长江经济带欠发达地区县域数量与人口规模变化

流域	2010年		2018年	
	县域数量/个	人口/万人	县域数量/个	人口/万人
上游地区	240	7 784.15	154	5 053.47
中游地区	101	4 692.15	82	3 912.29
下游地区	12	890.38	1	26.50
长江经济带	353	13 366.68	237	8 992.26

对县域层面的进一步分析显示（图5-2），长江经济带欠发达地区空间分布集中、地域结构稳定的基本格局没有改变。尽管在2018年相对贫困的县域减少了32.86%，但欠发达地区所处的地理位置与空间范围是高度稳定的。进一步对欠发达地区的变化类型进行识别发现，除个别县域单元（湖南省洪江市）为新增型外，稳定型的相对贫困县域为236个，表明2018年的欠发达地区基本都位于2010年的欠发达地区内，稳定且集中连片分布于乌蒙山区、武陵山区、罗霄山区、滇桂黔石漠化区及滇西边境山区等山地丘陵地貌区。其中，低于全国农民人均纯收入平均水平50%（7308.5元）的深度贫困区在滇西、湘西等区域较为稳定，均分布在集中连片特困地区范围内、位于三级阶梯的过渡地带。因此，本章以长江经济带的县域为研究对象，在土地资源、水资源、水气环境、生态和地质灾害要素构成的自然承载力基础上，加入交通设施承载力要素，建立区域资源环境承载力综合评价指标体系，分要素评价区域资源环境承载力的约束程度和分布格局。最后，采用二元

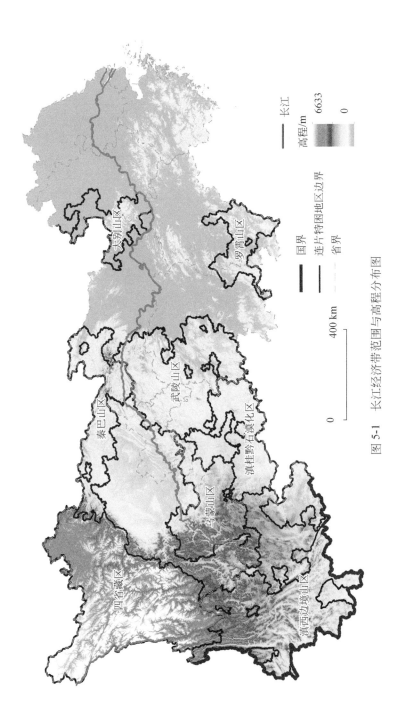

图 5-1 长江经济带范围与高程分布图

逻辑斯谛回归模型、聚类分析方法对区域资源环境承载力的致贫作用进行定量测度和共轭性评价，从而揭示区域资源环境承载力对长江经济带相对贫困的约束机理。

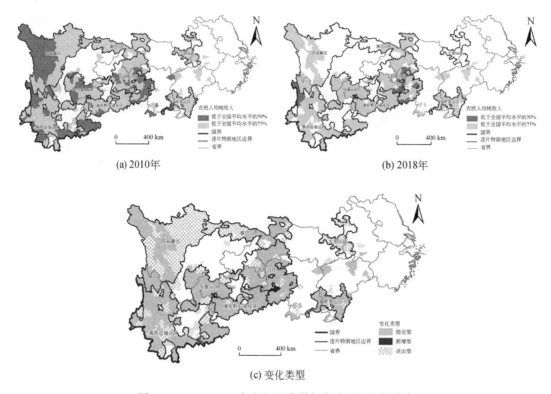

(a) 2010年

(b) 2018年

(c) 变化类型

图 5-2 2010～2018 年长江经济带欠发达地区空间分布

5.1 研究方法与数据

5.1.1 评价指标体系与算法

遵循区域资源环境承载力的内涵与要素构成，按照客观性、可比性及数据可获得性的指标选取原则，针对长江经济带自然和设施系统对人类生产生活系统的支撑与保障程度，在土地资源、水资源、水气环境、生态和地质灾害要素构成的自然承载力基础上，考虑到交通基础设施能够促进区域人流、物流、能量流等在空间上的移动和交换，对区域资源环境承载力的空间结构和空间相互作用具有一定影响，故还加入了交通设施承载力要素作为指标，最终构建长江经济带区域资源环境承载力的综合评价指标体系，根据分要素承载状态的评价结果定量刻画区域资源环境承载力的约束程度。综合评价指标体系及分级阈值如表 5-2 所示。

表 5-2　长江经济带资源环境承载力约束程度的综合评价指标体系及分级阈值

变量类型	变量名称	变量说明	核心算式	分级阈值	约束等级
土地资源承载力（LRCC）	适宜建设用地资源紧缺指数	反映土地资源条件对县域开发建设活动的支撑能力，通过现状建设用地规模与适宜建设用地规模的对比值进行评价（贾克敬等，2017）	$LRCC = (L_1 + L_0)/L'$。式中，L' 为县域建设用地适宜性评价中适宜建设用地规模；L_1 和 L_0 分别为已建用地中适宜建设用地和不适宜或禁止建设用地规模	$LRCC < 0.6$	无约束（Ⅰ）
				$0.6 \leqslant LRCC < 0.8$	弱约束（Ⅱ）
				$0.8 \leqslant LRCC < 1.0$	中约束（Ⅲ）
				$LRCC \geqslant 1.0$	强约束（Ⅳ）
水资源承载力（WRCC）	可利用水资源紧缺指数	反映水资源支撑县域生产生活用水的负荷状态，通过用水总量与实行最严格水资源管理制度下水资源开发利用控制指标的对比值进行评价（李云玲等，2017）	$WRCC = W/W'$。式中，W' 为县域水资源开发利用控制红线中的用水总量控制规模；W 为用水户从地表、地下及水源地实际取用的包括输水损失在内的水量之和	$WRCC < 0.6$	无约束（Ⅰ）
				$0.6 \leqslant WRCC < 0.8$	弱约束（Ⅱ）
				$0.8 \leqslant WRCC < 1.0$	中约束（Ⅲ）
				$WRCC \geqslant 1.0$	强约束（Ⅳ）
水气环境承载力（WAECC）	水体和大气污染物年均浓度超标度	反映环境系统对县域生产生活产生的各类污染物的承受与自净能力，通过主要污染物年均浓度监测值与国家现行环境质量标准的对比值进行评价（刘年磊等，2017）	$WAECC = max(WE, AE)$。式中，$WE = WC/WS$，为县域内断面的水污染物年均浓度监测值（WC）与水质标准限值（WS）之比；$AE = AC/AS$，为县域大气污染物的年均浓度监测值（AC）与污染物浓度二级标准限值（AS）之比	$WAECC < 0.6$	无约束（Ⅰ）
				$0.6 \leqslant WAECC < 0.8$	弱约束（Ⅱ）
				$0.8 \leqslant WAECC < 1.0$	中约束（Ⅲ）
				$WAECC \geqslant 1.0$	强约束（Ⅳ）
生态承载力（ECC）	生态系统脆弱指数	反映生态系统脆弱程度对县域生产生活布局的影响程度，对沙漠化、土壤侵蚀、石漠化、土壤盐渍化进行分项评价后，采用最大限制因素法评价（徐卫华等，2017；樊杰，2019a）	$ECC = max(EF_1, EF_2, EF_3, EF_4)$。式中，$EF_1, \cdots, EF_4$ 依次为沙漠化脆弱性、土壤侵蚀脆弱性、石漠化脆弱性、土壤盐渍化评价结果	不脆弱	无约束（Ⅰ）
				一般脆弱	弱约束（Ⅱ）
				较脆弱	中约束（Ⅲ）
				脆弱	强约束（Ⅳ）
地质灾害承载力（GDCC）	地质灾害风险等级	反映地质灾害综合风险对县域生产生活布局的影响程度，对地质灾害危险性、承灾体脆弱性和易损性进行分项评价后，采用综合判别法评价（孟晖等，2017）	$GDCC = \sum(w_1 HGD + w_2 VGD + w_3 EGD)$。式中，HGD 为考虑崩塌、滑坡、泥石流、地面塌陷的地质灾害危险度；VGD 和 EGD 分别为承灾体脆弱性和暴露性；w_1、w_2、w_3 为证据权法估算权重	极低风险	无约束（Ⅰ）
				低风险	弱约束（Ⅱ）
				中风险	中约束（Ⅲ）
				高风险	强约束（Ⅳ）

变量类型	变量名称	变量说明	核心算式	分级阈值	约束等级
交通设施承载力（TICC）	交通可达性	反映交通基础设施对县域生产生活要素流动的保障能力，通过在各级铁路及公路网络下县域到中心城市最短时间距离的均值进行评价（陈伟，2020）	$TICC = \sum T/n$。式中，T 为运用成本加权距离法计算的县域各栅格（1km×1km）到达中心城市的最短旅行时间；n 为县域内栅格数量	TICC<1.0h	无约束（Ⅰ）
				1.0h≤TICC<2.0h	弱约束（Ⅱ）
				2.0h≤TICC<3.0h	中约束（Ⅲ）
				TICC≥3.0h	强约束（Ⅳ）

5.1.2 模型评估方法

1. 二元逻辑斯谛回归模型

为定量测度区域资源环境承载力致贫的作用程度，根据长江经济带县域单元是否为欠发达地区设置二分类变量（1 代表是欠发达地区，0 代表不是欠发达地区），采用二元逻辑斯谛回归模型进行分析，则模型表达式为

$$\mathrm{Logit}(P) = \ln\frac{P}{1-P} = \beta_0 + \sum_{i=1}^{k}\beta_i x_i \tag{5.1}$$

式中，P 为相对贫困发生概率，取值范围为 [0，1]；$1-P$ 为相对贫困不发生概率；x_i 为区域资源环境承载力约束程度的第 i 个变量；k 为变量个数；β_0 为常数项；β_i 为变量 i 的逻辑回归系数。

2. 聚类分析方法

通过层次聚类（Hierarchical Cluster）法解析承载力要素之间的空间匹配和共轭性。采用欧氏距离平方（Squared Euclidean Distance）测度样本距离，即两样本（x，y）之间的距离是各样本每个变量值之差的平方和（n 个变量），计算公式如下：

$$\mathrm{EUCLID}(x,y) = \sum_{i=1}^{n}(x_i - y_i)^2 \tag{5.2}$$

以离差平方和法（Ward's Method）度量样本数据与小类、小类与小类间亲疏程度，该法根据方差分析的原理，若分类比较合理，则同类样本之间的离差平方和较小，小类与小类之间的离差平方和较大。

5.2 资源环境承载力约束程度

对长江经济带的土地资源、水资源、水气环境、生态、地质灾害和交通设施 6 类区域资源环境承载力要素进行评价，得到 2018 年长江经济带欠发达地区的要素评价结果，如图 5-3 所示。受土地资源要素强约束的县域分布较广，占长江经济带欠发达地区总数的

30.0%，主要分布于横断山、哀牢山和无量山区等滇西边境山区，川西高原，乌蒙山区，以及武陵山区和秦巴山区；长江经济带水资源较为丰富，区内欠发达地区未受到水资源要素的强约束，处于无约束等级的县域占欠发达地区总数的 94.5%；受水气环境要素强约束的欠发达地区比例为 21.1%，主要分布于江西西部、湖南西部、湖北西部，以及川渝鄂交界地区，水气环境承载力强约束的区域一般位于相对发达地区，但环境容量超标状态在中游地区已经向欠发达地区传导。

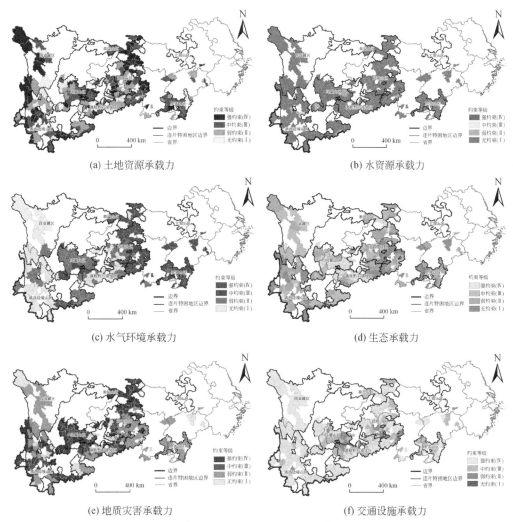

(a) 土地资源承载力 (b) 水资源承载力

(c) 水气环境承载力 (d) 生态承载力

(e) 地质灾害承载力 (f) 交通设施承载力

图 5-3　长江经济带欠发达地区的承载力约束程度分级评价图

生态要素强约束的县域集中分布于滇桂黔交界区和秦巴山区，属于石漠化敏感性较高的地区，占欠发达地区总数的 15.6%；地质灾害要素对欠发达地区的约束十分明显，强约束县域占欠发达地区的比例为 33.8%，主要位于长江上游地区，如云贵高原、乌蒙山区、盆周山地等河流切割强烈、构造裂隙发育的高山峡谷区；交通可达性在 3h 以上的强约束县域分布较广，所占的比例高达 62.0%，除了部分处于欠发达地区边缘、到达中心城市相对便捷的县域外，欠发达地区的交通设施承载力普遍偏低。

5.3 资源环境承载力致贫机理

5.3.1 资源环境承载力致贫作用测度

将县域的欠发达地区属性（0 为"否"，1 为"是"）作为因变量，各类区域资源环境承载力的约束等级为自变量进行二元逻辑斯谛回归。如表 5-3 所示，Omnibus 检验表明模型具有统计学意义，Omnibus 卡方值等于 163.340、$P<0.001$，能够对 85.094% 的个案进行正确分类。可见二元逻辑斯谛回归模型拟合效果较好，能有效测度区域资源环境承载力中显著影响长江经济带相对贫困的因素。另外，为检验模型的稳定性，并区别各因素在上游和中游的差异性，除对总体样本进行估计测度外，还拆分了流域样本进行估计值对比（图 5-4）。其中，因下游属于欠发达地区的样本量过低（$n=1$），未对下游地区的样本做模型估计。

表 5-3 承载力致贫作用的逻辑斯谛回归模型检验与估计值

变量	系数 (B)	标准误 (S.E.)	Wald 值 (χ^2)	显著性水平 (P)	优势比 (OR)	95% CI 下界	95% CI 上界
常量	−0.926	0.765	1.464	0.226	0.396		
土地资源承载力	−0.555 ***	0.117	22.555	0.000	0.574	0.456	0.722
水资源承载力	−0.241	0.282	0.731	0.393	0.786	0.452	1.366
水气环境承载力	−0.468 ***	0.090	27.141	0.000	0.626	0.525	0.747
生态承载力	0.267 **	0.112	5.640	0.018	1.306	1.048	1.628
地质灾害承载力	0.354 ***	0.106	11.157	0.001	1.424	1.157	1.753
交通设施承载力	0.792 ***	0.141	31.621	0.000	2.208	1.676	2.911
地域功能（参照组：重点生态功能区）			26.118	0.000			
农产品主产区	−0.416 **	0.229	3.283	0.070	0.660	0.421	1.035
城市化地区	−1.616 ***	0.316	26.105	0.000	0.199	0.107	0.369
Omnibus 卡方值	163.340	显著性水平 (P)	0.000	Cox&Snell R^2	0.362	Nagelkerke R^2	0.554
似然估计值（−2 log-likelihood）		649.421		预测正确率		85.094%	

*** 表示显著性水平 $P<0.01$；** 表示显著性水平 $P<0.05$

参数估计值显示，各类区域资源环境承载力中生态、地质灾害和交通设施要素的系数均在 $P<0.05$ 的显著性水平下为正值，且在流域样本估计中也保持了作用方向的稳定性，表明这三类要素承载力的约束程度越高则导致县域相对贫困的可能性越高。具体来看，县域生态承载力、地质灾害承载力约束程度每提升 1 个等级，县域成为欠发达地区的概率将分别提高 30.59%、42.43%，反映了由于以石漠化和土壤侵蚀脆弱性为主的生态系统脆弱

性，以及局部区域较高的地质灾害危险性和承灾体易损性导致的地质灾害高风险，生态和地质灾害要素约束下的自然承载力对长江经济带的相对贫困具有显著影响。从交通设施承载力来看，县域交通设施承载力约束程度每提升 1 个等级，导致相对贫困发生的概率将提高 120.85%，结合对各变量间 OR 值对比，欠发达地区较低的时间可达性是区域资源环境承载力中的核心因素，特别是在下游地区，在承载力要素都相同的条件下，交通设施承载力约束程度每提升 1 级，发生相对贫困的概率将提升 255.75%。可见，进一步强化欠发达地区的交通基础设施建设，最大限度地释放交通设施承载力瓶颈仍是解决相对贫困的重要途径。

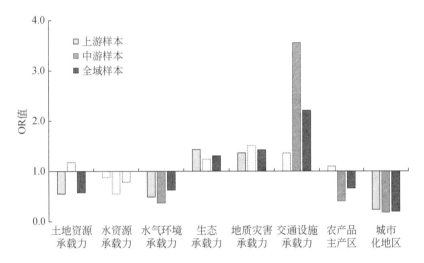

图 5-4   不同样本的二元逻辑斯谛回归模型估计值比较

图中灰色填充柱形图代表的估计值未通过显著性水平为 0.1 的检验

此外，水资源承载力对欠发达地区的影响不显著，而土地资源和水气环境要素的系数均在 0.01 的显著性水平下为负值，表明这三类要素承载力并非相对贫困的致贫因子，而且县域土地资源承载力和水气环境承载力约束程度每提升 1 个等级，其成为欠发达地区的概率将显著降低 42.62% 和 37.38%，表明长江经济带欠发达地区的国土开发强度较低，适宜建设用地的资源紧缺程度或污染物年均浓度超标状态不突出。这就意味着，欠发达地区与发达地区相比，其用于城镇化、工业化大规模开发的空间有限，可投入生产生活活动的建设用地及伴生的水气污染物排放量都偏低。从地域功能变量的 OR 值可以看出（图 5-4），城市化地区、农产品主产区是欠发达地区的概率只是生态功能区的 19.87%、66.00%，表明生态功能区内生态优势价值化的长效机制仍然需要完善，有待建立生态产品的国家购买及跨区域生态转移支付和补偿制度，助推生态功能区实现生态、社会与经济效益相统一，保持并提高其在长江经济带的生态产品供给能力和生态安全保障水平。

5.3.2   区域资源环境承载力共轭性分析

运用层次聚类法分析各承载力要素的空间匹配关系，利用离差平方和法划分了组内差别较小、组间差别较大的 5 种类型：类型 1，土地–灾害–交通综合约束型，所占比例为 24.9%；类型 2，生态–灾害综合约束型，所占比例为 20.6%；类型 3，生态–交通综合约束型，所占比例为 17.3%；类型 4，环境–交通综合约束型，所占比例为 27.4%；类型 5，土地–环境–灾害–交通综合约束型，所占比例为 9.8%（图 5-5）。不难看出，长江经济带欠发达地区地貌结构以山地丘陵为主，区域资源环境承载力在这些维度下较为薄弱，约束性要素的类型多样且具有共轭性，尤其是在滇西边境山区、武陵山区、秦巴山区和滇桂黔石漠化区，全域交通设施承载力主导、局部生态、地质灾害和土地资源承载力的综合作用使欠发达地区受区域资源环境承载力的约束强烈，是造成其长期处于相对贫困的致贫因子。

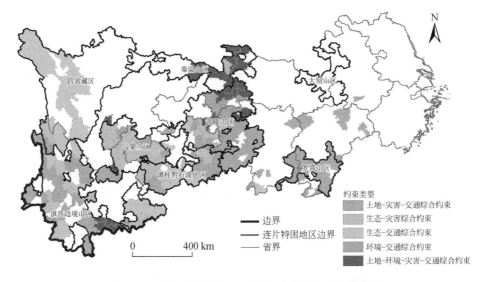

图 5-5　长江经济带欠发达地区的承载力约束聚类结果

5.4　小　　结

　　本章以长江经济带为例，重点分析了区域资源环境承载力的致贫机理，揭示了长江经济带欠发达地区空间分布集中、地域结构稳定的基本格局没有改变，稳定且集中连片分布于乌蒙山区、武陵山区、罗霄山区、滇桂黔石漠化区及滇西边境山区等山地丘陵地貌区，地域功能属性以重点生态功能区为主，涉及水源涵养、水土保持和生物多样性维护 3 种类型。同时，欠发达地区呈现局部收缩态势，属于消除型的县域多邻近长江三角洲、成渝、滇中等城市群地区或中心城市。

　　研究还发现，欠发达地区的区域资源环境承载力约束性呈显著要素差异，其中土地资源承载力强约束区分布于滇西边境山区、川西高原、乌蒙山区、武陵山区和秦巴山区；未受水资源承载力强约束；水气环境承载力强约束区分布于中游地区，与相对发达区空间邻近；生态承载力强约束区主要位于石漠化敏感性较高的滇桂黔交界区和秦巴山区；地质灾害承载力强约束区以上游地区的高山峡谷区为主；交通设施承载力强约束区分布范围广，交通可达性在 3h 以上的强约束区占比高达 62.0%。

　　进一步地，对区域资源环境承载力致贫作用进行定量估计发现，交通设施、生态和地质灾害承载力是导致长江经济带相对贫困的重要因素，表明欠发达地区资源环境承载力的约束性要素类型多样且具有共轭性，尤其是滇西边境山区、武陵山区、秦巴山区和滇桂黔石漠化区，在全域交通设施承载力主导，局部生态、地质灾害和土地资源承载力的综合约束下处于长期相对贫困。从地域功能来看，城市化地区、农产品主产区发生相对贫困的概率低于重点生态功能区，表明重点生态功能区内生态价值化的长效机制还未形成，亟待加强跨生态转移支付和补偿制度建设以提升区域可持续生计能力。

第6章 资源环境承载力剧变背景下欠发达地区的经济韧性：以汶川地震极重灾区为例

对全国以及长江经济带的研究不难发现，欠发达地区是崩塌、滑坡、泥石流等地质灾害的密集分布区，也是我国面波震级大于4.0级地震的高发区，重大自然灾害频发。相继发生的汶川地震、玉树地震、芦山地震、鲁甸地震等特大自然灾害表明，自然灾害冲击使灾区资源环境承载力发生剧变，人地矛盾进一步加剧。同时，社会经济滞后导致区内建筑物建设标准偏低、不设防或选址有偏差，加之以往相关规划未对防灾减灾问题足够重视，

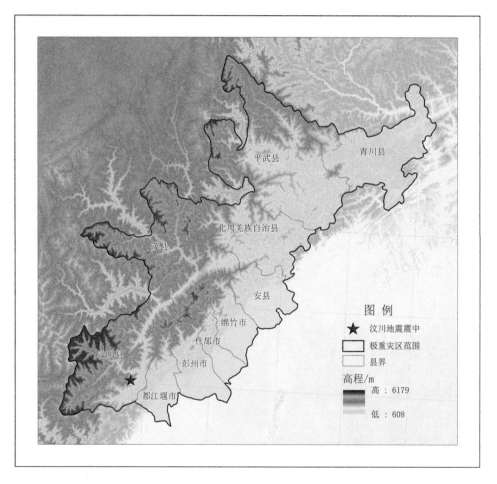

图6-1　2008年汶川地震极重灾区位置与地势图

更缺少超前预案部署，由此放大了自然灾害影响，导致"大灾大害"，甚至"小灾大害"。在灾后资源赋存、环境容量、生态安全及灾害风险的多重约束下，研究欠发达地区的经济发展状态和恢复过程，有助于掌握欠发达地区的经济韧性和反贫困不确定性。

   本章将以 2008 年 5 月 12 日汶川 Ms8.0 特大地震为例，研究资源环境承载力剧变背景下欠发达地区的经济韧性。灾后地震破坏程度及次生地质灾害的危险性成为区域资源环境承载力明显减弱的重要因素，其中龙门山中心地带因地震灾害破坏程度最大、次生地质灾害危险性最高，而成为灾区资源环境承载力最弱的区域；而山前平原的区域资源环境承载力没有显著改变，依然是资源环境承载力最强的区域。根据汶川地震灾害范围评估结果，选取属于极重灾区的 10 个县（市）作为案例区。汶川地震极重灾区位于龙门山区及山前过渡地带（图 6-1），包括处于高原山地区的汶川县、茂县、北川羌族自治县（简称北川县）、青川县、平武县，以及处于平原丘陵区的绵竹市、什邡市、都江堰市、彭州市、安县（现安州区），总面积 2.64 万 km^2，地震共造成区域内 5.73 万人死亡，震亡率达 1.56%，占此次地震总死亡人数的 82.77%。震前 2007 年，极重灾区年末总人口 368.07 万人，占四川人口总量的 4.53%，城镇化率为 23.19%；极重灾区 GDP 为 605.83 亿元，占全省 GDP 总量的 5.94%，三次产业比例为 17.27∶53.7∶29.03，人均 GDP 为 13 160 元，略高于全省平均水平（12 963 元）。

6.1 研究方法与数据

   在数据搜集与处理方面，以汶川地震极重灾区的县（市）为基本单元，以 1994 年这一具有完整统计数据的起始年为基期，运用指数换算了 GDP、人均 GDP、三次产业产值等数据的不变价。由于无法直接获得极重灾区资本存量数据，本章的资本投入指标采用四川的全社会固定资产投资价格指数，对极重灾区的全社会固定资产投资额进行价格平减，再采用国际通用的永续盘存法，将固定资产流量换算成资本存量。借鉴张军等（2009）的估计方法，并以其计算得到的资本存量数据作为基期资本存量，折旧率按 9.6% 的常数设定。数据主要来源于 1995~2016 年《四川统计年鉴》，针对其中统计数据不完整的研究单元，进一步获取其地级单元统计年鉴进行补齐。

6.1.1 ARIMA 模型

   ARIMA 模型即差分自回归移动平均模型，其原理是将非平稳时间序列转化为平稳时间序列，然后将因变量的各个滞后期、随机误差项的现值和随机误差项的各个滞后期进行回归（张军等，2009）。该模型通过预测目标自身时间序列研判变化趋势，同时将模型同现值产生的误差也作为因素纳入模型，具有灵活性强、易适应外部变化的特点，被广泛用于国家或地区经济预测（Baade et al., 2007；Nishimura et al., 2013；陈洁等，2015）。ARIMA 模型的表达式为

$$Y_t = c + \alpha_1 Y_{t-1} + \alpha_2 Y_{t-2} + \cdots + \alpha_p Y_{t-p} + \varepsilon \alpha_t + \beta_1 \varepsilon_{t-1} + \beta_2 \varepsilon_{t-2} + \cdots + \beta_q \varepsilon_{t-q} \quad (6.1)$$

式中，c 为常数；ε_t 为白噪声过程；α_i 和 β_j 为回归系数；$i=1，2，\cdots，t$；$j=1，2，\cdots，$ q；p 为自回归项；q 为移动平均项数；d 为非平稳时间序列转化为平稳时间序列所做的差分次数。模型首先通过 d 次差分将非平稳时间序列转化为平稳时间序列，然后对其进行定阶和参数估计得到 p 值和 q 值，最后依据 ARIMA(p,d,q) 模型对时间序列进行预测。主要步骤包括：检验灾区历史经济数据序列平稳性，若原序列为非平稳序列，则进行差分变换或者对数差分变换生成平稳序列；按照自相关系数和偏自相关系数等描述序列特征统计量，确定 ARIMA 模型的阶数 p 和 q；估计模型参数，并采用参数 t 统计量进行显著性检验、模型自身合理性检验；通过模型残差项是否为白噪声进行模型诊断，若通过白噪声检验，则利用模型进行灾后经济预测。

6.1.2 灾后经济韧性测度模型

借鉴 Simmie 和 Martin（2010）提出的外界冲击事件发生后区域经济的增长轨迹与模式，建立灾后经济韧性测度模型。灾后区域经济的时间变动趋势如图 6-2 所示，t_1 为地震灾害发生的时间点，$y'=f'(t)$ 为未遭受灾害冲击而按照长期（$t_0 \sim t_1$）趋势外推的假定增长轨迹，$y=f(t)$ 为遭受冲击后的实际增长轨迹。那么，ΔS 表示实际增长与假定增长的差异，反映灾后经济损失的程度，S 表示冲击后的实际增长情况，灾后经济韧性指数（R）则定义为

$$R = S/(S + \Delta S) = \int_{t_2}^{t_1} f(t)\,\mathrm{d}t / \int_{t_2}^{t_1} f'(t)\,\mathrm{d}t \tag{6.2}$$

式中，$t_1 \sim t_2$ 的时间段为 2007～2015 年；$y'=f'(t)$ 在 ARIMA 模型预测的经济规模基础上运用多项式拟合得到。通常地，R 值越大，灾区经济韧性越高；反之越低。$R=1$ 表示无显著影响区域，灾后经济保持原速增长；$R>1$ 表示积极影响区域，灾后经济通过自身调整，实现跨越式发展，灾害冲击成为调整经济发展轨迹的契机；$R<1$ 表示消极影响区域，灾后经济增长速度低于原速度，甚至出现负增长。

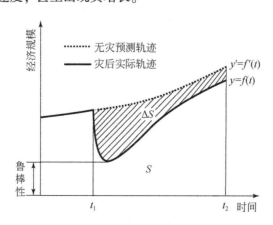

图 6-2　灾后区域经济增长轨迹示意图

6.1.3 改进的规模报酬可变 DEA 模型

运用数据包络分析（Date Envelopment Analysis，DEA）方法，选择规模报酬可变（Variable Returns to Scale，VRS）的 DEA 模型，评价震后短期内经济恢复的相对效率。以极重灾区县（市）为决策单元（DMU），单元个数 $N=10$，投入指标有 I 种，产出指标有 O 种，x_{ni} 代表第 n 个极重灾区县（市）的第 i 种经济投入量，y_{no} 代表第 n 个全要素灾区县（市）的第 o 种经济产出量（Banker et al.，1984；Charnes et al.，1994；李郇等，2005），则 DEA 模型为

$$\begin{cases} \min\left[\theta - \varepsilon\left(\sum_{i=1}^{I} s^- - \sum_{o=1}^{O} s^+\right)\right] & \\ \text{s. t.} \sum_{n=1}^{N} x_{ni}\lambda_n + s^- = \theta x_i^n & i=1,2,\cdots,I \\ \sum_{n=1}^{N} y_{no}\lambda_n - s^+ = y_o^n & o=1,2,\cdots,O \\ \lambda_n \geqslant 0 & n=1,2,\cdots,N \end{cases} \quad (6.3)$$

式中，在规模报酬不变（Constant Returns to Scale，CRS）的 DEA 模型基础上，引入约束条件后转变为 VRS-DEA 模型。$\theta(0<\theta\leqslant1)$ 为经济恢复效率综合指数，θ 值越大，经济恢复综合效率越高，$\theta=1$ 表明该决策单元运行在最优生产前沿面上，其产出相对于投入而言达到综合效率最优；ε 为非阿基米德无穷小量；$\lambda_n(\lambda_n\geqslant0)$ 为判断决策单元规模收益情况的权重变量；$s^-(s^-\geqslant0)$ 为松弛变量，表示达到 DEA 有效需要减少的投入量；$s^+(s^+\geqslant0)$ 为剩余变量，表示达到 DEA 有效需要增加的产出量。利用 VRS-DEA 模型可将综合效率 θ 分解为纯技术效率 θ_{TE} 与规模效率 θ_{SE} 的乘积，即 $\theta=\theta_{TE}\times\theta_{SE}$。$\theta_{TE}$、$\theta_{SE}$ 的值越接近 1，表示纯技术效率、规模效率越高，若达到 1 则表示效率最优。

6.1.4 Malmquist 全要素生产率指数模型

为进一步了解灾区长期经济恢复效率的年际变化趋势，运用 Malmquist 全要素生产率指数模型进行分析，并将全要素生产率分解为技术进步变化、纯技术效率变化、规模效率变化等。Färe 等（1997）构造了从 t 期到 $t+1$ 期的规模效率不变 Malmquist 全要素生产率指数公式：

$$M(x^{t+1},y^{t+1},x^t,y^t) = \sqrt{\frac{D^t(x^{t+1},y^{t+1})}{D^t(x^t,y^t)}\times\frac{D^{t+1}(x^{t+1},y^{t+1})}{D^{t+1}(x^t,y^t)}} \quad (6.4)$$

式中，$D^t(x^t,y^t)$、$D^t(x^{t+1},y^{t+1})$ 分别为以 t 期的技术为参考时，t 期、$t+1$ 期决策单元的距离函数；$D^{t+1}(x^t,y^t)$、$D^{t+1}(x^{t+1},y^{t+1})$ 含义亦同。在规模报酬可变的假设下，Malmquist 全要素生产率指数可分解为综合效率（effch）和技术变动率（techch）两部分，其中，综合效率又可进一步分解为纯技术效率（pech）和规模效率（sech）（章祥荪和贵斌威，2008；

魏权龄，2004），式（6.4）便可以分解为

$$M(x^{t+1},y^{t+1},x^t,y^t)=\frac{D^{t+1}(x^{t+1},y^{t+1}\mid\mathrm{VRS})}{D^t(x^t,y^t\mid\mathrm{VRS})}\times\frac{D^{t+1}(x^{t+1},y^{t+1}\mid\mathrm{CRS})}{D^{t+1}(x^{t+1},y^{t+1}\mid\mathrm{VRS})}$$

$$\times\frac{D^t(x^t,y^t\mid\mathrm{VRS})}{D^t(x^t,y^t\mid\mathrm{CRS})}\times\sqrt{\frac{D^t(x^{t+1},y^{t+1})}{D^{t+1}(x^{t+1},y^{t+1})}\times\frac{D^t(x^t,y^t)}{D^{t+1}(x^t,y^t)}} \quad (6.5)$$

$$= \text{pech×sech×techch}$$

式中，Malmquist 全要素生产率指数大于 1 表示从 t 期到 $t+1$ 期的全要素水平提高，反之则为降低。techch 反映生产前沿面的移动对生产率变化的贡献程度；effch（即 pech×sech）反映给定投入情况下决策单元获取最大产出的能力；pech 反映在规模报酬可变假定下的技术效率变化；sech 反映规模经济对生产率的影响。

6.2　灾后经济韧性与变动特征

6.2.1　汶川地震导致灾区经济短期衰退，但 2 年内恢复至震前水平

汶川地震发生前，极重灾区 10 个县（市）保持了年均 10% 以上的高速增长，而 2008 年汶川地震灾后，按可比价计算其 GDP 总量从 2007 年的 527.87 亿元减少至 385.46 亿元，降低了 26.98%。其中，震中所在汶川县的衰退程度最高（图 6-3），其 GDP 降幅高达 56.01%，茂县、都江堰市、绵竹市和什邡市的衰退程度均在 30% 以上，而平原地区的彭州市、安县衰退程度较低，较震前 GDP 分别降低了 12.90%、6.30%。从恢复周期（即恢

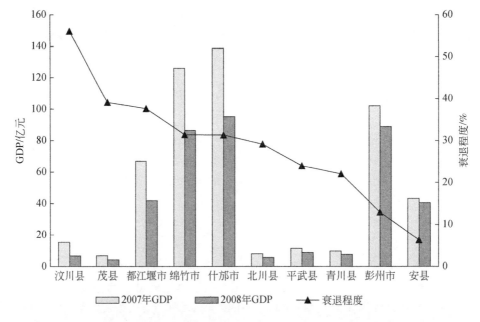

图 6-3　汶川地震极重灾区县（市）灾前与灾后 GDP 对比

复至震前年份经济水平的时间）来看，极重灾区经济恢复至震前水平的时间为 2 年，地震未引起区域经济长时期的持续性衰退。进一步地，从县域震后 GDP 变化来看，3 年内各县市均恢复至震前水平，其中恢复周期因受灾程度和重建自然条件而异，平原地区恢复周期为 1 年，盆周山地的北川县、青川县、平武县和川西高原的茂县恢复周期为 2 年，而邻近震中的汶川县、绵竹市、什邡市和都江堰市恢复周期为 3 年。

6.2.2 极重灾区总体经济韧性较高，且农业和服务业经济韧性高于工业

基于 1994～2007 年三次产业增加值数据，采用 ARIMA 模型预测未发生地震条件下的 GDP 和三次产业增长轨迹（图 6-4），并与实际的 GDP 数据对比，按照式（6.2）测算经济韧性指数。结果显示，汶川地震灾后 GDP 的经济韧性指数为 0.877，表明极重灾区经济韧性较高，而三次产业的经济韧性依次为 0.903、0.781、1.07，不同产业的灾后经济韧性差异显著，且农业和服务业经济韧性高于工业。进一步分析显示，灾区第二产业增加值由震前 2007 年的 283.46 亿元下降到 194.81 亿元，降低了 31.27%，震后工业经济的恢复周期为 3 年，较之农业和服务业偏长，特别在都江堰-什邡-绵竹一带大型工业企业集中区，以及受山体滑坡填埋损失惨重的汶川县、茂县两县尤为突出。震后调查结果显示，在极重灾区经济规模最大的什邡市，作为支柱产业的磷化工和水泥产业的损失比例分别达到 90% 和 70%。

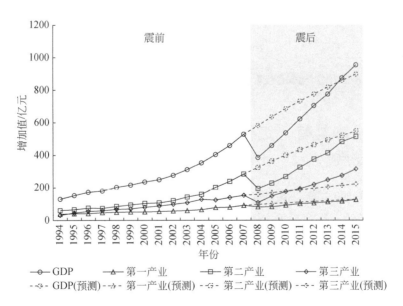

图 6-4　汶川地震极重灾区 GDP 与三次产业增加值变化

如图 6-4 所示，与震前相比，2008 年极重灾区第一产业增加值下降了 9.86%，地震仅对当年有一定影响，从 2009 年开始，第一产业增长速度比震前略有上升，其预测值曲线和实际值曲线基本重合。而震后服务业强劲快速回升，第三产业增加值由震前的 153.22

亿元下降到震后当年的 108.61 亿元,但其后 5 年间,第三产业增加值的增长率依次为 36.73%、18.42%、10.28%、13.51%、12.76%,年均增长率约是震前 5 年平均增长率的 2 倍。图6-4 也显示从 2011 年起,第三产业的实际值已高于预测值曲线。各县(市)产业恢复周期也表明(图6-5),震后工业恢复周期普遍大于服务业,如震中汶川县第二产业恢复周期为 4 年,而第三产业仅为 1 年。此外,工业与总体经济的恢复周期耦合度较高,表明地震不仅破坏了原有工业设备,还对其固有的生产体系造成冲击,工业部门的经济韧性是决定灾区经济恢复的"瓶颈"。

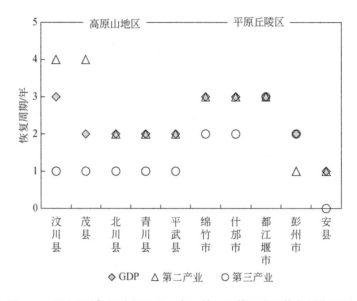

图6-5 汶川地震各极重灾区县(市)第二和第三产业恢复周期差异

6.2.3 震后经济具有一定再适应力,产业结构调整显著拉动灾区经济发展

对比震后经济的模型预测值表明,震后经济能够进行结构性再调整,面对危机具有较强再适应力(图6-6)。震前 5 年灾区呈现农业和服务业经济比例降低、工业比例提高的基本态势。而工业和农业震后 5 年平均增速比震前 5 年分别降低了 3.25 个和 2.46 个百分点,服务业增速较震前 5 年提升了 8.82 个百分点,到 2015 年,极重灾区服务业比例已提升至 32%。特别是在汶川、北川、绵竹等县(市),经济发展模式逐步向工业和服务业共同驱动转型。进一步通过三次产业贡献度(即三次产业增量/GDP 增量×100%)分析发现,若在无灾条件下 2008 年灾区三次产业对经济增长的贡献度依次为 9.65%、70.02%、20.33%,但实际三次产业的贡献度为 7.78%、55.29%、36.93%,服务业对灾后区域经济的拉动作用显著提升。由此可见,极重灾区县(市)除了获得应急救灾和灾后救济资金外,还获得大体量中央政府恢复重建资金、境内外对口支援和援建资金等,并实行了灾后

税收优惠和贷款等金融扶持政策，刺激了灾区产业，特别是服务业发展新的投资机会，从而加速震后经济转型过程。

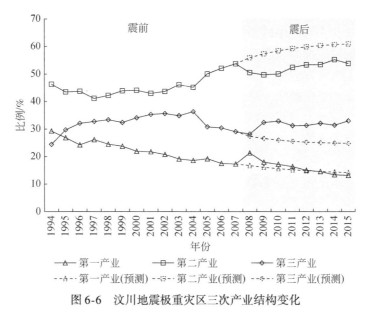

图 6-6　汶川地震极重灾区三次产业结构变化

同时，震后经济转型显著拉动了极重灾区经济发展水平提升，2009 年以后 3 年间，灾区人均 GDP 增长率依次为 22.28%、20.05%、19.29%，到 2010 年极重灾区人均 GDP 便已恢复至震前年份的绝对值水平。不仅如此，震后发展契机和产业重构缩小了各县（市）之间的经济发展水平差距。从历年人均 GDP 的变异系数（CV 值）发现，震后灾区内部的经济差距扩大趋势被扭转，震前 5 年的 CV 值维持在 0.7 以上，而震后 5 年的 CV 值降低至 0.65 左右（图 6-7），并保持了多年稳定态势。

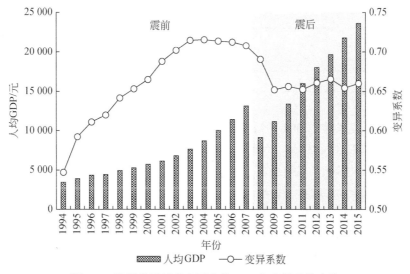

图 6-7　汶川地震极重灾区人均 GDP 与变异系数变化

6.3 灾后经济恢复效率及演化机制

进一步地，从投入与产出的角度测度灾后经济恢复效率，需要指出的是，采用 DEA 模型评价时，一般规定投入和产出指标数的和小于等于 1/3 决策单元的个数。对 10 个极重灾区县（市）测度要求投入产出指标最多为 3 个。根据灾后经济投入与产出要素的变化特征最终遴选了 3 个主要指标，符合 DEA 使用的经验法则，其中在经济恢复的投入角度，选取从业人员数（万人）、永续盘存法估算的资本存量（万元）表征灾后人力要素和资本要素投入；在经济恢复的产出角度，选取 GDP（万元）表征灾后经济产出。

6.3.1 短期经济恢复效率及演化

基于 2008 年极重灾区投入产出指标，采用 VRS-DEA 模型进行评价，结果如表 6-1 所示。震后各县（市）在短期内的经济恢复相对效率呈现如下特征。

表 6-1 汶川地震极重灾区县（市）2008 年经济恢复相对效率及分解结果

地区	综合效率	纯技术效率	规模效率	规模收益
汶川县	0.505	1.000	0.505	递增
北川县	0.293	1.000	0.293	递增
绵竹市	1.000	1.000	1.000	不变
什邡市	1.000	1.000	1.000	不变
青川县	0.321	1.000	0.321	递增
茂县	0.269	1.000	0.269	递增
都江堰市	0.912	0.939	0.971	递减
平武县	0.299	0.580	0.515	递增
彭州市	0.637	1.000	0.637	递增
安县	0.798	0.981	0.813	递增
平均值	0.603	0.950	0.632	—

从综合效率角度来看，2008 年极重灾区经济恢复综合效率为 0.603，即仅达到最优水平的 60.3%。极重灾区仅有绵竹市和什邡市 2 个县（市）为 DEA 有效，并且纯技术效率及规模效率都为有效水平，说明经济投入要素得到较合理组合及配置，震后经济恢复效率在极重灾区处于较为先进的水平；而余下 8 个县（市）为非 DEA 有效，经济投入因灾而未能得到充分利用。按纯技术效率和规模效率进行分解显示，极重灾区经济恢复的纯技术效率为 0.950，达到最优水平的 95.0%，有绵竹、什邡、青川、彭州、汶川、茂县、北川 7 个县（市）达到技术有效，而 3 个县（市）处于纯技术效率无效状态；极重灾区经济恢复的规模效率为 0.632，达到最优水平的 63.2%，其中，仅绵竹、什邡两市为规模效率有

效且处于规模效率不变状态，其余县（市）均为规模效率无效且以规模效率递增为主。

平原丘陵区短期经济恢复的综合效率、纯技术效率和规模效率均显著高于高原山地区，前者综合效率、纯技术效率和规模效率的平均值依次为0.869、0.984和0.884，而后者依次为0.337、0.916和0.381，说明强震对高原山地区的管理和技术等因素及投入规模因素影响的生产效率均造成冲击，导致震后短期内经济韧性较弱，其中，北川、青川、茂县、平武4县的综合效率均不足最优水平的40%。进一步将综合效率与人均GDP、工业化水平进行相关性检验，结果显示人均GDP、工业化水平与综合效率存在显著正相关性（置信度为0.05），Pearson相关系数分别为0.884、0.537，初步表明经济发展水平和工业化水平越高的地区其经济韧性越强，而贫困县面对地震灾害的韧性相对较低。

6.3.2　中长期经济恢复效率及演化

采用DEAP 2.1软件，测算2000~2015年灾后欠发达地区经济恢复的Malmquist全要素生产率指数及其分解结果。全要素生产率的年际变化趋势显示（图6-8），震前经济的全要素生产率长期平稳。从Malmquist全要素生产率指数变动的组成部分来看，增长的主要源泉是技术进步，2000~2007年技术变动率平均值为1.104，年均增长10.4%。相比震前，震后全要素生产率具有显著不同，呈现以下变化。

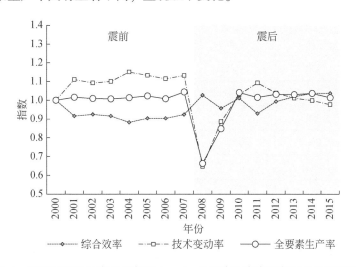

图6-8　汶川地震极重灾区历年Malmquist全要素生产率指数及分解结果变动

（1）2008~2009年全要素生产率波动强烈，经济恢复效率显著下降造成短期经济衰退。

2008~2009年极重灾区的全要素生产率指数分别为0.663、0.848，全要素生产率分别下降了36.49%和18.77%。2010~2014年，极重灾区全要素生产率反弹并恢复至稳态，全要素生产率指数依次为1.041、1.015、1.032、1.030、1.036，年均保持在3个百分点的增速。总体来看，汶川地震引起极重灾区全要素生产率波动强烈，震后经济产出效率显著下降造成短期经济衰退，而在经历 2 年衰退期后，极重灾区逐渐从高速反弹向平稳增长过渡。

（2）技术变动率受地震影响突出，生产体系更新是决定震后经济恢复的主导因素。

从全要素生产率的分解结果来看（表6-2），极重灾区经济恢复效率主要受技术变动率影响，技术变动率的快慢直接影响全要素生产率的增长速度。与 Malmquist 全要素生产率指数一样，在震后 2008 年、2009 年极重灾区技术变动率指数显著降低（0.646、0.886），而后 2 年（2010 年、2011 年）分别增长了 24.0%、14.4%，技术进步成为震后全要素生产率指数回升的主要推动力。表明由于灾害破坏了极重灾区旧技术和生产体系，经过短期经济低迷与恢复期后，重置受损设备并建立起新的生产体系提高了灾区劳动生产率，从而使区域经济增长率持续上升。这与 Hallegatte 和 Dumas（2015）、Skidmore 和 Hideki（2010）对灾后的研究结论一致，汶川地震同样成为极重灾区重新投资和技术升级的催化剂，反过来促进灾区经济系统功能恢复与规模提升。

表6-2 汶川地震极重灾区 Malmquist 全要素生产率指数及分解结果

年份	综合效率	技术变动率	纯技术效率	规模效率	全要素生产率
2007	0.923	1.131	0.974	0.948	1.045
2008	1.027	0.646	1.053	0.975	0.663
2009	0.957	0.886	0.854	1.121	0.848
2010	1.011	1.030	0.988	1.023	1.041
2011	0.930	1.092	1.012	0.919	1.016
2012	0.993	1.039	1.060	0.937	1.032
2013	1.019	1.011	1.069	0.953	1.030
2014	1.036	0.999	1.029	1.007	1.036
2015	1.038	0.977	0.991	1.047	1.013

（3）震后经济综合效率平稳提升，纯技术效率和规模效率交替改善。

震后综合效率未出现同全要素生产率和技术变动率一样的强烈波动，2008 年、2009 年极重灾区的综合效率分别为 1.027 和 0.957。值得注意的是，随着恢复时间推移，综合效率提升已对全要素生产率形成明显的拉动，成为震后远期经济恢复与发展的重要动力。再将综合效率分解为规模报酬可变条件下的纯技术效率和规模效率，如表 6-2 所示，震后 2009 年和 2010 年纯技术效率分别为 0.854 和 0.988，而震后 2009 年和 2010 年规模效率分别为 1.121 和 1.023。纯技术效率和规模效率的交替改善趋势表明，震后短期内经济恢复的综合效率主要依靠规模效率的提升，而随着灾后经济恢复的规模收益下降，灾区经济恢复主要依赖纯技术效率，提升纯技术效率是保持灾后经济长期增长的动力。

（4）高原山地区震后经济效率下降更为突出，短期内韧性低于平原丘陵区。

从不同地域类型的震后变化显示，2008 年高原山地区和平原丘陵区的 Malmquist 全要素生产率指数分别为 0.598 和 0.747，与 2007 年相比降幅分别为 40.18% 和 25.26%，表明高原山地区在震后短期内的经济效率下降更为突出，且经济韧性低于平原丘陵区。进一步分解发现，震后高原山地区与平原丘陵区的技术变动率指数降幅相当，二者分别降低了 35.18% 与 35.64%，但由于经济综合效率的差异，即平原丘陵区（1.161）在经济综合效率方面显著优于高原山地区（0.924），导致平原丘陵区短期内韧性相对较高。由此可见，在震后技术和生产体系同样严重受损的情形下，平原丘陵区在经济管理、资源配置等方面优势明显，因而经济效率要比高原山地区高，能够在短期内具备技术效益和规模效益，全要素增长率增长也较为快速。

6.4　小　结

本章在 ARIMA 模型预测的基础上，测算了汶川地震极重灾区的经济韧性指数，揭示了区域资源环境承载力剧变背景下欠发达地区经济恢复的鲁棒性、快速性及再适应性特征，同时，通过 VRS-DEA 模型和 Malmquist 全要素生产率指数评价，对震后短期和中长期的经济恢复效率及影响效应进行解析。研究表明，汶川地震极重灾区经济韧性较高，地震导致经济在短期内衰退，一般在 2 年内恢复至震前水平，其中农业和服务业经济韧性高于工业。震后经济具有一定再适应力，重建援建资金、人力和物质投入，刺激了极重灾区产业结构性再调整，对区域经济发展形成显著拉动，还缩小了极重灾区内部的经济发展水平差距。对比分析发现，强震对山区管理和技术等因素，以及投入规模因素影响的生产效率均造成冲击，导致震后短期内经济韧性较弱。从年际变化趋势来看，震后全要素生产率波动强烈，其显著下降主要源于技术变动，生产体系更新是决定震后经济韧性的主导因素，这也是高原山地区震后经济韧性弱于平原丘陵区的重要原因。

研究表明，尽管国家财政投入、外部对口帮扶等应急性、过渡性援助是灾后欠发达地区经济秩序得以在短期内迅速恢复的关键，但是对灾后经济韧性及恢复效率起决定性作用的仍是内生性的技术进步。要达到较好的经济恢复效果，一方面，针对重建自然条件和经济发展阶段的差异性，灾后欠发达地区自身需积极进行经济结构调整和改革；另一方面，国家在自上而下地支持与援助时，需要注重灾区生产体系更新以提升技术进步水平，也只有这样才能发挥大规模资金、设施、人力等要素投入的规模效应，从而增强应对灾害冲击的经济韧性与恢复效率。为此，得出提升灾后欠发达地区经济韧性的政策启示：充分发挥灾区和灾民自力更生的主观能动性，立足长远增强经济恢复的"造血"功能，将灾后重建作为产业结构优化与产业布局调整契机，以市场为导向，立足资源环境承载力、产业政策和就业需要，科学引导受灾企业原地重建、异地迁建和关停并转，支持特色优势产业恢复和发展。在做好城乡住房、基础设施、公共服务设施等领域硬件系统恢复的同时，注重技能培训、就业援助、招商引资、园区经营与管理等软件系统再造，通过共建产业园区、以工代赈、产业合作项目等产业对口援助与合作，增强灾区劳动力再就业和转移能力，实现灾后经济发展的软硬件支撑能力同步提高。创新财政投入与市场资本投入方式，积极建立防灾减灾储备金、灾后重建专项资金、对口支援资金、自然灾害风险投资基金、政府债券、救灾性彩票等，鼓励发展银行绿色信贷、灾害保险与再保险，构建政府主导、多源投资、风险共担的投资保障体系与风险分担机制，增强全社会应对自然灾害的韧性与适应能力。

|第7章| 欠发达地区可持续发展的资源 环境承载力约束及综合施策路径

贫困作为人类发展面临的重大挑战，是长期困扰包括中国在内的发展中国家的世界性难题。在联合国 2030 年可持续发展目标（SDGs）中，消除贫困位列 17 项目标之首。随着 2020 年实现农村绝对贫困人口脱贫和贫困县摘帽，新时代中国的反贫困重点也将发生根本性转变，即从解决欠发达地区绝对贫困的精准脱贫转变为综合施策推动欠发达地区高质量协调发展。本章将从个人和区域尺度可持续性入手，初步构建欠发达地区可持续发展的内涵与概念模型，解析反贫困与可持续发展面临的背景与机遇，研判 2020 年之后可持续发展的区域承载力内部与外部约束条件，提出确保脱贫不返贫且可持续发展的综合施策路径。

7.1 欠发达地区可持续发展的基本内涵

一般而言，区域可持续发展是在经济效益持续增长过程中，生态效益和社会效益基本同步的增长过程，并因地域功能不同而分离出各种发展模式（樊杰，2015；樊杰等，2019）。区域可持续发展的内涵通常包括：追求区域间效益等值，要求缩小经济差距且将生态、社会价值化，以由经济效益、社会效益和生态效益构成的人均差距不断缩小为标志；既要寻求短期效益最优，又要顾及长远效益最优，建立在社会经济系统与资源环境系统的可持续发展之上，在短期侧重增强经济竞争力的同时，也要有利于生态系统的可持续性及社会公平性（高培勇，2019；樊杰和王亚飞，2019）。

在欠发达地区，其可持续发展在区域尺度上表现为短期和长期均实现经济效益、社会效益、生态效益的同向发展，当在近期无法有效消除区域间人均差距时，可以基本公共服务等值化为载体促进区域可持续协调发展，这与个人尺度上相对贫困人口的可持续生计建设是高度一致的（图 7-1）。

可持续生计框架勾勒出以农户为主体的个人运用各类生计资产和可能的策略去追求某种生计出路的途径，并认为在面临外界冲击和压力时能够恢复的生计才是可持续的（汤青，2015；Roberts 和杨国安，2003）。可持续生计既强调了自然基础和风险环境对生计活动的重要性，又强调了生计对生态环境和自然资源的外在影响。欠发达地区农户个人的效用可以表达为生计策略的净收益：

$$U_i = f(H_i, F_i, S_i, P_i, N_i; I, R, V) - c(H_i, F_i, S_i, P_i, N_i; I, R, V) - t_i \qquad (7.1)$$

式中，$f(\ )$ 为生产函数；$c(\ )$ 为资产的成本函数；H_i、F_i、S_i、P_i、N_i 分别为个人 i 所拥有的人力资本、金融资本、社会资本、物质资本、自然资本；I、R 和 V 分别为制度因子、

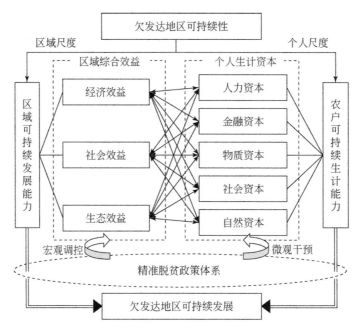

图7-1　欠发达地区可持续发展的区域与个人尺度可持续性模型框架

风险因子和脆弱环境；t_i 为个体承担的税收。在此基础上，可持续生计可认为是个人在给定制度因子、风险因子和脆弱环境的约束下，通过投资形成适合自身状况的生产资产组合，并选择与资产禀赋相一致的生计策略，从而实现自身效用的最大化的过程：

$$\max_{(H_i,F_i,S_i,P_i,N_i)} U_i$$
$$\text{s.t.} \quad w_i+E_i=c(H_i,F_i,S_i,P_i,N_i;I,R,V)+t_i \tag{7.2}$$

式中，w_i 和 E_i 分别为个人 i 的生计收入和所拥有的类型财富。可持续生计框架还强调改善个人发展面临的制度环境，这需要区域中的地方政府从社会福利最大化的目标出发，通过提供支持性环境、消除外部影响、提供公共产品等降低个人生计资本的形成成本，从而改善贫困人口生计策略的选择。令 N 代表社会的规模，TR 和 G 分别为地方政府的财政转移支付和公共事务的支出，地方政府的选择可以表达为

$$\max_{(I,R,V)} \sum_{i=1}^{N} U_i$$
$$\text{s.t.} \quad \sum_{i=1}^{N} t_i + \text{TR} = G \tag{7.3}$$

也就是说，个人尺度下获得的知识和技能的人力资本、现金流资本化的金融资本、生产生活物资的物质资本等不断累积放大，使区域经济效益增加；通信设施、基础设施、公共服务设施等物质资本，以及对外部企业或组织联系机会的社会资本等的累积，带来了区域社会效益增加；土地和水自然资源存量、生态服务功能、灾害风险防范等自然资本和资源利用技术、污染处置技术等人力资本，以及生产工具等物质资本的改善，有利于区域生

态效益增加。最终，至区域尺度时，欠发达地区的可持续发展能力系统性、整体性将呈现累积放大，使得欠发达地区与相对贫困人口的可持续性发展目标相互促进，并共同构成了以可持续性为标尺的新时代欠发达地区高质量协调发展。

7.2　反贫困与可持续发展的新机遇

2020 年后，欠发达地区所处的时代背景同 2000 年西部大开发、2010 年脱贫攻坚战时相比发生了重大变化，其发展条件和发展机遇呈现如下新局面。

第一，战略地位和区位条件发生了根本性改变。无论是从全球战略格局，特别是从我国"一带一路"愿景对全球格局的改变作用而言，还是从国家安全角度看，欠发达地区的战略地位、战略区位已经明显改变，成为我国推进国家安全和重构全球战略格局特别是发挥"一带一路"愿景在重构全球战略格局中关键作用的前沿地带、关键地区，同欠发达地区以往因地理位置处于内陆而边缘化、在我国对外开放战略中处于尾端相比，其战略地位得到了显著提升，这成为更高起点推动欠发达地区同步实现现代化的一个重要前提。

第二，生态建设改善了欠发达地区生态环境基础。2000 年以来，防沙治沙、天然林保护、退耕还林还草等重大生态保护工程实施，生态移民安置、生态补偿转移支付资金配套，欠发达地区的生态环境状况得到明显改善。2004～2018 年，欠发达地区所处西部地区累计造林总面积为 4664 万 hm^2，占全国的 54.4%；森林面积从 9864 万 hm^2 增加到 13 292 万 hm^2，森林覆盖率相应地从 14.5% 提升至 19.4%。更为重要的是，我国在生态环境保护制度方面取得的重大进展，以及包括矿产绿色开发在内的绿色生产技术和工艺取得的长足进步，都为欠发达地区在立足于大保护基础上探索绿色发展路径提供了自然基础、管理制度和生产技术方面的重要保障。

第三，基础设施建设改变了欠发达地区的投资营商环境。除了交通、水利、能源等一般基础设施建设外，还完成了青藏铁路、西气东输、西电东送和大规模的高铁建设。目前，欠发达地区周边已逐步形成完备的公路和铁路网络。2000～2018 年，西部地区铁路营业里程从 2.2 万 km 增加到 5.29 万 km，占全国比例从 37.5% 提升到 40.1%；公路里程从 55.39 万 km 增加到 199.15 万 km，而其中最为显著的是高速公路发展，从 0.36 万 km 增加到 5.36 万 km，占全国比例从 22.0% 提升到 37.6%。

7.3　可持续发展的资源环境承载力约束

根据欠发达地区可持续发展的基本内涵，以及区域与个人尺度可持续性的一致性，对 2020 年全面解决绝对贫困之后我国欠发达地区可持续发展的约束条件做进一步推断发现，还存在自然承载力与自我发展能力的内部约束，以及区域差距与全球变化的外部约束。

7.3.1　内部约束：自然承载力与自我发展能力

1. 自然承载力与生计脆弱性

自然承载力由资源、环境、生态和灾害 4 个维度的可持续属性构成（樊杰，2019b）。欠发达地区自然地理条件复杂多样，导致当地自然承载力的原值低，已被人类占用的承载力余量少，未来可供持续利用的承载力潜力小。我国土地资源要素的强约束区域主要分布于青藏高原、豫皖鄂湘赣、云贵高原等地区；水资源要素的强约束区域集中成片分布于黄淮海平原、黄土高原、东北平原、河西走廊、四川盆地等地区；生态要素的强约束区域集中分布在新疆南疆、青藏高原、黄土高原地区及阿拉善盟、云贵高原、秦巴-武陵山区、华南山地丘陵等地区。

从要素空间匹配来看，土地-水资源约束在黄淮海平原和天山北坡等地区、土地-生态约束在青藏高原和云贵高原及南方山地丘陵地区、生态-水约束在黄土高原地区十分显著（徐勇等，2016）。同时，欠发达地区通常为江河流域的分水岭和源地，人口发展、经济增长、污染物排放等承载对象的压力，易触发区域生态系统、地质环境、环境容量等承载体的响应，使之受到水土流失、土地石漠化与沙漠化威胁，造成生态环境退化、人地关系失调（周侃和王传胜，2016）。

2. 长效可持续生计与自我发展能力

我国欠发达地区集中分布在青藏高原腹地、太行山区、秦巴山区、武陵山区、乌蒙山区、桂西山区等地区（图7-2），远离干流和下游低平地及社会经济较先进的区域性中心城市，这种边缘性和相对封闭性格局长期以来基本保持不变，受到区外物质与能量输入的天然阻滞，设施配套受限、先进技术扩散迟缓（周侃和樊杰，2016）。加之公共卫生、医疗服务和教育水平较低，局部地区依旧存在脱贫后返贫的隐患，这无疑会降低脱贫稳定性。

在经济发展方面，区域自身城镇化和工业化水平低，中心城市（镇）的集聚能力弱、乡村聚落分散，产业结构比较单一，产业融合带动能力不足，且市场体系建设滞后，致使市场对资源的配置作用难以充分发挥；产业基础薄弱及实用人才缺乏，农村发展的潜力难以充分激活；水土资源、能源矿产资源、自然和文化旅游资源等资源价值未能充分实现。若仅关注农村贫困户物质经济基础的改善，而忽视对边缘贫困群体非经济层面的个人自我发展能力的培育，返贫风险将难以规避。

7.3.2　外部约束：区域差距与全球变化

1. 区域差距与传统路径依赖

区域发展不平衡问题对于欠发达地区的治理而言依旧是重要约束。尽管 2020 年我国

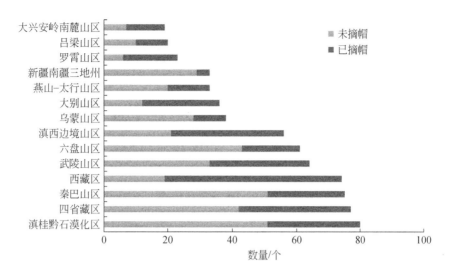

图 7-2　2016～2018 年中国集中连片特困地区内贫困县"摘帽"情况

已实现贫困县全部摘帽，但在东、中、西部发展不均衡，城乡发展差距以及区域差距和城乡差距形成的叠加效应下，如果以经济理性作为普遍遵循，那么市场经济条件下欠发达地区资源的人均占有量不足、分配量不均将产生相对贫困群体的边缘化，导致区域落差和城乡落差难以发生根本性转变。

2010 年以来，甘肃、青海、西藏、云南、贵州、广西等脱贫任务重的省（自治区）间 GDP 差距不断增大——差距由 2010 年的 15 836 亿元上升为 2018 年的 31 299 亿元，人均 GDP 差距更是由 2010 年的 30 615 元上升为 2018 年的 52 342 元，特别是在我国 14 个集中连片特困地区，尽管贫困发生率大幅降低，且"摘帽"贫困县不断增多（图 7-2），但从相对贫困的视角考量，集中连片特困地区仍远低于全国的平均水平，且绝对差距进一步拉大。2018 年，集中连片特困地区中人均 GDP 最高的四省藏区人均 GDP 仅为全国的58.3%（图 7-3）。而且，从绝对数量来看，2018 年各片区人均 GDP 与全国平均水平的差距进一步拉大，2018 年人均 GDP 与全国平均水平的差距增量基本都在 10 000 元以上。通过对集中连片特困地区内部的对比发现，内部的发展差距进一步加剧，四省藏区、六盘山区、罗霄山区和西藏区的人均 GDP 极大值与极小值的差值均在 10 倍以上。无论在全国层面，还是在城乡间、城市和农村内部，巨大的收入与发展差距容易导致新产业、新路径承接能力受限，难以摆脱传统路径依赖，使得相对贫困从暂时性状态演变为长期状态。

2. 全球化、逆全球化与发展韧性

经济全球化、全球气候变化等全球尺度的变化与冲击作用到区域层面时会，而相比发达地区，其负效应的影响程度对欠发达地区更为凸显。在当前及未来全球化与逆全球化并存的国际形势下，我国经济下行压力较大，外部环境的不确定性增大，欠发达地区产业就业等方面约束性增强。特别是受中美经贸关系的影响，叠加世界经济走弱等因素，未来我国的贸易可能会有更多的不确定性隐忧，投资、生产、消费将会受到一定的冲击。同时，

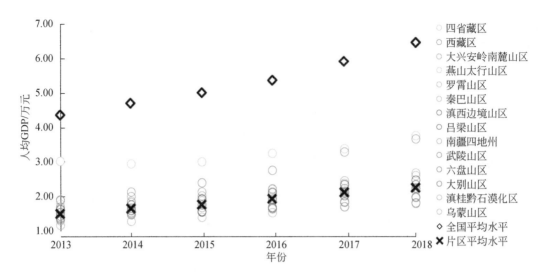

图 7-3　2013～2018 年中国集中连片特困地区人均 GDP 变化

在全球气候增暖的趋势下，相对贫困人口受气候变化的影响更为严峻。以上因素限制了获取各种生计资本的能力，也缩小了谋生活动选择范围，加剧了农户生计的风险性和脆弱性（赵雪雁，2014；Rodima et al.，2012）。这些因素将影响欠发达地区的经济发展及农村人口增收的能力，而这种外部环境的长期性和复杂性也决定了巩固、拓展脱贫成果的长期性和持续性。从地缘政治视角来看，欠发达地区多地处我国边境地带，在国防安全、生态安全、民族安全格局中具有十分重要的地缘影响，在历史、现实并在未来领土安全、民族团结和社会稳定大局中都将扮演重要而独特的角色。

7.4　综合施策路径

按照全国区域发展格局演变规律和欠发达地区可持续发展的概念模型，未来欠发达地区的可持续发展目标在个人尺度体现为：①实现收入获得，相对贫困人口参与生产生活和生态保护活动的综合价值得以全面发挥，收入水平和生活质量明显提高；②实现能力获得，基本公共服务等值化的同时，相对贫困人口的发展能力、发展条件、发展机会等得到提升，抵抗市场风险和自然风险的能力得到改善；③实现精神获得，培育相对贫困人口的个人内生动力、提升社会和文化资本，在尊严和自我实现方面的精神需求得到满足。

在区域尺度则体现为：①实现人口与经济的空间均衡，逐步实现各欠发达地区在人口和经济总量中所占比例基本一致；②实现人口经济与欠发达地区的地域功能适宜性空间均衡，以人口经济规模在自然承载力可承载区间内为底线；③实现欠发达地区与由自然承载力、战略区位、系统整体性等构成的地域功能适宜性空间分布相吻合；④实现欠发达地区的区域发展数量增长与质量增长的空间均衡。为此，突破内外约束条件并创新欠发达地区发展模式。综合施策路径的重点有 4 个方面，具体如下。

7.4.1 立足区域综合承载力客观条件，重塑城镇乡村互动与等值发展的新面貌

城镇化是现代化的必由之路，但城镇化水平并不等于现代化水平，只有健康的符合区域综合承载力客观条件的城镇化才是欠发达地区走向现代化的正确道路。世界城镇化历程证明了这一点，在拉丁美洲等地区存在着高城镇化水平但现代化水平并不高的现象（图7-4）。因此，我国的城镇化进程必须走健康可持续的城镇化道路。

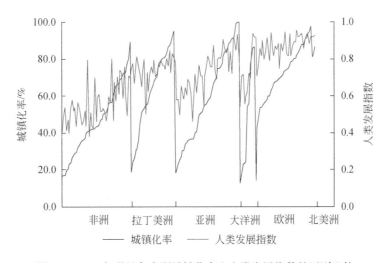

图 7-4　2018 年世界各大洲城镇化率和人类发展指数的国别比较

欠发达地区承载力特征决定了其通常不具备大规模、集中式城镇建设的条件，而局部适宜建设区空间分布亦较为分散。基于这一客观条件，重塑欠发达地区城乡新面貌：一方面，构建以综合性的城区为核心、若干功能城镇（园区）为节点的"一核多组团式"中心城市。培育中心城市的集聚和辐射作用，加大中心城市集约紧凑程度，完善城市配套设施，突出生产中心、商品集散中心、技术信息中心、科教文卫服务中心等综合服务功能，带动欠发达地区腹地从相对封闭向全方位开放转变，促进区域投资环境改善和贫困地区面貌改变，以中心城市的现代化引领整体发展。另一方面，以县城和重点镇为公共服务等值化的空间载体，结合地方能源矿产开发与加工、生物资源及农副产品加工贸易、自然和人文旅游资源利用等资源主导型产业的发展布局，以据点式小城镇开发为主体形态，推进欠发达地区城镇化进程。

应摆脱城镇化的规模与速度束缚，探索重生态环境、重生活品质、重百姓感受、重可持续发展的新型城镇化发展模式，注重静怡、美丽、幸福的生活方式，使居民在经济上未必收入领先，但在生活上具有较高幸福指数。未来将半城镇化作为欠发达地区城镇化空间形态的一种补充形式，发挥山地丘陵地区旅游休闲资源、能源与矿产资源及生物与农副产品资源优势，变地理位置偏远劣势为专业小市场发育及物流运输业发展的后发优势，通过

半城镇化、非农产业化和农业现代化的一体化发展，推动主要就业形式、收入来源构成、公共服务和基础设施条件、生活方式和社区文化等方面与城镇化地区相接近。

此外，欠发达地区综合承载力的复杂性要求必须对城镇乡村格局进行精细化管理，实施可行性研究，评估资源环境支撑条件；在规划先行的同时，引导城乡建设过程的集约高效，坚决杜绝粗放式开发对国土空间资源的浪费；切实严格控制建设用地，按照底线管理进行开发强度控制，建立部门红线管控体系，促进其发展从传统的外延型、粗放型转向集约型、节约型。

7.4.2 引导人口及发展要素合理流动，跨区域互动形成先富带后富的新格局

站在全局视角谋划跨区域先富带后富的新格局，将引导欠发达地区人口及发展要素合理流动作为关键。针对我国欠发达地区在生态空间内人口规模仍然偏大、农业空间内人口密度仍然偏高的现状，进一步疏散生态敏感和重要地区、粮食安全保障和重要农产品供给地区的超载人口，采取有效疏散途径，适度地降低人口规模与密度。在大尺度上，依托城市群、都市圈发展，推动欠发达地区超载人口向城市群地区及其内部的都市圈集聚，建立欠发达地区超载人口疏解，以及资源配置、市场融入的引导机制，重点提升疏解人口迁徙能力和再就业能力的培育。在中小尺度上，合理配置人口的空间分布，按照主体功能定位形成人口分布的中心-边缘模式，引导人口经济向中心城市集聚，建立欠发达地区城乡间人口相互流动机制，带动城乡一体化发展。

在提升全国整体城镇化水平的同时，使欠发达地区能按照主体功能定位，遵循生活空间宜居、生产空间集约、生态空间秀美的要求，实现国土空间开发保护格局的系统优化。此外，强化贯穿沿海与内陆地带的东西向开发轴带建设，完善形成新时期跨区域互动的国土空间开发基本骨架。建议进一步延伸既有沿长江通道和陆桥通道，以川藏铁路建设为契机，将沿长江通道发展轴带由川滇地区向西延伸，串联拉萨、林芝等青藏高原的重要节点城市，并与中巴、孟中印缅经济走廊联系互动，面向新亚欧大陆桥共建机遇，将陆桥通道发展轴带由天山北坡城市群向西延伸至边境地区，提升内外联动、双向互济的纽带作用。同时，增加珠江-西江发展轴带，改变长江以南缺少东西向发展轴带的局面——以粤港澳大湾区为龙头带动，为小西南地区注入经济增长活力的同时，拓展面向中南半岛、北部湾沿岸及东盟各国的对外经济双向合作空间。

7.4.3 深入推动生态和资源优势价值化，通过体制和科技创新激活后发优势

为保持并提高生态产品供给能力和生态安全保障水平，2016 年国务院批复将国家重点生态功能区的县（市、区、旗）数量由首批的 436 个增加至 676 个，集中连片特困地区中国家

重点生态功能区数量从 270 个增加至 377 个，所占比例从 2010 年的 39.88% 提升至 2016 年的 55.69%①。这反映出我国的区域发展战略中，欠发达地区在绿色发展理念引领下，加强生态保护和修复，严格按照主体功能区定位谋划发展的总体基调进一步强化（图 7-5）。

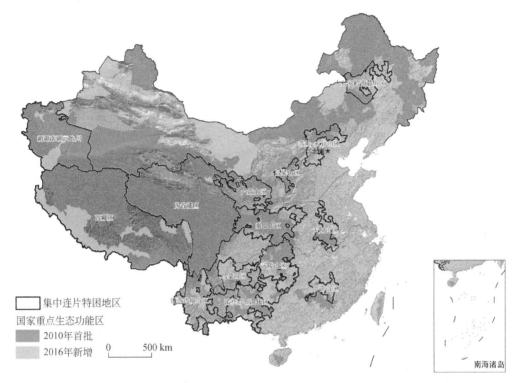

图 7-5 国家重点生态功能区和集中连片特困地区分布图

为此，欠发达地区应紧密依托在生物资源、农产品资源、民族文化资源、能矿资源等方面的天然优势，运用体制和科技杠杆撬动现代产业增长点。一方面，创新促进其价值化的体制机制，把经济收益分配作为重要抓手，建立生态与农业产品的国家购买和生态农产品补偿制度，在动态调控中助推农业和生态区域实现生态、社会与经济效益相统一；通过市场机制，运用洁净能源配额制、碳排放市场交易、生态安全体系建构的共同责任分担机制等，实现资源和生态产品的价值化和市场交易过程。另一方面，以生命科学和生物技术为先导，推进欠发达地区的创新突破与产业发展深度融合，紧扣资源的绿色开发与产业绿色布局，建立绿色有机食品的原料生产和深加工基地，打造生物制药主导产业，培育具有生物特色的高寒保健、康养、医药基地；以生态绿色为基底，以国家公园、各类风景名胜区构成全域旅游的开发建设模式，充分利用民族特色文化及特色产品，发挥"旅游+工农业""旅游+文化""旅游+体育""旅游+康养"等综合联动效应，实现全域旅游与工农

---

① 国务院. 国务院关于同意新增部分县（市、区、旗）纳入国家重点生态功能区的批复. 国函〔2016〕161 号. http://www.gov.cn/zhengce/content/2016-09-28/content_5112925.htm［2016-09-28］.

业、文化、体育、康养等业态的融合发展,培育形成这类后发优势地区的绿色发展新动能。

7.4.4 聚焦深度贫困地区重点攻坚,以青藏高原为主攻地和先行示范区

长期以来,青藏高原是我国面积最大的集中连片特困地区,其人口少、资源多,且地缘意义突出。同时,青藏高原是一个相对完整、极其独特的生态系统,在全人类社会发展和全球自然环境变化历程中,保持着其自然和人文生态系统的相对原真性。在全球尺度上,青藏高原是北半球气候变化的"启张器""调节器",也是"亚洲水塔";在洲际和国家尺度,则是东亚气候稳定重要屏障、中国东部生态景观形成主因;在局地和地方尺度,则维系生态系统稳定、提供农牧业生产资源基础、创造城镇化环境条件(图7-6)。因此,未来要将深度贫困的青藏高原作为欠发达地区反贫困持久战的主攻地和先行示范区,引导当地人口向非农产业发展的核心区和城镇集聚,进一步降低自然保护地、牧区的人口密度和资源环境压力,以强度小于1%的土地低密度开发实现对99%以上国土空间的严格生态保护。

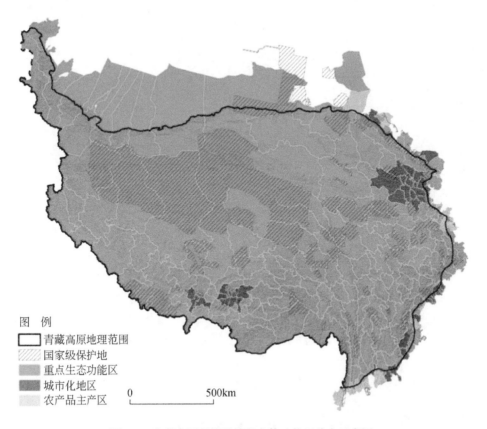

图 例
☐ 青藏高原地理范围
▨ 国家级保护地
▩ 重点生态功能区
■ 城市化地区
▨ 农产品主产区

0 ————— 500km

图 7-6 青藏高原所辖县域的主体功能区分布示意图

同时，创新自然保护地和国家公园机制体制，通过山水林田湖草生命共同体整治的综合效益尤其是生态效益增值过程，持续增强具有全球意义的生态系统保护价值，反映人类文明的文化多样性传承价值。通过生态旅游、科研科普、自然体验、生态教育等国家公园主题活动，把当地居民纳入国家公园建设与经营当中；以资本性收入和工资性收入解决长效生计问题，建设地球第三极国家公园群，实现国家公园建设与当地牧业发展、文化建设、乡村振兴、城镇化有机互动，打造具有全球影响的中国生态文明建设的亮丽名片和欠发达地区的反贫困亮点工程。

7.5 小　　结

本章初步构建了欠发达地区可持续发展的区域与个人尺度可持续性概念模型，界定了自然承载力与自我发展能力的可持续发展内部约束条件，以及区域差距与全球变化的外部约束条件，进一步提出了 2020 年之后确保脱贫不返贫，且可持续发展的综合施策路径。建议引导人口及发展要素合理流动、重塑城镇乡村互动与等值发展面貌、深入推动资源和生态优势价值化、聚焦青藏高原等深度贫困地区重点攻坚；立足长远，不仅需要关注经济发展的竞争力，还需要着眼于解决当地民生和代际发展的可持续性，关注以人为本、增加当地居民福祉的反贫困攻坚政策制定。

"十四五"时期，可作为应对相对贫困长期性的起步期，探索制定灵活精准的相对贫困人口和欠发达地区识别标准，使 2020 年后精准脱贫政策具有一定延续性，防止断崖式终止的同时，逐步建立稳定脱贫和防止返贫的常态化反贫困长效机制。将欠发达地区公共服务与县域经济发展、乡村振兴紧密结合，注重各类脱贫政策与资源整合，防止政出多门，放大政策组合效应，形成各类反贫困政策工具的合力。进一步发挥移动互联网、大数据、物联网等技术的作用，形成集中式、分布式、流动式相结合的高质量基础设施和公共服务保障体系，多渠道解决欠发达地区社会服务资源的结构性矛盾。未来，还需关注老龄化、农村空心化导致相对贫困等新近出现的贫困问题，提前应对欠发达地区同样面临的老年人口基数大、老龄化速度快带来的"未富先老"、空巢和独居老人的老年贫困。

下篇　微观尺度综合评价

第8章 西海固地区概况与资源环境影响因素

从本章开始,将选取宁夏西海固地区作为典型案例区,从小尺度研究欠发达地区的资源环境承载力,并深入讨论承载力约束下的区域可持续调控路径与对策。西海固地区是宁夏固原市原州区、西吉县、隆德县、泾源县、彭阳县,以及吴忠市同心县、中卫市海原县的统称(图8-1),占宁夏总面积的58.8%,人口208.8万。西海固地区处于我国半干旱黄土高原向干旱风沙区过渡的农牧交错带,生态脆弱,干旱少雨,土地瘠薄,自然灾害频繁,水土流失严重,为全国最干旱缺水的地区之一。

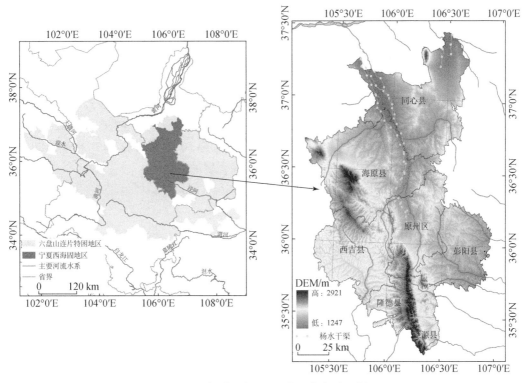

图8-1 宁夏西海固地区位置与行政区划

西海固地区的经济发展水平与规模低,居民收入水平整体不高,政府财政收支严重失衡,人均GDP、农民人均纯收入远低于全国平均水平(表8-1),深处全国14个集中连片特困地区之一的六盘山片区腹地,在过去三次国家贫困状态评估中均被认定为国家级贫困县。本章将在阐释自然地理概况和社会经济特征及贫困状况的基础上,分析影响西海固地区资源环境变化的新兴因素,为构建案例区资源环境承载力评价方案奠定基础。

表 8-1　西海固地区主要经济和收入指标与全国对比

地区	人均 GDP/元	贫困发生率/%	城镇居民人均 可支配收入/元	农村居民人均 可支配收入/元
原州区	22 459	15.0	22 463	7 296
西吉县	14 166	24.0	19 965	6 857
隆德县	13 014	24.0	18 632	6 769
泾源县	13 235	20.0	19 735	6 375
彭阳县	20 732	22.0	20 049	7 159
海原县	11 065	14.5	19 046	6 258
同心县	15 154	14.8	18 758	6 711
全国	50 300	5.7	21 966	11 422

8.1　西海固地区自然地理概况

西海固地区历史时期的地理环境优美和谐,按照《山海经》记载:"其上多银,其下多青碧、雄黄,其木多棕,其草多竹。泾水出焉,而东流注于渭,其中多磐石、青碧"。而后,西海固地区生态环境的变迁伴随历代中原政权强盛或衰落、畜牧与农耕反复变迁,由于战乱移民垦殖、人口激增、粗放经营土地、自然灾害频发、土地生产力锐减,植被破坏和退化问题更加严重,六盘山天然林覆盖率从 20 世纪 50 年代初的 36% 下降到 80 年代初的 18.3%,西海固地区九成以上的草场存在不同程度的退化。

8.1.1　地形地貌特征

西海固地区位于黄土高原西北边缘,地貌类型以黄土覆盖丘陵为主,主要山脉有六盘山、云雾山、西华山、南华山和月亮山。由于河流切割,山地形成较多的川、盆、塬、台、墚。西海固地区地势呈现南高北低、中高东西低。同心县主要包括黄土丘陵、山地丘陵、清水河河谷平原、韦州平原、山地;海原县主要包括兴仁平原、黄土丘陵、清水河河谷平原、山地;原州区主要包括山地、清水河河谷平原、黄土丘陵;隆德县主要包括山地、黄土丘陵、河谷川地;彭阳县黄土丘陵占 90%,河谷川地占比不足 5%;泾源县以山地为主,丘陵多为河谷川地;西吉县以黄土丘陵为主,其次为河谷川地、山地。

8.1.2　气候气象特征

西海固地区属东部季风区域暖温带黄土高原区,年均气温 5~8℃,昼夜温差大,年均降水量 200~650mm,蒸发量达到 900~1600mm,人均水资源占有量仅为 136.5m³。同心县年均气温 9.1℃,年均降水量 268mm,年太阳辐射总量 6029MJ/m²;海原县年均气温 7.3℃,

年均降水量 367mm，年太阳辐射总量 5642MJ/m²；原州区年均气温 6.4℃，年均降水量 435mm，年太阳辐射总量 5349MJ/m²；隆德县年均气温 5.3℃，年均降水量 502mm，年太阳辐射总量 5001MJ/m²；彭阳县年均气温 8℃，年均降水量 443mm，年太阳辐射总量 5324MJ/m²；泾源县年均气温 5.9℃，年均降水量 620mm，年太阳辐射总量 4935MJ/m²；西吉县年均气温 5.5℃，年均降水量 398mm，年太阳辐射总量 5165MJ/m²。

8.1.3 河流水系特征

西海固地区河流主要有黄河支流清水河、苦水河、祖厉河、葫芦河及泾河。地表水文分析结果显示，境内流域面积大于 10 000km² 的仅清水河 1 条。除六盘山、南华山、罗山等山地区多常流水沟道外，其余地区多为季节性河流。2008 年西海固地区地表水径流量约 4 亿 m³，占全区地表水径流量（6.59 亿 m³）的 60.70%。其中，泾河年径流量 1.65 亿 m³，占西海固地区地表水径流量的 40% 以上，清水河、葫芦河年径流量分别为 1.15 亿 m³、1.03 亿 m³，占西海固地区地表水径流量的 28.75%、25.75%，而苦水河、祖厉河年径流量分别为 0.125 亿 m³、0.045 亿 m³，合计比例不足西海固地区地表水径流量的 5%。

8.1.4 资源矿产特征

西海固地区资源矿产类型多样，非金属矿产有煤炭、泥炭、石膏、白云岩、石灰岩、石英砂岩、油页岩、石油、芒硝、湖盐、黏土等，金属矿产有铜、锌、铅、金、铝等，其产量除煤炭高外，其余均很低。此外，西海固地区北部的风能、太阳能资源丰富，适于大规模开发；南部阴湿低温，冷凉作物种植条件好，自然和人文景观独特，旅游资源开发潜力较高。

8.2 西海固地区社会经济及贫困状况

8.2.1 经济发展特征

2001~2010 年，西海固地区 GDP 增长了 3.16 倍；城镇和农村居民人均纯收入分别增长了 1.64 倍和 2.26 倍。产业体系逐渐拓展，特色农业格局基本形成，矿产资源加工和旅游业发展已初见成效，通用航空、物流等产业开始起步，三次产业结构比例由 2001 年的 29.7：23.9：46.4 调整为 2010 年的 29.2：23.0：47.8。城镇化进程加快，通过新区开发和老城改造，城镇功能显著提升，城镇化率从 2001 年的 22.4% 增长到 2010 年的 30.2%。受水资源匮乏的严重制约，通过传统的有土安置接纳移民变得日益困难；外出务工人员受教育程度和非农技能水平偏低，城镇化和工业化程度不高，进城务工经商还有一定难度，因此进一步大规模移民尚需探索新模式、开拓新路径。

值得注意的是，西海固地区的增收渠道仍然单一且不稳定。农民受教育程度普遍较低，农业科技知识缺乏，转移就业能力弱，只能利用农闲时间就近打零工，收入低且不稳定，部分家庭缺乏有效劳动力，加之经济下行导致的简单临时用工量减少，贫困家庭工资性收入持续下降；贫困家庭财力单薄，很多居住在偏远山区，住房出租、土地流转可能性很小，几乎没有财产性收入。多数贫困户占有耕地面积少、土壤贫瘠，农作物种植收成低，正常情况下能够自给自足，一旦遇到自然灾害，解决温饱都成问题。

8.2.2 社会发展特征

2000 年以来，西海固地区解决了 165 万人的饮水安全和 155 万头大牲畜的饮水困难问题，改造了 14.7 万危房危窑，完成了 30 余万人的移民搬迁任务，基本实现了村村通公路、通电、通广播电视、通电话、通宽带的目标。义务教育"两免一补"全面覆盖，"两基"攻坚全面完成，7 ～ 15 岁农村儿童入学率从 2001 年的 85.0% 上升至 2010 年的 99.1%，农村劳动力文盲、半文盲率从 33.9% 下降至 7.1%。卫生医疗条件逐步改善，75.2% 的行政村建立了村级卫生室，每万人拥有医疗卫生技术人员 19.1 人、病床 20.2 张，新型农村合作医疗参合率达 92.0%。但是，总体上公共服务的水平仍然偏低，均等化目标实现难度大。公共服务专业技术人才缺乏，工程造价高、设施建设水平低，历史欠账多、设备仪器配套不健全，服务质量不高、稳定性较差。

近年来，贫困代际传递现象明显，很多优质教育资源大量由农村流向城镇，农村基础教育质量滞后。部分经济条件较好的家庭将孩子转到城镇中小学就读，贫困家庭因经济能力有限，无能力支付子女在城镇中小学校就读的各项开支，这便从根本上降低了贫困家庭子女考取优质高中和重点大学的可能性。另外，很多西海固贫困家庭受传统观念影响，教育意识淡薄，加之经济条件所限，很早就将孩子送到城市打工，因缺乏学习新知识和先进技术的潜力和能力，很多孩子不仅没有学到脱贫致富的技能，也没有在城市挣到钱，而且还丢失了父辈勤劳耕作的优良传统，出现贫穷的代际延续。

8.2.3 贫困状况与特殊困难

西海固地区的相对贫困量大面广，反贫困并防止贫困的任务十分艰巨。按照国家的扶贫标准，2011 年仍有 100 余万贫困人口，占片区总人口的 2/5。其中，35 万人居住在有地质灾害隐患、生态极端脆弱的干旱山区和土石山区，17 万人身体残疾，66 万人就地发展而能力不足。地方政府贫困问题突出，人均地方财政收入仅为 427 元，财政自给率仅为 7.3%。2010 年，农村居民人均可支配收入分别为全国和全区的 57.7% 和 73.1%，城镇居民人均可支配收入是农村居民人均可支配收入的 3.6 倍以上，区域发展差距、城乡发展差距显著。西海固不仅与全国的差距拉大，而且与宁夏全区农村居民年人均可支配收入的差距也在继续拉大，且居民消费支出以食品支出为主，反贫困及防止返贫的任务依旧艰巨。

从基础设施配置来看，西海固地区基础设施薄弱，水、路瓶颈问题突出，仍有 60 余万贫困群众存在饮水困难，城镇、工业及移民安置用水难以得到保障。对外交通联系尚不便捷，区内县乡道路网络尚不完善，还有 1/4 的行政村和超过一半的自然村不通公路。能源、信息等基础设施建设相对滞后，节水、减排和环境治理设施建设差距大。部分群众因长期在贫困环境中生存，慢慢丧失了改变现状的信心、勇气和斗志，对扶贫政策由传统的"输血式"转向"造血式"不习惯、不适应，要钱、要物、要救济的"等、靠、要"观念仍然根深蒂固。

从产业竞争能力角度分析还发现，西海固地区在区域经济分工体系中的产业竞争弱。企业规模偏小、产品链条偏短、产业层次偏低、经济效益偏差，尚未形成有影响力的产品品牌和有竞争力的核心技术。矿产资源开采和深加工企业的资源补偿费、资源税地方留成少，对当地经济社会发展的带动能力有限。近年来西海固地区加快实施产业扶持与项目带动，支持发展了一批能带动百姓增收的富民产业，如供港蔬菜、土特产加工、肉牛羊养殖加工、苗木种植等，但因产业起步晚，发展基础薄弱，产业链不够完善，市场开拓不够到位，缺乏专业的经营管理人员，市场需求疲软和竞争压力大等，短期内带动百姓增收致富的效果不是很明显。

易地搬迁是将环境恶劣、位置偏僻、居住条件差、距离城镇远、发展潜力小的贫困地区百姓搬迁到气候相对适宜、交通相对便利、居住环境较好、距离城镇较近、有发展前景的地区。自 20 世纪 80 年代以来，宁夏开展了形式多样的移民搬迁，已累计搬迁人口近 100 万，主要是将西海固贫困地区农村人口搬迁到中北部的吴忠市红寺堡区，银川市灵武市（县级市）、兴庆区、西夏区，以及石嘴山市平罗县、惠农区等地区。通过调研发现，宁夏全区除了既有的移民区外，能够适宜继续迁入的地方越来越少，实施的"插花式"移民吸纳能力有限，务工移民进展不顺，迁入区后续产业发展迟缓，贫困群众移民意愿持续降低，"搬得出、稳得住、能致富"移民目标实现难度变得越来越大。

8.3 西海固地区资源环境影响因素

8.3.1 超载人口流动与迁移

通过劳务输出、生态移民、教育移民、工程移民等主动或被动方式移民，加速欠发达地区人口流动过程，促进人口外迁，直接减轻过剩人口对区内资源和环境压力，对提升资源环境承载力具有显著影响。在中央与省级政府人口与就业政策引导下，西海固地区逐渐摆脱人口转移渠道、转移能力等因素的限制，推动了人口输出由季节型向常年型、体力型向技能型转变，使超载人口从深山环境恶劣、浅山生态脆弱、地质灾害风险大的地区逐渐迁出。自 20 世纪 80 年代初起，在西海固地区先后实施了吊庄移民、扬黄灌溉工程移民、生态移民等大规模移民计划，截至 2010 年底，宁夏已转移安置西海固地区 80 余万人，加上自发移民，实际移民总数超过 100 万人。这一过程集中地反映在了镇域人口变动情况上，与 2000 年相比，2010 年区域人口大面积减少，在南部山区除县政府驻地所在乡镇外，其余各乡镇基本处于人口负增长态势，且越靠近县城的乡镇其负增长幅度越大。迁出区人为破坏生态环境的行为明显减少，大大减轻了生态环境压力，使原有的林地、草地得到很好的保护，遏制了水土流失，保护了生态物种的多样性，提高了水源涵养能力。2011～2013年，固原市共完成生态移民迁出区生态治理面积3.379万 hm²，其中人工造林面积2.307万 hm²，封山育林面积7870hm²，经果林面积930hm²，育苗面积1920hm²。

8.3.2 区域生态环境综合治理

通过区域生态环境综合治理加强生态系统修复与保护，能够有效地减轻西海固地区生态系统脆弱性威胁、提升生态重要性，在重塑区域生态产品生产能力的同时，维系当地居民的可持续生计，有效地缓解区内人地关系的紧张状态。我国相继实施的退耕还林还草工程、"三北"重点防护林工程等重大工程对西海固地区资源环境承载力的影响已经逐步显现。为转变生态脆弱总体格局，2000～2008年西海固地区部署了退耕造林建设任务，其间共完成退耕造林面积354.55万亩，占宁夏退耕造林总面积的75.28%，退耕农民人均退耕面积2.94亩，是全国退耕农民人均退耕面积1.12亩的2.63倍，其中西吉县、彭阳县和原州区生态系统脆弱性较高的黄土丘陵沟壑区是退耕还林的重点地区。通过实施退耕还林，有效地控制了水土流失和土地沙漠化，生态环境和农民生产生活条件得到明显改善，西海固地区的资源环境承载力超载状况得到一定缓解。在固原五区县，年减少土壤侵蚀量约2000万 t。

8.3.3 资源环境要素区际交互

地域系统的开放性决定了资源环境要素的交换与传递是持续而广泛的，无论在区内还是在区际都不断进行着能量物质流的空间传导，资源系统的"短板"可通过区际资源调配与流动实现提升，而环境系统的"长板"也可能被相邻区域扰动波及成为重要限制因素。跨流域调水、跨区调运等方式改变了本地水资源、矿产资源、粮食等要素的供容能力，同时也面临着上游生态恶化、周边环境污染等问题带来的波及效应。在西海固地区，北部通过扬水灌区建设，先后建成固海扬水工程、红寺堡扬水工程、固海扩灌扬水工程三大扬水工程，每年度承接近3亿 m³黄河干流水资源，实现区外水资源跨流域调配；南部经过山区库井灌区建设，在清水河、葫芦河、泾河流域建成沈家河、寺口子、东至河、成什字等中型水库13座及小型水库133座，实际年蓄水量0.45亿 m³，初步实现山区水资源小流域内调配。

8.3.4 自然灾害突发与气候变暖

西海固地区地质灾害隐患点占宁夏地质灾害总数的68%，地质灾害的易发性进一步削弱了承载力及其人口容量。而在全球气候变暖的大背景下，干旱、高温、洪涝、沙尘、冰雹等极端天气气候事件的发生频率和严重性明显增加，使农业生产波动性增大，特别在干旱半干旱地区，江河径流量减少、潜在荒漠化趋势增大，水资源不稳定性与供需矛盾更加突出。气象资料显示（张惠英等，2009），1958～2007年，固原市干旱年份发生频率高达81%，即平均5年4遇，发生严重冰雹年份27次，降冰雹致使农作物受灾面积98.42万 hm^2，成灾面积36.04万 hm^2，绝收面积达12.07万 hm^2。

8.4 小　　结

以西海固地区为代表的欠发达地区资源环境承载力具有区域总体承载力较弱、资源环境负荷面临超载、承载力提升潜力受限、要素间变化响应敏感及超载后修复代价巨大的基本特征。近年来，西海固地区的资源环境承载力受到来自超载人口流动与迁移、区域生态环境综合治理、资源环境要素区际交互及自然灾害突发与气候变暖等新兴因素的多重影响。基于宁夏西海固地区资源环境特征与影响因素，可进一步明确开展资源环境承载力评价的技术框架设计与梳理（图8-2）：①自上而下分析与自下而上评价相结合。面向资源环境承载力构成要素的复杂性与开放性特征，既考虑土地利用总体结构、区域间相互作用、城镇体系空间结构等区域发展的客观规律，又纳入基础分析得到的区域资源环境要素禀赋，充分把握分区结论的可行性与合理性。②刚性约束与柔性指导相结合。遵循国家级和省级主体功能区划方案与相关规定，保护农业和生态发展空间，严格执行国家关于防灾减灾、生态保护、粮食安全等的各项法律法规，并本着"安全第一"的原则，对灾害危险

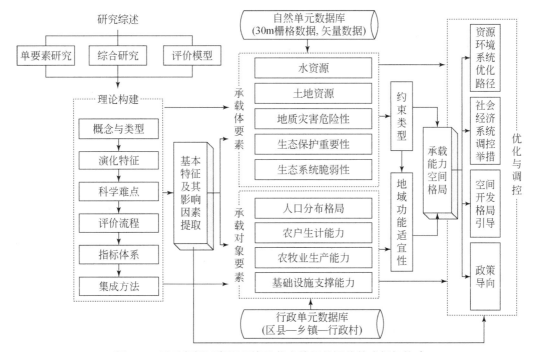

图 8-2 基于案例区资源环境承载力特征的评价技术框架构建

性极高、生态价值极大或食物保障重要的区域设置相应参数的刚性阈值，而在人口安置等方面给予一定的弹性空间，指导性地制定引导策略。③多尺度评价相结合。在对一般性指标进行全域乡镇尺度评价的基础上，对西海固地区资源环境承载力的短板要素、变化响应敏感要素等关键指标，增加评价的内容和精度，突出总体集成过程中关键指标对国土空间开发利用的限制性。

第9章 西海固地区资源环境承载体要素评价

本章将从资源环境承载力的要素群中提取案例区具有典型性和约束性的指标项，纳入水资源、土地资源、地质灾害危险性、生态重要性、生态系统脆弱性等承载体指标，运用GIS将分步式算法（如可利用土地资源、可利用水资源等）与指标体系式算法（如水资源利用适宜性、地质灾害危险性等）相结合开展多尺度单项要素评价。

9.1 西海固地区水资源要素评价

在西海固地区水资源评价中，为更好地评估水资源对区域人口集聚、产业布局和城镇发展的支撑能力，需要在从区县尺度进行总体资源分析的同时，从栅格尺度评价开发利用的适宜性。其中，栅格尺度水资源利用适宜性评价的目标在于测度区域水资源利用综合条件，明确水资源对人类生活与生产活动的制约程度与限制类型，为区域水资源合理配置提供决策依据的同时，对水资源可持续利用及其与社会、经济和生态环境系统的互动关系进行预警分析。

9.1.1 计算方法与技术流程

1. 基于区县尺度的水资源开发潜力评价

1）水资源负载指数

水资源负载指数是水资源开发利用潜力评价的主要指标，其反映的是一定区域内的水资源与人口和经济发展之间的关系，可用区域水资源所能负载的人口和经济规模来表达（张丹等，2008）。测评模型表达为

$$C = K\sqrt{PG}/W \tag{9.1}$$

$$K = \begin{cases} 1.0 & R \leqslant 200 \\ 1.0-0.1(R-200)/200 & 200 < R \leqslant 400 \\ 0.9-0.2(R-400)/400 & 400 < R \leqslant 800 \\ 0.7-0.2(R-800)/800 & 800 < R \leqslant 1600 \\ 0.5 & R > 1600 \end{cases} \tag{9.2}$$

式中，C 为水资源负载指数；P 为人口（万人）；G 为 GDP（亿元）；W 为水资源总量（亿 m^3）；K 为与降水有关的系数，取值见式（9.2）；R 为降水量（mm）。

根据水资源负载指数高低，可以将区域水资源开发利用潜力划分为 6 级，分级结果及

其物理意义见表9-1。

表9-1 水资源负载指数分级评价

级别	C 值	水资源利用程度	水资源开发评价
Ⅰ	>10	很高，潜力很小	有条件时需要外流域调水
Ⅱ	5~10	高，潜力小	开发条件很困难
Ⅲ	2~5	中等，潜力不大	开发条件中等
Ⅳ	1~2	较低，潜力大	开发条件较容易
Ⅴ	≤1	低，潜力很大	兴修中小工程，开发容易

2）水资源承载力

水资源承载力主要反映区域人口与水资源的关系，通过人均综合用水量下，区域水资源所能持续供养的人口规模（万人）或承载密度（人/km²）来表示（陈杰和欧阳志云，2011）。其测评模型表达为

$$\text{WCC} = W/\text{WPC} \tag{9.3}$$

式中，WCC 为基于全国综合用水标准的水资源承载力（人）；W 为水资源可利用量（m³）；WPC 为全国综合用水标准（500m³/人）。

水资源承载指数是指区域人口规模（或人口密度）与水资源承载力（或承载密度）之比。其测评模型表达为

$$\text{WCCI} = P_a/\text{WCC}$$
$$R_p = (P_a - \text{WCC})/\text{WCC} \times 100\% = (\text{WCCI} - 1) \times 100\%$$
$$R_w = (\text{WCC} - P_a)/\text{WCC} \times 100\% = (1 - \text{WCCI}) \times 100\% \tag{9.4}$$

式中，WCCI 为水资源承载指数；WCC 为水资源承载力；P_a 为现实人口数量；R_p 为水资源人口超载率；R_w 为水资源人口盈余率。水资源承载指数和人水平衡关系见表9-2。

表9-2 基于水资源承载指数（WCCI）的水资源承载力评价

类型	水资源承载状况	水资源承载力评价指标		
		WCCI	人口超载率	人口盈余率
水资源盈余	富富有余	≤0.33		$R_w \geq 61\%$
	富余	0.33~0.50		$50\% \leq R_w < 61\%$
	盈余	0.50~0.61		$33\% \leq R_w < 50\%$
人水平衡	平衡有余	0.61~1.00		$0\% \leq R_w < 33\%$
	临界超载	1.00~1.33	$0\% < R_p \leq 33\%$	
水资源超载	超载	1.33~2.00	$33\% < R_p \leq 100\%$	
	过载	2.00~5.00	$100\% < R_p \leq 400\%$	
	严重超载	>5.00	$R_p > 400\%$	

2. 基于栅格尺度的水资源利用适宜性评价

1) 评价流程与指标体系

基于栅格尺度的水资源利用适宜性评价，首先在遵循全面性、层次性、可操作性等原则的基础上构建评价指标体系，然后确定权重赋值标准并运用 GIS 对各基础评价指标进行栅格赋值，最终得到各栅格单元的水资源利用适宜程度分值。此外，还考虑境外来水的因素，对比分析纳入区外水资源相关指标后，西海固地区水资源利用适宜性的空间特征与变化。

针对西海固地区居民生产生活实际和水资源总体特征，借鉴干旱半干旱区水资源评价的有益经验，将水资源利用适宜性评价指标体系分为气候条件、资源赋存、水质安全、取水难度及供水成本 5 项一级指标 12 项二级指标进行测度。其中，气候条件用年降水量和年蒸发量指标刻画，资源赋存则包含地表水资源量、可开采地下水资源量及区外工程调入水量，水质安全指标由地表水质和地下水质构成，取水难度通过与水系、水库和渠系的距离标度，供水成本通过高程和坡度两项地形条件指标对供水设施修建的限制性进行表达。其中，考虑到区外的水资源调入对本地水资源利用结构的影响，纳入了区外工程调入水量和渠系距离两项指标。各二级指标项的具体解释与含义如表 9-3 所示。

表 9-3 水资源利用适宜性评价指标体系

一级指标	权重	二级指标	指标解释	单位	权重
气候条件	0.0585	年降水量	多年平均年降水量	mm	0.6667
		年蒸发量	多年平均年蒸发能力	mm	0.3333
资源赋存	0.3749	地表水资源量	多年平均年径流深	mm	0.2098
		可开采地下水资源量	多年平均地下水产水模数	万 m³/km²	0.2403
		区外工程调入水量	多年平均工程调入水供水模数	万 m³/km²	0.5499
水质安全	0.1155	地表水质	河川径流水矿化度	g/L	0.3333
		地下水质	地下水矿化度	g/L	0.6667
取水难度	0.1797	水系距离	与常流水河流的距离	km	0.1958
		水库距离	与具有有效蓄水量水库的距离	km	0.3108
		渠系距离	与具有有效输水灌渠的距离	km	0.4934
供水成本	0.2714	坡度	DEM 测算的实际坡度	(°)	0.75
		高程	DEM 测算的海拔	m	0.25

2）指标权重确定

运用层次分析法构建层次结构模型，目标层对应水资源利用适宜性，准则层对应气候条件因素、资源赋存因素、水质安全因素、取水难度因素及供水成本因素，指标层对应年降水量、年蒸发量、地表水资源量、可开采地下水资源量、区外工程调入水量等参评要素。通过层次分析法构造判别矩阵，并利用方根法计算判别矩阵的最大特征值和特征向量，再开展层次单排序和层次总排序及一致性检验等步骤，最终得到各因子及参评要素的具体权重（表9-3）。利用随机一致性检验值 CR 作为判别因子，当 CR<0.1 时，判别矩阵具有满意的一致性。经检验，指标体系总的一致性检验值 CR = 0.0273，各因子下二级指标的一致性检验值分别为 $CR_1 = 0$，$CR_2 = 0.0176$，$CR_3 = 0$，$CR_4 = 0.0516$，$CR_5 = 0$。一致性检验结果表明，层次单排序及层次总排序结果均可被接受。

3. 数据来源与处理

1）数据来源

基础评价数据包含了矢量数据、栅格数据和统计数据，具体来源如下：气候条件因素的矢量数据来自《宁夏回族自治区资源环境地图集》，资源赋存因素的矢量数据来自地表水文分析①结果、统计数据来自《宁夏回族自治区县（区）水资源详查报告》和《宁夏黄河水资源县级初始水权分配方案》，水质安全因素的栅格数据为宁夏水文水资源勘测局点状调查数据的空间插值模拟结果，取水难度因素的矢量数据通过对水系、水库和渠系的缓冲区分析（Buffer Analysis）得到，供水成本因素的栅格数据则由 DEM 进行提取。为便于计算，最终将要素图层均转换为 GRID 栅格数据，格网大小取为 30m×30m，如图 9-1 所示。

2）指标赋值与适宜性综合指数测算

按照各评价要素对区域水资源利用适宜性的影响，将评价要素划分为多个适宜性等级，评价指标等级划分与赋值标准如表9-4所示。以上述各单项因子的分析为基础，形成各单项要素的利用适宜性分级图，然后将这些图件进行栅格叠加，计算适宜性综合值，具体计算公式为

$$S_W = \sum_{i=1}^{n} W_i \times C_i \tag{9.5}$$

式中，S_W 为评价栅格单元的水资源利用适宜性综合值；n 为参评要素数；i 为参评要素的序号；C_i 为第 i 个参评要素值；W_i 为第 i 个参评因子对应的权重。

---

① 地表水文分析是通过 ArcGIS 分析平台经过 DEM 数据的洼地填平、水流方向确定、水流累计矩阵生成、沟谷网络生成及流域分割等步骤，对水流的地表过程进行模拟。

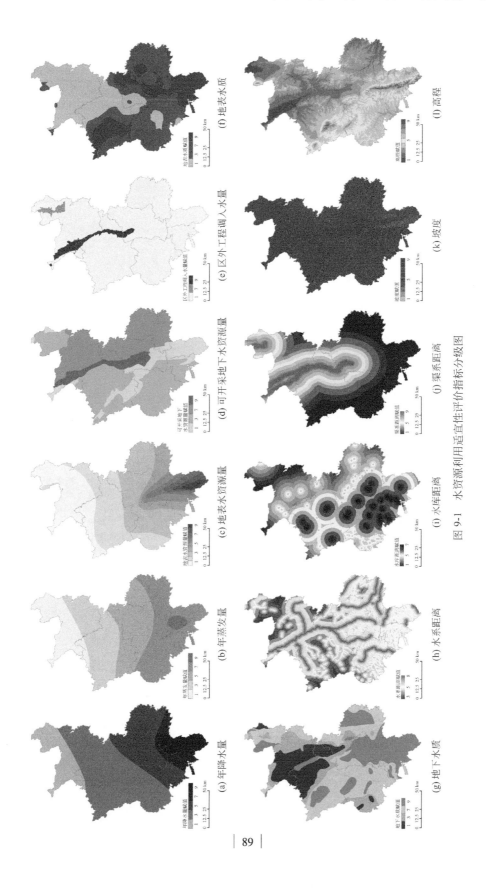

图 9-1 水资源利用适宜性评价指标分级图

表 9-4 水资源利用适宜性评价指标等级划分与赋值标准

一级指标	二级指标	单位	等级划分	赋值标准	分级依据
气候条件	年降水量	mm	>600.0	9	多年平均年降水量、多年平均年蒸发能力，反映地表与浅层地下水补给和损失的气候因素，对照宁夏干湿、蒸发分区，年降水量大小依次指示湿润、半湿润、半干旱、干旱、极干旱，年蒸发量大小依次指示弱、较弱、一般、强、极强
			500.0~600.0	7	
			400.0~500.0	5	
			300.0~400.0	3	
			≤300.0	1	
	年蒸发量	mm	≤1250.0	9	
			1250.0~1500.0	7	
			1500.0~1750.0	5	
			1750.0~2000.0	3	
			>2000.0	1	
资源赋存	地表水资源量	mm	>300.0	9	多年平均年径流深、多年平均地下水产水模数以及多年平均工程调入水供水模数，反映地表水资源量、可开采地下水资源量、区外工程调入水量。对照宁夏地表水和地下水资源分区、水利工程布局与技术参数，地表水资源量依次指示丰富、较丰富、较缺乏、缺乏和极缺乏；可开采地下水资源量依次指示丰富、较丰富、较缺乏、缺乏和极缺乏，区外工程调入水量依次指示大、较大、较小、小、非灌区
			200.0~300.0	7	
			150.0~200.0	5	
			100.0~150.0	3	
			≤100.0	1	
	可开采地下水资源量	万 m³/km²	>1.0	9	
			0.75~1.0	7	
			0.5~0.75	5	
			0.25~0.5	3	
			≤0.25	1	
	区外工程调入水量	万 m³/km²	>50.0	9	
			25.0~50.0	7	
			5.0~25.0	5	
			0.0~5.0	3	
			非灌区	1	
水质安全	地表水质	g/L	≤1.0	9	河川径流水矿化度、地下水矿化度。矿化度影响地表和地下水质及人畜饮水安全，矿化度大小分别依次指示淡水、微咸水、半咸水、咸水
			1.0~3.0	7	
			3.0~5.0	5	
			>5.0	2	
	地下水质	g/L	≤1.0	9	
			1.0~3.0	7	
			3.0~5.0	5	
			>5.0	2	

续表

一级指标	二级指标	单位	等级划分	赋值标准	分级依据
取水难度	水系距离	km	二级河流	$\gamma_1 \cdot 9$	与常流水河流、有效蓄水水库、有效输水灌渠的距离。考虑到空间距离对取水难度因素的制约,在其赋值时,栅格单元评价分值为赋值与距离衰减系数(γ_i)的乘积,γ_i按距离河流或渠系远近取值,$\gamma_i \in [0.1, 1.0]$
			三级河流	$\gamma_1 \cdot 8$	
			四级河流	$\gamma_1 \cdot 7$	
			五级河流	$\gamma_1 \cdot 6$	
	水库距离	km	大型水库	$\gamma_2 \cdot 9$	
			中型水库	$\gamma_2 \cdot 8$	
			小一型水库	$\gamma_2 \cdot 7$	
			小二型水库	$\gamma_2 \cdot 6$	
	渠系距离	km	干渠	$\gamma_3 \cdot 9$	
			支渠	$\gamma_3 \cdot 7$	
供水成本	坡度	(°)	≤3.0	9	DEM 测算的实际坡度、高程。坡度影响到水利工程的布局与施工难易程度,坡度大小依次指示平地、平坡地、缓坡地、缓陡坡地、陡坡地。高程影响扬水泵站从河道、灌渠等地表水体提水的建设难度和成本,高程依次指示冲积平原、黄土台地、黄土塬地、黄土墚峁、山地等区域
			3.0~8.0	7	
			8.0~15.0	5	
			15.0~25.0	3	
			>25.0	1	
	高程	m	≤1500.0	9	
			1500.0~1750.0	7	
			1750.0~2000.0	5	
			2000.0~2500.0	3	
			>2500.0	1	

9.1.2 水资源及其利用现状

1. 河流水系分布

1)清水河水系

清水河为黄河一级支流,发源于固原市原州区开城镇境内的黑刺沟脑,由南向北流经原州区、西吉县、海原县、同心县等区县,在中宁县泉眼山汇入黄河。河源海拔 2480m,河长 320km,河道平均比降 1.49‰。年径流深自上游至下游递减,多年平均径流量 1.886 亿 m^3,区内平均径流深 14.0mm。清水河流域面积大于 500km² 的支流共有 8 条:左岸支流有东至河、中河、苋麻河、西河、金鸡儿沟、长沙河 6 条;右岸支流包括双井子沟、折死沟 2 条。

2）泾河水系

泾河发源于泾源县六盘山东麓马尾巴㙦东南，流域总面积 4164.05km²，干流在区内面积 1053.21km²，河长 39km，主要支流有暖水河、洪川河、茹河、蒲河、颉河、环江 6 条，流经泾源县、原州区、彭阳县等区县后进入甘肃华亭市、平凉市，以及庆阳市镇原和环县。泾河是西海固地区水资源最丰富的河流，也是出境水量最多的河流，具有水量多、水质好、径流地区变化大的水文特点，多年平均径流量 3.264 亿 m³，径流深 78.98mm。

3）葫芦河水系

葫芦河为渭河上游一级支流，发源于六盘山余脉月亮山。西海固境内葫芦河所属一级支流主要有渝河、滥泥河，二级支流主要有马莲川、唐家河、什字路河、好水川、甘渭河等。葫芦河流经西吉县、原州区、隆德县后，于甘肃静宁县汇入渭河干流。区内流域面积为 3291.88km²，河长 120km。葫芦河左岸水量较丰富、水质好、泥沙少，右岸水量小、质差、泥沙多、水土流失严重，流域多年平均径流量 1.532 亿 m³。

4）苦水河水系

苦水河水系主要分布于同心县东北部，流域面积 1391.94km²，主要支流有甜水河、罗山东麓诸沟，集水面积小于 50km² 的沟道有 24 条，50~100km² 的沟道 3 条。常流水河流主要分布在罗山林区，主要由降雨补给，因林区植被调蓄，常年有山泉出露。

5）祖厉河水系

祖厉河水系位于西吉县和海原县西侧，两县流域面积分别为 572.42km²、149.62km²，河流由甘肃靖远县汇入黄河。境内水系基本无常流水沟道，径流少、泥沙大、矿化度高，多年平均径流量 0.098 亿 m³，折合径流深 13.57mm。

2. 地表水资源特征

西海固是我国地表水资源最贫乏的地区之一。河川年径流量 6.612 亿 m³，折合径流深[①]32.82mm，只是全国平均值（276mm）的 11.89%，黄河流域平均值（87.6mm）的 37.47%。耕地亩均占有水量 56.27m³，分别为黄河流域和全国平均值（311m³ 和 1344m³）的 18.09% 和 4.19%。人均占有水量 341.59m³，远低于重度缺水区人均 1000m³ 的标准，分别为黄河流域和全国平均值（493m³ 和 2146m³）的 69.29% 和 15.92%。同时，西海固地区地表水资源地域差异极大，除六盘山山地区之外，其余地区地表水资源相当贫乏，北部干旱区水资源尤为稀缺。其中，泾源县河川年径流量 2.035 亿 m³，占西海固总量的 30.78%，而处于干旱区的同心县河川年径流量仅 0.263 亿 m³，占西海固总量不足 5%（图 9-2）。从河流来看，出境水系泾河与葫芦河地表水量共 4.796 亿 m³，占西海固总量的 72.53%。

---

① 径流深指计算时段内的径流总量平铺在整个流域面积上所得到的水层深度。

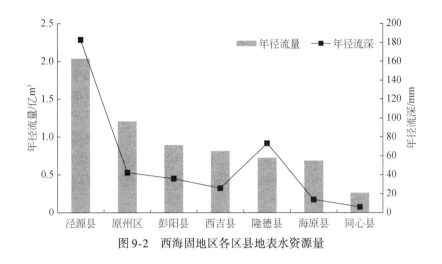

图 9-2　西海固地区各区县地表水资源量

　　此外，西海固地区出境水量多、出境好水多，使得水资源开发利用矛盾更加突出。境内矿化度大于 5.0g/L 的苦咸水面积 5145km²，占总面积的 25.53%，径流量 0.454 亿 m²，占总量的 6.87%。运用克里金（Kriging）法对常流水河流矿化度监测点数据进行空间插值，如图 9-3 所示，地表水矿化度呈现北高南低总体格局，淡水资源主要分布在泾河流域、葫芦河流域六盘山麓及清水河上游，咸水主要分布在葫芦河支流滥泥河和祖厉河流域，大于 5g/L 的苦咸水主要分布在清水河流域中部、北部以及苦水河流域。在海原和同心两县的双井子沟、东至河、折死沟等断面监测的矿化度值甚至超过 20g/L，超出苦咸水标准 4 倍。

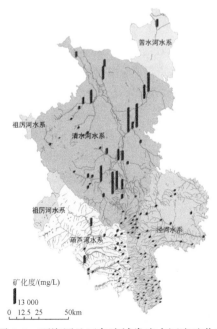

图 9-3　西海固地区各流域常流水河流矿化度

3. 地下水资源特征

地下水资源量包括降水、地表水体（含河道、湖库、渠系和渠灌田间）入渗补给地下含水层的动态水量。如图 9-4 所示西海固地区地下水资源量空间分布极不均衡，地下水资源总量约 3.3 亿 m^3，泾源县、隆德县、原州区与彭阳县地下水资源量合计约占西海固总量的 80%，泾源县地下水资源量达 1.291 亿 m^3，为各区县最高，占地下水资源总量的39.66%，而同心县的地下水资源量仅为 0.163 亿 m^3，约占地下水资源总量 5.01%。据地质矿产部门调查结果显示，南部山地的泾河干流、葫芦河左岸、清水河上游等区域以基岩裂隙水为主，属地下水资源相对富集区，中部、北部黄土丘陵地带以碎屑岩类裂隙孔隙水为主，地下水资源极度贫乏。

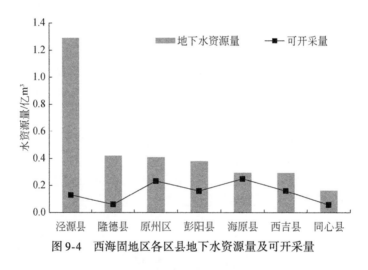

图 9-4　西海固地区各区县地下水资源量及可开采量

从地下水资源量来看，西海固地区淡水、咸水和苦咸地下水资源量分别为 2.82 亿 m^3、0.25 亿 m^3 和 0.23 亿 m^3，占地下水资源总量的比例分别为 85.45%、7.58% 和 6.97%。南部山地洪川河、茹河、蒲河、泾河、葫芦河、清水河上游等流域的地下水矿化度均小于2g/L，而黄土丘陵区苦咸水分布广泛，清水河流域海原县和同心县境内地下水的矿化度基本大于 2g/L，两县苦咸地下水资源占当地总量的 64.50% 和 47.23%。与地下水可开采量[①]的对比发现，西海固地区地下水资源的利用受到水量丰度、水质与开采条件的综合制约，地下水资源丰富、水质较好的地区开采条件差，而开采条件较优的地区又存在水质差或地下水保有量不足的问题。

4. 扬水与蓄水能力特征

在西海固地区北部，固海扬水工程、红寺堡扬水工程、固海扩灌扬水工程三大扬水工

---

① 地下水可开采量是指在可预见的时期内，通过经济合理、技术可行的措施，在不引起生态环境恶化条件下从含水层获取的最大水量。

程先后建成，总设计流量66.2m³/s，干渠总长553km，设计灌溉面积137万亩，实际灌溉面积143.5万亩，实现了区外水资源跨流域调配，特别在中北部干旱区，黄河水占地方总供水量的90%以上，扬水工程已成为维系当地居民生产生活的"生命工程"（表9-5）。南部山区经过库井灌区建设，在清水河、葫芦河、泾河流域建成沈家河、寺口子等13座中型水库以及133座小型水库，实际年蓄水量0.45亿m³，初步实现了山区水资源小流域内调配，但水量最为丰富的泾河流域水资源未能充分利用。

表9-5 西海固地区大型扬水工程主要指标

名称	设计引水流量/(m³/s)	干渠长度/km	扬水泵站/座	装机/台（套）	设计灌溉面积/万亩	实际灌溉面积/万亩	建成时间
固海扬水工程	28.5	255	21	155	57.0	67.2	1978年
固海扩灌扬水工程	12.7	138	12	89	25.0	27.7	2001年
红寺堡扬水工程	25.0	160	14	88	55.0	48.6	2001年
合计	66.2	553	47	332	137	143.5	—

固海扬水工程位于清水河流域中下游河谷川源，包括原州区、同心县、海原县和中宁县4区县。南北长约165km，东西宽约11km，总土地面积110.7万亩，由北向南海拔在1180~1450m。灌区年降水量200~300mm，年蒸发量在2000mm左右。灌区现有灌溉面积67.2万亩，初步统计受益人口24万，95%以上为南部贫困山区搬迁移民。该扬水工程共建扬水泵站21座，装机155台套，装机总容量10.1万kW，干渠总长255km。

固海扩灌扬水工程设计引水流量12.7m³/s，最大扬水高程1630m，净扬水高程428.0m，主干渠12条、总长138km，建主扬水泵站12座，装机89台套，总装机容量9.49万kW，工程设计灌溉面积25.0万亩，规划解决12.5万贫困人口的脱贫问题。截至2010年底，工程年上水量1.04亿m³，实际灌溉面积27.7万亩，安置搬迁移民9.3万人。

红寺堡扬水工程设计引水流量25.0m³/s，设计年上水量3.09亿m³，累计扬水高程266.4m，干渠11条，总长160km，建扬水泵站14座，装机88台套，总装机容量11.7万kW。工程设计灌溉面积55.0万亩，计划安置搬迁移民27.5万人。截至2010年底，工程年上水量2.26亿m³，实际灌溉面积48.6万亩，实现安置移民人口18万人。

9.1.3 水资源开发潜力评价

1. 水资源负载指数

就整体水平而言，西海固地区当地水资源负载指数为25.39，属于Ⅰ级水平，水资源利用程度很高、开发潜力很小。分区县来看，除泾源县外，西海固地区其余各区县的水资源负载指数均属于Ⅰ级，当地水资源的开发潜力很小，各区县按水资源负载指数大小依次为同心县、海原县、原州区、西吉县、彭阳县、隆德县、泾源县，其中同心县水资源负载指数达 114.89，远超低潜力类型划分的阈值；而泾源县的水资源负载指数为 3.48，属于水资源利用程度中等的Ⅲ级，具有一定的开发潜力（表 9-6）。

表 9-6 水资源负载指数测算相关指标

区县	年降水量/mm	K 系数	常住人口/万人	GDP/亿元	水资源总量/亿 m³	
					当地水资源	计入引黄水资源
原州区	458	0.871	41.185	59.250	1.206	1.686
西吉县	420	0.890	35.432	29.344	0.812	0.812
隆德县	527	0.837	16.075	12.707	0.721	0.721
泾源县	650	0.775	10.103	8.269	2.035	2.035
彭阳县	475	0.863	20.020	24.612	0.892	0.892
海原县	355	0.923	38.931	25.384	0.683	1.443
同心县	294	0.953	31.815	31.596	0.263	1.703

若将黄河干流扬水量计入水资源总量，则西海固地区的水资源负载指数降至 18.07，但仍属Ⅰ级，表明可供工农业引用的水资源数量十分有限，仍然有进一步从外流域调水的需求（图 9-5）。计入引黄水资源后，各区县间负载指数的位序发生显著变化，由高到低依次为西吉县、原州区、彭阳县、海原县、同心县、隆德县、泾源县，同心县由于 1.703 亿 m³ 的黄河干流扬水使得水资源总量提升了六倍，其水资源负载指数由 114.89 锐减至 17.74，而南部西吉县、原州区和彭阳县引黄水量较小，负载指数变动不明显。总体上，泾源县位于泾河干流流域，水资源相对丰富，可以针对性地兴修水利工程，通过引水、调水方案，实现水资源在南部区县的合理优化配置，提高水资源利用程度。

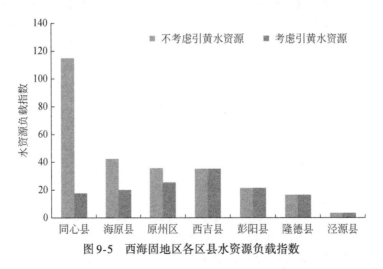

图 9-5 西海固地区各区县水资源负载指数

2. 水资源承载力指数

以全国统一标准的人均综合用水量即 500m³ 为参照系，根据式（9.3）和西海固地区区县尺度的水资源总量统计数据，测算出各区县水资源承载力（表9-7）。西海固地区当地水资源承载指数的平均值为 2.18，基于全国统一标准的承载人口为 132.24 万人，2010年境内实际常住人口 193.57 万人，人口超载率为 46.38%，测算的可承载人口数量远远小于实际人口数量，表明就西海固整体而言，水资源承载状况过载、水资源严重不足。从表9-7 可以看出，西海固各区县中泾源县的水资源承载力最强，承载人数为 40.70 万人，而该县 2010 年的常住人口为 10.10 万人，水资源人口盈余率为 75.1843%，表明泾源县水资源较为丰富，内部水资源承载力仍然有盈余。除泾源县外，其余各区县当地水资源承载力较弱且基本处于超载状态，其中同心县、海原县和西吉县的水资源人口超载率均大于100%，而同心县更是高达 504.9430%，当地水资源承载力仅为 5.26 万人，但该县的常住人口数量达 31.82 万人。

表9-7　西海固地区各区县水资源承载力测算结果

区县	常住人口/万人	承载力/万人		承载指数		人口超载率/%	
		当地水资源	计入引黄水资源	当地水资源	计入引黄水资源	当地水资源	计入引黄水资源
原州区	41.19	24.12	33.72	1.7077	1.2215	70.7711	22.1530
西吉县	35.43	16.24	16.24	2.1817	2.1817	118.1650	118.1650
隆德县	16.08	14.42	14.42	1.1151	1.1151	11.5118	11.5118
泾源县	10.10	40.70	40.70	0.2482	0.2482	75.1843*	75.1843*
彭阳县	20.02	17.84	17.84	1.1222	1.1222	12.2197	12.2197
海原县	38.93	13.66	28.86	2.8499	1.3489	184.9927	34.8926
同心县	31.82	5.26	34.06	6.0494	0.9342	504.9430	6.5766*

*测算结果为人口盈余率

当黄河干流扬水量计入水资源总量时，西海固地区水资源承载力增至 185.84 万人，相比现状常住人口数量，人口超载率也由 46.38% 降至 4.16%，属于轻度超载。图9-6 反映了计入引黄水资源后各区县水资源承载力的变动情况，同心县基于全国人均综合用水量的水资源承载规模增幅最大，其承载人口陡增至 34.06 万人，水资源承载指数则由 6.0494降至 0.9342；其次为海原县，水资源承载力由 13.66 万人陡增至 28.86 万人，水资源承载指数由 2.8499 降至 1.3489。由此可以看出，引黄水资源对西海固北部的干旱半干旱区水资源承载力具有决定性影响，系列扬水工程打破了当地水资源短缺的束缚，极大提升了区域整体水资源承载力，而在西海固南部的黄土丘陵区，"人多、地多、需水多"的现状与当地水资源匮乏、区外水资源可进入性差的困境形成巨大矛盾，区域整体水资源承载力超载十分严重。

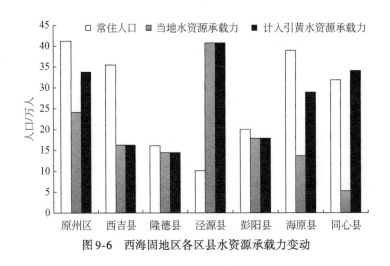

图 9-6　西海固地区各区县水资源承载力变动

9.1.4　水资源利用适宜性评价

1. 水资源利用适宜性空间分布

通过 GIS 栅格叠加分析,对水资源利用适宜性综合指数进行测算,基于栅格尺度的水资源利用适宜性结果如图 9-7 所示。西海固地区水资源利用适宜性综合指数的分布频率呈现正态分布,平均值为 4.42,可见整体适宜性偏低。其中,低值区广泛分布在西海固北部和西部地区;高值区则集中于西海固中部,呈条带状分布。按照水资源利用适宜性综合指数的大小差异,将西海固地区分为水资源利用适宜区、较适宜区、条件适宜区、较不适宜区及不适宜区(图 9-8)。

(1) 水资源利用适宜区:指水资源利用适宜性综合指数高于 5.5 的区域,面积合计为 1508.92km²,占土地总面积的比例为 7.50%。该类型区在空间上整体呈连续带状分布,主要位于西海固地区中部清水河河谷平原,属于固海扬水灌区、固海扩灌扬水灌区与地下水资源相对富集区的叠加区域;此外,在罗山山麓东侧亦有一定分布,这主要是由于该区域为红寺堡扬水灌区的扬水辐射范围,该类型区的年均区外供水模数可达 70.98 万 m³/km² 且地势平整,故其水资源利用适宜性相对较高。

(2) 水资源利用较适宜区:指水资源利用适宜性综合指数介于 5.0 ~ 5.5 的区域,面积合计为 1246.55km²,占总面积的比例为 6.20%。该类型区受本地水资源主导,其空间分布主要位于六盘山山麓泾河干流水系和支流茹河、红河水系的河谷地带,该类型区地表水资源较为丰富,但受地形条件因素的制约显著。同时,该类型区在清水河河谷平原外围及红寺堡扬水灌区的边缘区亦有少量分布。

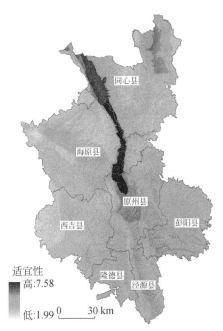

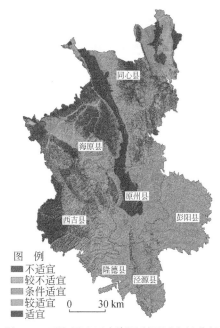

图9-7 西海固地区水资源利用适宜性测算　　　图9-8 西海固地区水资源利用适宜性分级

（3）水资源利用条件适宜区：指水资源利用适宜性综合指数介于4.5~5.0的区域，面积合计为4485.74km²，占总面积的比例为22.30%。该类型区水资源具有一定的利用潜力，但开发利用需要克服的制约条件也较为突出。其中，南部山地的条件适宜区主要分布于山间沟谷区，如葫芦河干流水系、渝甘渭河水系的河谷地带等，水资源利用受地形条件产生的供水成本制约显著；中部黄土丘陵地区则以供水成本和水资源赋存的组合约束为主，条件适宜区主要分布于支流沟谷和相对平整的台地区；北部的条件适宜区分布在南华山山麓东北侧及各扬水灌区外围，制约条件主要体现在水资源赋存和水质条件方面。

（4）水资源利用较不适宜区：指水资源利用适宜性综合指数介于4.0~4.5的区域，面积合计为7731.67km²，占总面积的比例高达38.44%。该类型区水资源利用的适宜程度较低，主要分布于六盘山及其余脉山地、西吉县墚峁状黄土丘陵区、葫芦河水系河谷两侧、海原残塬状黄土丘陵区、清水河东塬墚峁状黄土丘陵区，以及东北侧苦水河流域红寺堡扬水灌区外围。

（5）水资源利用不适宜区：指水资源利用适宜性综合指数低于4的区域，面积合计为5141.41km²，占总面积的比例为25.56%。该类型区的空间分布呈现小零散与大集中并存的态势。具体而言，零散分布区以供水成本约束为主，分布于六盘山、月亮山及南华山山地、墚峁状黄土丘陵区等，属于地形地势条件较复杂的区域；集中分布区则以资源赋存和水质条件约束占主导，主要分布在清水河东西沿岸两侧、祖厉河流域等地区，区内地表径流少、可开采地下水资源稀缺且水质以咸水、苦咸水为主，水资源的综合利用条件极差。

图 9-9 反映了西海固地区各区县不同水资源利用适宜性比例，整体而言，原州区、彭阳县和泾源县的水资源利用适宜性较高，三区县适宜区和较适宜区的比例合计依次为 32.71%、17.79%、16.73%。同心县尽管较不适宜区和不适宜区的比例达到 77.89%，但由于扬水灌区在河谷平原区的分布，其适宜区分布面积合计 62 913.08km²，占全县总面积的比例达到 13.69%。水资源利用适宜性较低的区县为海原县、隆德县和西吉县，三区县适宜区和较适宜区的比例均低于 10%。其中，西吉县较不适宜区和不适宜区比例高达 89.95%，境内几乎难以找到水资源利用适宜区；隆德县尽管适宜区的比例不高，但其低适宜性较其他两县有显著差异，该县条件适宜区分布面积达 48 644.6km²，约占全县总面积 50%，在克服供水成本、取水条件等因素制约后，具有一定的综合利用潜力。

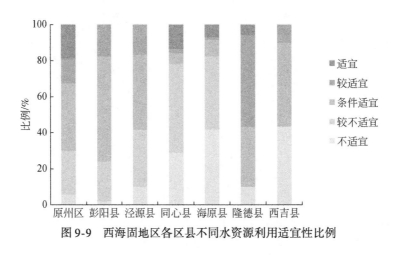

图 9-9 西海固地区各区县不同水资源利用适宜性比例

2. 水资源利用适宜性镇（乡）域特征

根据西海固地区各乡镇不同水资源利用适宜性比例，对镇（乡）域水资源支撑人类生产生活的综合能力进行划分，共分为强支撑乡镇、较强支撑乡镇、中等支撑乡镇、较弱支撑乡镇和弱支撑乡镇五级，分级评价结果如图 9-10 所示。

（1）强支撑乡镇：指水资源利用适宜区和较适宜区所占比例高于 50% 的乡镇，按比例高低依次为固原城区、高崖乡、彭堡镇、豫海镇、清河镇、丁塘镇及头营镇 7 个乡镇，占乡镇总数的 7.69%。强支撑乡镇多属原州区、同心县，具体位于清水河河谷平原，镇（乡）域地下水资源的可开采条件较优且扬水灌区分布，能够为人口集聚、产业布局和城镇发展提供强力支撑。

（2）较强支撑乡镇：指水资源利用适宜区和较适宜区所占比例介于 30%~50% 的乡镇，依次为三河镇、新集乡、三营镇、中河乡、七营镇、古城镇、红河乡及河川乡 8 个乡镇，占乡镇总数的 8.79%。此类乡镇主要位于原州区、彭阳县境内，有清水河、洪川河、茹河等水系流经，属于以沟谷平原地势为主的乡镇，镇（乡）域范围内支撑人口集聚的水资源综合条件仍然较优。

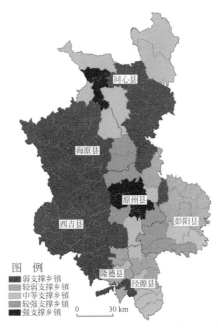

图 9-10　西海固地区各乡镇水资源支撑能力分级

（3）中等支撑乡镇：指水资源利用适宜区和较适宜区所占比例介于15%～30%的乡镇，包括李旺镇、河西镇、开城镇、兴盛乡、下马关镇、香水镇、白阳镇、王团镇等16个乡镇，占乡镇总数的17.58%。中等支撑乡镇主要分布于同心县西部、东北部灌区以及泾源县泾河水系流经乡镇，镇（乡）域范围的局部具有一定数量的水资源利用适宜程度较高的区域。

（4）较弱支撑乡镇：指水资源利用适宜区和较适宜区所占比例介于5%～15%的乡镇，包括凤岭乡、六盘山镇、王洼镇、观庄乡、陈靳乡、寨科乡、奠安乡、小岔乡等14个乡镇，占乡镇总数的15.38%。此类乡镇主要位于彭阳县和隆德县境内，镇（乡）域范围内居民正常的生产生活活动受到水资源的制约十分显著。

（5）弱支撑乡镇：指水资源利用适宜区和较适宜区所占比例低于5%的乡镇，含张易镇、沙塘镇、温堡乡、山河乡、交岔乡、杨河乡、炭山乡、偏城乡、张程乡、神林乡等46个乡镇，占乡镇总数的50.56%。弱支撑乡镇分布范围广、数量多，主要位于西吉县和海原县大部、同心县中部、隆德县西部，此类乡镇往往水质型、资源型或工程型缺水问题交织。水资源综合利用条件成为制约镇（乡）域人口与产业集疏的主导因素，解决人水关系矛盾是化解水资源弱支撑乡镇资源环境问题的关键环节。

3. 区外水资源对水资源利用适宜性的影响测度

为定量评价区外水资源对西海固地区水资源利用适宜性的影响程度，将区外工程调入水量和渠系距离两项指标从评价指标体系中撤除，重新测算不考虑区外水资源因素的水资源利用适宜性综合值。如图9-11所示，在不考虑区外水资源因素时，西海固地区的水资源利用适宜性总体呈自南向北递减态势，高值区主要分布于清水河上游沟谷平原区、泾河干流与支流水系相对平坦的河谷地带，适宜性次高区域则主要分布于西南部六盘山山地区和黄土丘陵区的山间谷地。而海原县、同心县、西吉县大部分地区均呈低值区集中分布态势。

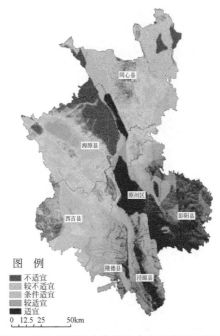

图 9-11　西海固地区不考虑区外水资源因素的水资源利用适宜性测算结果

对不考虑区外水与考虑区外水时水资源利用适宜性分级结果的转换情况进行分析发现，如图 9-12 所示，区外水资源的调入对西海固地区水资源利用适宜性的影响主要体现在以下方面：①从根本上改变了西海固北部水资源综合利用条件，区外水资源调入后，同心县和海原县清水河谷平原区及同心县罗山东麓的韦州洪冲积平原的水资源约束得以缓解，而供水成本低、取水条件好的优势得到充分发挥，转换矩阵的统计结果显示（表 9-8），考虑区外水后，84.49km² 的不适宜区、192.65km² 的较不适宜区及 400.23km² 的条件适宜区转换为适宜区，占适宜区面积的 45.05%。②显著提升了西海固地区水资源利用的整体适宜性水平，区外水因素纳入后，西海固南部水资源利用适宜性等级普遍下降，原有高适宜性区域均呈下降一级或两级的趋势，如 1018.33km² 的适宜区降至较适宜区、1994.05km² 的较适宜区降至条件适宜区、3505.12km² 的条件适宜区降至较不适宜区，分别占西海固地区总面积的 5.06%、9.92% 和 17.43%。③与西海固区域相比，清水河河谷地区成为境内水资源利用条件的相对优势区，而六盘山区、黄土丘陵区在区外水资源的影响下，其水资源利用的比较劣势进一步凸显，故单从水资源因素来看，这些地区未来难以支撑规模化人口集聚和产业集中过程，"疏散超载人口、减轻供水压力"仍然是资源环境要素调控的主要方向。

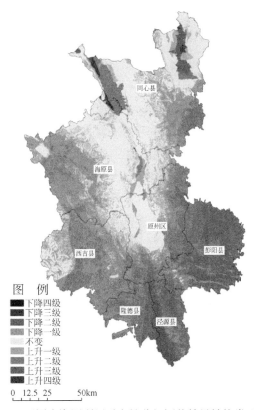

图 9-12 不同水资源利用适宜性分级评价结果转换类型分布

表 9-8 不同水资源利用适宜性分级评价结果的转换矩阵　　　（单位：km²）

不考虑区外水	考虑区外水					
	不适宜	较不适宜	条件适宜	较适宜	适宜	总计
不适宜	1 745.70	312.72	0.41	24.02	84.49	2 167.34
较不适宜	2 614.71	2 407.76	196.73	64.18	192.65	5 476.03
条件适宜	700.79	3 505.12	526.82	12.22	400.23	5 145.18
较适宜	66.64	1 473.03	1 994.05	114.81	108.19	3 756.72
适宜	0.06	31.00	1 796.37	1 018.33	717.89	3 563.65
总计	5 127.90	7 729.63	4 514.38	1 233.58	1 503.45	20 108.92

9.2 西海固地区土地资源要素评价

　　西海固地区地势由南向北起伏较大，地貌呈现出黄土丘陵、土石质中低山、洪冲积平原等多种类型，南部大部分区域处于黄土丘陵和山地区，黄土丘陵区被六盘山山地与清水河中上游洪冲积平原分割为西吉黄土丘陵、泾河上游黄土塬梁峁丘陵、清水河西侧黄土墚峁丘陵、清水河东侧黄土山地丘陵、预旺黄土洼地，而东北部属罗青山地与山间平原区，区内红寺堡冲积平原、罗山山地、韦州洪冲积平原、青龙山山地分布。

9.2.1　计算方法与技术流程

西海固地区可利用土地资源丰度通过可开发利用的建设用地进行表征，故可利用土地资源是适宜开发利用土地扣除禁止开发和不宜开发的土地面积。计算公式如下：

［可利用土地资源］ ＝ ［适宜开发利用土地］ － ［禁止开发土地］ － ［不宜开发土地］

适宜开发利用土地指满足一定地形条件的土地，一般用高程和坡度条件表示。禁止开发土地包括受保护土地（自然保护区、水源保护地、国家森林公园、国家地质公园、世界遗产地等）和基本农田。不宜开发利用土地主要指各类生态用地和自然灾害高危险区，具体包括林地、草地、水域和未利用地（沙地、沼泽地、裸地等），还包括断裂带避让区、河流两岸易被洪水淹没区和受地质灾害威胁区。按照可利用土地资源的构成要素，采用分步式算法，首先测算适宜开发利用土地范围，再运用 GIS 叠加分析减去禁止开发土地和不宜开发土地范围，然后在对现状开发强度进行评估的基础上，得到后备可利用土地资源的总量规模与人均水平。

在适宜开发利用土地测算方面，根据西海固地区的地形地貌特点，高程＜1600m 的区域为包括冲积平原、河谷平原、扬水灌区的主要分布区；高程介于 1600～1800m 的区域则台地分布较广，黄土塬地貌发育；高程上升至 1800～2200m 时，墚峁发育、沟壑纵横的黄土丘陵区广布；高程≥2200m 时，地形起伏程度显著提升，多属山地与自然保护区分布区。因此，西海固地区按照高程差异，划分为＜1600m、1600～1800m、1800～2200m 及≥2200m 共 4 个适宜等级。在地形坡度方面，作为影响土地开发建设的限制因子之一，坡度越大工程建设的造价越高，且过于陡峭的地形容易发生滑坡、泥石流等各种地质灾害，按照建设用地利用标准，将坡度按适宜程度划分为＜3°（平地）、3°～8°（平坡地）、8°～15°（缓坡地）、15°～25°（缓陡坡地）和≥25°（陡坡地）5 个级别。如表 9-9 所示，通过高程和坡度因子进行二维矩阵判别，可获得地形条件筛选下的适宜开发利用土地范围。

表 9-9　适宜开发利用土地的地形条件判定标准

高程	坡度				
	＜3°	3°～8°	8°～15°	15°～25°	≥25°
＜1600m	适宜	适宜	适宜	适宜	不适宜
1600～1800m	适宜	适宜	适宜	不适宜	不适宜
1800～2200m	适宜	适宜	不适宜	不适宜	不适宜
≥2200m	适宜	不适宜	不适宜	不适宜	不适宜

9.2.2 土地利用现状

根据第二次全国土地调查数据，西海固地区土地利用结构以耕地、草地和林地为主，三者比例合计占土地总面积的 90.55%，其中耕地面积 7833.46km²，所占比例高达 38.95%。各类用地情况分别为未利用地 4.48%、居民点及工矿用地 3.92%、水域及水利设施用地 0.65%、园地 0.27%、交通运输用地 0.13%。耕地分布主要集中于河谷平原和冲积平原区及西部黄土丘陵区，草地连绵分布于中部干旱与半干旱区，林地的空间分布则呈现在六盘山山地集中分布、黄土丘陵零散分布的特征。

表 9-10 反映了土地利用结构的县域差异，泾源县以林地主导，林地占本县土地总面积的 71.16% 为各县最高；六盘山山麓地区的隆德县、彭阳县以林地和耕地为主，二者占总面积的比例基本相当；中部原州区、西吉县则以耕地为主、林草地为辅，其中西吉县耕地比例高达 57.61%；北部同心县、海原县以草地和耕地为主，其中海原县草地比例达 41.24% 位居西海固各区县首位。

表 9-10　西海固地区分区县土地利用结构差异　　　　　　（单位：km²）

类型	同心县	原州区	西吉县	隆德县	泾源县	彭阳县	海原县
耕地	1500.42	1143.13	1802.64	461.47	196.94	931.35	1797.51
园地	18.65	13.67	0.22	0.88	1.29	3.42	14.94
林地	599.92	660.77	701.73	436.52	803.50	1249.17	703.23
草地	1865.11	680.35	285.53	27.46	91.72	217.25	2057.67
交通运输用地	7.76	8.66	0.04	0.61	1.99	0.38	7.49
水域及水利设施用地	25.32	18.18	24.57	11.32	3.13	19.54	28.74
未利用地	412.69	76.01	184.21	10.45	0.45	1.98	215.72
居民点及工矿用地	168.64	139.21	130.13	43.89	30.08	111.80	164.52

1. 耕地资源与空间分布

西海固地区耕地资源丰富，但耕地质量欠佳，耕地生产力较低。全区人均耕地 6.07 亩，是全国人均耕地拥有量（1.37 亩）的 4.43 倍。耕地的坡度与高程分类结果表明，耕地分布以 15°以下为主，其中水浇地主要分布于 3°以下地区，<3°面积占水浇地总面积的 67.92%，旱地主要分布于 3°~15°区域，3°~8°、8°~15°面积分别占旱地总面积的 36.41%、36.01%；从高程分布来看，耕地主要分布于 2200m 以下区域，其中 1800~2200m 的旱地面积占旱地总面积的 50.97%，水浇地集中分布于 1600m 以下的河谷平原与冲积平原区，旱地则主要分布于 1800~2200m 的黄土丘陵区（表9-11）。如图9-13 和图9-14 所示，西海固地区分乡镇人均耕地占有量呈对称式分布，中部山地与平原区乡镇人均耕地较低，而两侧黄土丘陵区乡镇人均耕地较高，最高的同心县马高庄乡、张家塬乡和下马关镇人均耕地面积均在 18 亩以上。不难看出，西海固地区耕地面积过度开垦严重，由此加剧了水土流失和环境恶化，特别是黄土丘陵区陷入了"越穷越垦、越垦越穷"的恶性循环。

表 9-11　西海固地区各类耕地的坡度与高程分级比例　　（单位：%）

项目		旱地	水浇地
坡度	<3°	17.23	67.92
	3°~8°	36.41	29.27
	8°~15°	36.01	2.39
	15°~25°	9.88	0.39
	≥25°	0.47	0.03
高程	<1600m	14.76	69.36
	1600~1800m	28.64	17.95
	1800~2200m	50.97	12.64
	≥2200m	5.63	0.05

图 9-13　西海固地区不同坡度的耕地分布

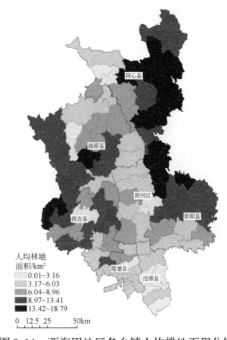

图 9-14　西海固地区各乡镇人均耕地面积分级

2. 林地资源与空间分布

西海固林地资源具有数量少、覆盖率低，林木生长量小，以及空间分布不均衡的特征。全区林地面积 5154.84km^2，仅占西海固地区总面积的 25.63%。主要林地类型包含有林地、灌木林地和其他林地，其比例分别为 22.00%、30.76% 和 47.24%。其中，树木郁闭度大于 0.2 的有林地主要分布于六盘山及其余脉，高程在 1800m 以上的有林地占全部有林地面积的 90% 以上；灌木覆盖度大于 40% 的灌木林地则集中分布在西部黄土墚峁和中起伏山地区，高程 1800~2200m 灌木林地占全部灌木林地的 50.88%；疏林地、未成林地、苗圃等林地主要分布于东部黄土台地和塬墚地区，高程 1600~2200m 的林地合计占全部林地面积的 69.59%（表 9-12）。分乡镇人均林地面积分级结果显示（图 9-15 和图 9-16），西海固地区林地资源呈现"东高西低、南高北低"的分布特征，人均林地面积排名前五位乡镇均为泾河流域的山地丘陵区，其中，人均林地面积最高的为彭阳县小岔乡，达 40.169 亩，人均林地在 20 亩以上的乡镇包括彭阳县冯庄乡、交岔乡、罗洼乡，泾源县六盘山镇、黄花乡等。

表 9-12　西海固地区各类林地的坡度与高程分级比例　　　　（单位:%）

项目		有林地	灌木林地	其他林地
坡度	<3°	3.04	9.16	5.07
	3°~8°	13.21	29.56	23.26
	8°~15°	31.15	39.31	42.31
	15°~25°	35.36	19.29	25.87
	≥25°	17.24	2.68	3.49
高程	<1600m	2.82	14.05	19.43
	1600~1800m	6.11	26.20	33.30
	1800~2200m	42.54	50.88	36.29
	≥2200m	48.53	8.87	10.98

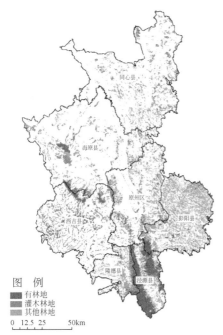

图 9-15　西海固地区各类林地分布

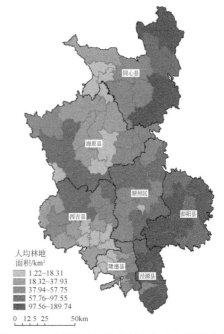

图 9-16　西海固地区各乡镇人均林地面积分级

3. 草地资源与空间分布

西海固地区草地面积 5225.13km²，占西海固地区总面积的 25.98%，草地空间差异十分显著，主要分布于北部干旱半干旱区（图9-17）。天然牧草地以天然草本植物为主，占草地总面积的49.96%，集中分布于海原中部、北部及同心罗山山麓地带，常见于平坡地与缓坡地，坡度在3°~15°的天然牧草地比例合计为67.17%；表层为土质、以生长草本植物为主的稀疏草地主要分布于同心县大部分地区及原州区东部黄土覆盖的小起伏山地丘陵地区；人工牧草地占草地总面积的3.43%，主要分布于西吉县黄土丘陵一带，海拔在1800~2200m的人工牧草地占75.71%，一定程度上反映了这一地区草畜产业规模化发展过程（表9-13）。从分乡镇人均草地占有量来看，"南多北少"的总体态势凸显，海原县和同心县各乡镇的人均草地面积基本在5亩以上，其中海原县关桥乡、同心县韦州镇、田老庄乡和张家塬乡的人均草地面积接近20亩（图9-18）。

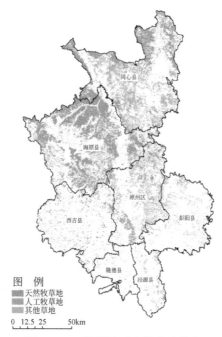

图9-17　西海固地区各类草地分布

表9-13　西海固地区各类草地的坡度与高程分级比例　　　　（单位：%）

项目		天然牧草地	人工牧草地	其他草地
坡度	<3°	8.80	9.62	15.27
	3°~8°	29.19	29.72	32.76
	8°~15°	37.98	42.91	33.24
	15°~25°	20.96	16.85	16.45
	≥25°	3.07	0.90	2.28
高程	<1600m	23.47	4.60	31.50
	1600~1800m	36.48	12.21	38.32
	1800~2200m	32.17	75.71	28.00
	≥2200m	7.88	7.48	2.18

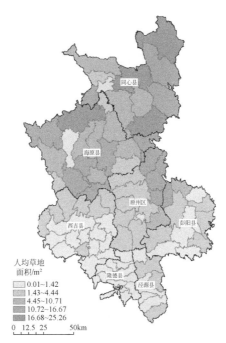

图 9-18　西海固地区分乡镇人均草地面积分级

4. 居民点用地与空间分布

西海固地区居民点用地占土地总面积的比例较低，但人均居民点用地指标偏高。城市、建制镇和村庄三类居民点用地合计 788.27km²，占西海固地区总面积的 3.7%，人均居民点用地面积 384.21m²，其中人均城市用地面积 185.08m²、人均建制镇用地面积 283.44m²、人均村庄用地面积 417.08m²，均高于国家人均城镇用地和人均农村居民点用地标准，特别是人均农村居民点面积，西海固地区约是国家 150m² 标准的三倍。表 9-14 显示了地形因素对居民点用地分布的显著影响，高程在 2200m 以下的居民点用地累计占 97.53%，坡度在 15° 以下的居民点用地累计占 94.55%。相比村庄居民点，城镇用地的坡度与高程限制性更突出，其分布主要集中于 8° 以下的平地和平坡地及高程 1800m 以下的河谷平原和台地。分乡镇分级结果表明，西海固地区两翼的黄土丘陵区居民点用地粗放，该区绝大部分乡镇的人均居民点用地面积高于 500m²，同心县下马关镇、彭阳县小岔乡、冯庄乡、城阳乡等乡镇人均居民点用地面积甚至达到 1000m²（图 9-19 和图 9-20）。

表 9-14　西海固地区各类居民点用地的坡度与高程分级比例　　　（单位：%）

项目		城市	建制镇	村庄
坡度	<3°	74.60	66.36	34.78
	3°~8°	22.37	30.85	35.82
	8°~15°	2.73	2.22	23.17
	15°~25°	0.30	0.53	5.85
	≥25°	0.00	0.04	0.38

续表

项目		城市	建制镇	村庄
高程	<1600m	0.00	63.11	30.53
	1600~1800m	99.00	6.61	28.67
	1800~2200m	1.00	30.28	37.99
	≥2200m	0.00	0.00	2.81

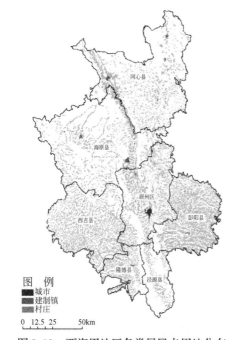

图 9-19 西海固地区各类居民点用地分布

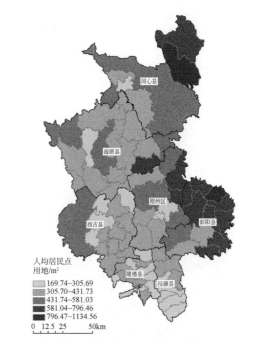

图 9-20 西海固地区分乡镇人均居民点用地面积分级

9.2.3 可利用土地资源评价

1. 适宜开发利用土地

适宜开发利用土地评价通过对坡度与高程条件的判别分析,刻画地形因素对人类土地利用的限制性影响。GIS 空间分析表明,西海固地区适宜开发利用土地 12 515.89km²,占西海固土地总面积的 62.22%。从各区县适宜开发利用土地占西海固土地总面积比例来看,同心县、彭阳县、海原县及原州区受地形限制相对较小,其中同心县适宜开发利用土地 4598.50km²,占该县总面积的 89.21%;南部西吉县、隆德县和泾源县受地形的限制较为显著,适宜开发利用土地占西海固土地总面积的比例均低于 40%,最低的泾源县仅25.20%(图 9-21)。如图 9-22 所示,各乡镇适宜开发利用土地数量呈现"东高西低"的空间分异特征,六盘山及其余脉以西的乡镇适宜开发利用土地比例整体偏低,而隆德县陈靳乡和山河乡分别以 6.99% 和 4.15% 的比例位列末位；东部各乡镇的适宜开发利用土地比例均大于 50%，而同心县豫海镇、丁塘镇和河西镇的比例接近 100%，表明北部的河谷平原区几乎不受地形因素制约。

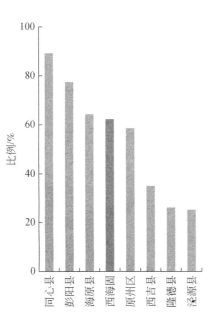

图 9-21 西海固地区适宜开发利用
土地占各区县土地面积比例

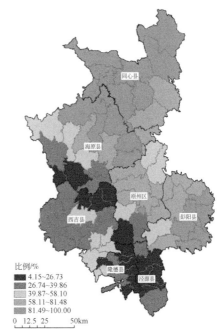

图 9-22 西海固地区适宜开发利用
土地占各乡镇面积比例分级图

2. 可利用土地资源

将适宜开发利用土地中的禁止开发土地和不宜开发土地扣除，即得到可利用土地资源的空间范围，各区县可利用土地资源测算结果如表 9-15 所示。西海固地区的可利用土地资源面积 1511.06km²，占西海固土地总面积的 7.51%、占适宜开发利用土地面积的 12.07%，与我国平均水平相比，其总体上较为丰富，但空间分布不均衡，南部山区和两翼黄土丘陵区土地资源相对缺乏，而北部和中部河谷平原相对丰富。北部海原和同心两县可利用土地资源总量丰富，其面积分别以 348.05km² 和 345.46km² 位于前列，南部山区泾源和隆德两县分别以 42.71km² 和 71.71km² 位列末尾，特别在地形条件复杂的泾源县，可利用土地资源占西海固总面积的比例仅 3.78%，土地资源极其匮乏，可利用土地资源的空间分布图（图 9-23 和图 9-24）则进一步反映了土地资源丰度的地域差异性。

表 9-15 西海固地区各区县可利用土地资源统计

地区	适宜开发利用土地		可利用土地资源		
	面积 /km²	占各区县总面积 比例/%	面积 /km²	占各区县总面积 比例/%	占适宜开发利用 土地面积比例/%
海原县	3208.98	64.31	348.05	6.98	10.85

地区	适宜开发利用土地		可利用土地资源		
	面积 /km²	占各区县总面积比例/%	面积 /km²	占各区县总面积比例/%	占适宜开发利用土地面积比例/%
泾源县	284.57	25.20	42.71	3.78	15.01
隆德县	259.11	26.10	71.71	7.22	27.68
彭阳县	1962.89	77.44	195.64	7.72	9.97
同心县	4102.14	89.21	345.46	7.51	8.42
西吉县	1092.82	34.92	252.79	8.08	23.13
原州区	1605.49	58.59	254.66	9.29	15.86

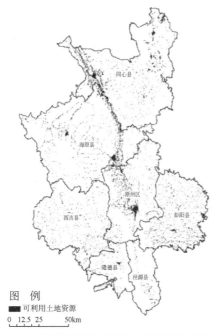

图9-23 西海固地区可利用土地资源空间分布

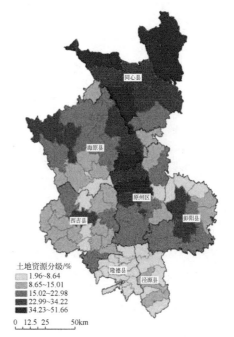

图9-24 西海固地区各乡镇可利用土地资源分级

9.2.4 后备可利用土地资源评价

1. 现状土地开发强度

土地开发强度是指一个地区已有建设用地占土地总面积的比例，反映土地空间开发的总体现状，是区域可利用土地资源潜力评价的前提要素，建设用地包括城市、建制镇、村庄、采矿用地、交通运输用地等类型。西海固地区现状土地开发强度为4.05%，略高于全国平均水平（3.57%），其中固原市中心城区原州区以5.40%位居首位，隆德县、彭阳县和西吉县依次为 4.48%、4.43% 和 4.16%，泾源县土地开发强度最低（2.84%）（图 9-25）。根据各乡镇土地开发强度分级图（图 9-26），西海固地区较高土地开发强度乡镇分布呈现倒 "T" 形格局，即以固原城区（开发强度为 82.24%）为节点，以北依次为同心县丁塘镇、豫海镇、海原县三河镇、原州区三营镇、彭堡镇等乡镇组成的高开发强度轴，东西两侧为西吉县吉强镇、将台乡、原州区张易镇、中河乡、清河镇、彭阳县城阳乡、白阳镇等山地丘陵乡镇延展组成的次高开发强度轴。

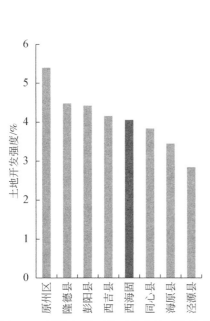

图 9-25　西海固地区分区县土地开发强度

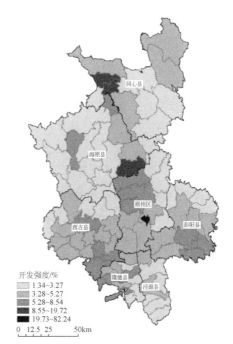

图 9-26　西海固地区各乡镇土地开发强度分级

2. 后备可利用土地资源

1）后备可利用土地资源与空间分布

后备可利用土地资源是扣除可利用土地资源中已有建设用地的部分，反映了未来可用于建设用地布局的土地资源潜力。经测算，西海固地区后备可利用土地资源面积 839.10km²，按来源可将后备可利用土地资源划分为耕地源和非耕地源两类，其中，非耕地源的后备可利用土地面积仅 55.73km²，占全部后备可利用土地资源的 6.64%，而耕地源的后备可利用土地面积达 783.37km²，所占比例高达 93.36%。从各区县非耕地源的后备可利用土地资源情况来看，中北部同心县、原州区、海原县的面积分别为 20.84km²、13.50km²、15.22km²，分别占后备可利用土地总面积的 12.20%、10.56%、7.81%，而泾源县、隆德县和西吉县的非耕地源均不足 2km²，特别是西吉县非耕地源面积仅 0.27km²，所占比例为 0.15%（表 9-16）。当纳入耕地源的后备可利用土地资源时，各县后备可利用土地资源总量增幅巨大，西吉县后备可利用土地面积增至 180.54km²，仅次于海原县居各区县第二位。不难看出，西海固地区后备可利用土地资源较为丰富，但受到耕地保护强度的影响极大，特别是以南部山区最为显著，当保护强度较高时，可利用土地资源的开发潜力极低。因此，考虑到耕地布局的分散破碎性，西海固地区仅海原县、同心县以及原州区具备规模化绵延型建设利用的用地条件。

表 9-16　西海固地区各区县后备可利用土地资源统计

地区	后备可利用土地资源面积/km²	非耕地源		耕地源	
		面积/km²	比例/%	面积/km²	比例/%
海原县	194.97	15.22	7.81	179.75	92.19
泾源县	20.91	1.22	5.83	19.69	94.17
隆德县	47.15	1.00	2.12	46.15	97.88
彭阳县	96.80	3.67	3.79	93.13	96.21
同心县	170.88	20.84	12.20	150.04	87.80
西吉县	180.53	0.27	0.15	180.26	99.85
原州区	127.81	13.50	10.56	114.31	89.44

根据自然间断点分级法将各乡镇后备可利用土地资源的丰度分为丰富、较丰富、中等、较缺乏和缺乏五级，分级类型分布如图 9-27 所示。

（1）丰富类。后备建设用地介于 16.43 ~ 26.41km²，包括下马关镇、王团镇、西安镇、头营镇、韦州镇、田老庄乡等 7 个乡镇，主要分布在西海固北部同心县，属于韦州洪冲积平原和清水河河谷平原区。

（2）较丰富类。后备建设用地面积在 11.34 ~ 16.42km²，包括张易镇、张家塬乡、预旺镇、新营乡、河西镇、三营镇等 21 个乡镇，主要分布在北部海原县及南部葫芦河、茹河与中河流域。

（3）中等类。后备建设用地面积在 7.02 ~ 11.33km²，包括白崖乡、开城镇、彭堡镇、古城镇、新集乡、马建乡等 30 个乡镇，主要分布在西海固中部黄土丘陵区和海原县清水河西侧山地。

（4）较缺乏类。后备建设用地面积在 4.01 ~ 7.01km²，包括豫海镇、红耀乡、西滩乡、火石寨乡、温堡乡、王民乡等 15 个乡镇，零散分布于西吉县、彭阳县等区县的乡镇。

（5）缺乏类。后备建设用地面积小于 4.00km²，包括固原城区、兴盛乡、黄花乡、山河乡、陈靳乡、城关镇、联财镇、香水镇等 18 个乡镇，主要成片分布于六盘山山地所在的泾源县、隆德县诸乡镇。

从非耕地源后备可利用土地资源总量分级图（图 9-28）可以看出，非耕地源后备可利用土地主要分布于西海固地区清水河和茹河流域，大部分山地与丘陵区乡镇依托耕地以外的土地类型进行挖潜的空间十分有限。非耕地源后备可利用土地面积在 2km² 以上的包括三河镇、河西镇、三营镇、王团镇、河川乡、七营镇、头营镇、丁塘镇、豫海镇 9 个乡镇。其中，三河镇、河西镇和三营镇分别以 5.85km²、5.24km²、4.58km² 位居前三位。而西吉县、隆德县和泾源县的大部分乡镇的非耕地源后备可利用面积为零。

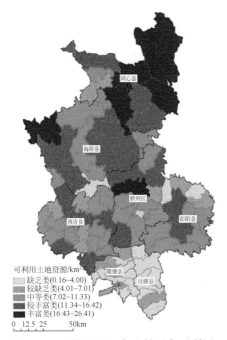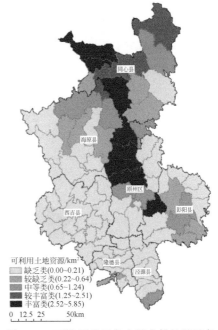

图 9-27 西海固地区各乡镇后备可利用　　　图 9-28 西海固地区各乡镇非耕地源后备
土地资源总量分级　　　　　　　　　　　可利用土地资源总量分级

2）人均后备可利用土地资源与空间分布

西海固地区人均后备可利用土地面积为 0.65 亩，是全国平均水平（0.34 亩）的近两倍。同心县、西吉县、海原县、彭阳县、原州区、隆德县、泾源县的人均后备可利用土地面积依次为 0.81 亩、0.76 亩、0.75 亩、0.73 亩、0.47 亩、0.44 亩、0.31 亩。如图 9-29 所示，人

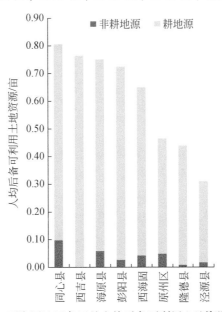

图 9-29 西海固地区各区县人均后备可利用土地资源及构成

均后备可利用土地资源的来源以耕地为主，尤其在西吉县、泾源县和隆德县三个山地丘陵县，非耕地源人均后备可利用土地面积均不足 0.02 亩。清河流域的乡镇由于人口密度较高使人均后备可利用土地资源丰度下降一级，而东侧同心县、彭阳县部分乡镇由于人口密度较低使人均后备可利用土地资源丰度上升了一至二级（图 9-30）。

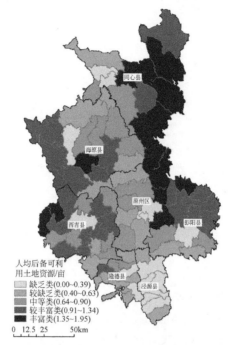

图 9-30　西海固地区各乡镇人均后备可利用土地资源分级

9.3　西海固地区地质灾害危险性要素评价

9.3.1　计算方法与技术流程

地质灾害危险性评价的关键在于获取各指标项的权重，因此采用逻辑斯谛回归模型进行训练样本的灾害发生影响因素分析，筛选并测算影响地质灾害的关键性因子，建立地质灾害危险性概率指数模型。由此，即可描述各评价指标对地质灾害发生概率的贡献度，进而外推至整个研究区域，计算区域地质灾害发生概率，即区域内地质环境的孕灾危险性大小，从而确定西海固地区地质灾害危险程度，并在运算结果分级和空间聚类分析的基础上进行灾害危险性综合分区（图 9-31）。

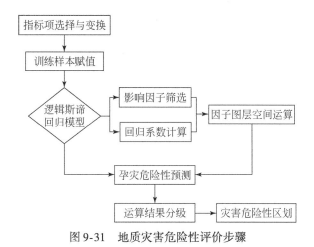

图 9-31　地质灾害危险性评价步骤

1. 逻辑斯谛回归模型

1）模型原理

逻辑斯谛回归模型是指因变量为二值分类变量的回归分析。它基于因变量和多个自变量之间形成的多元回归关系，预测某一区域某一事件的发生概率。逻辑斯谛回归的优势在于其非线性特点，自变量可以是连续变量，也可以是离散变量，且无须满足正态分布。在地质灾害和灾情分析时，通常需要在因变量取值范围已知的情况下，预测灾害发生的可能性，而逻辑斯谛回归模型便可用来解决此类问题，大量研究表明，此模型对灾害危险性评价精度相对较高。其中，将地质灾害的发生与否作为二分类的因变量（0 代表灾害不发生，1 代表灾害发生），而各地质灾害因子数据（坡度、坡向、高程、降水量、地层岩性、地质构造、人类活动等）作为自变量。设 P 为灾害发生的概率，取值范围为 $[0, 1]$，$1-P$ 为灾害不发生的概率。将 $P/(1-P)$ 取自然对数 $\ln[P/(1-P)]$，即对 P 作 Logit 转换，记为 Logit (P)，则 Logit (P) 的取值范围为 $(-\infty, +\infty)$。以 P 为因变量，建立线性回归方程：

$$\text{Logit}\ (P) = \ln\frac{P}{1-P} = \beta_0 + \beta_1 x_1 + \cdots + \beta_n x_n \tag{9.6}$$

变换可得

$$P = \frac{\mathrm{e}^{\alpha+\beta_1 x_1+\cdots+\beta_n x_n}}{1+\mathrm{e}^{\alpha+\beta_1 x_1+\cdots+\beta_n x_n}} \tag{9.7}$$

式中，x_1，x_2，x_3，$\cdots$，x_n 分别为影响因变量结果概率的因子；β_1，β_2，β_3，$\cdots$，β_n 为逻辑回归系数；β_0 为常数项。该模型即为逻辑斯谛回归模型，是普通多元线性回归模型的推广，但它的误差项服从二项分布而非正态分布。

2）变量分类与选取

逻辑斯谛回归模型的建模过程自身具有挑选变量的功能，即对因变量贡献率达到一定程度的变量才能进入回归模型，而对因变量没有贡献或者贡献很小的变量最终会被剔除。

根据西海固地区地质灾害发生特点，将地质灾害分布图的转换矩阵作为因变量，将可能影响地质灾害发生的灾害历史、地质环境、地形地貌、气象水文、人类活动等一级指标细分为 12 个变量，分别为灾害点密度、地层岩性、地震动峰值、断层距离、高程、坡度、地形起伏度、坡向、河流水系距离、年降水量、工程活动、土地利用。各个变量及其变形和分类形式全部转换为矩阵作为自变量，进入模型做逻辑回归分析。

3）模型显著性检验

回归方程是否描述了因变量和自变量之间的统计规律性，还需要选择统计量对方程及回归系数做显著性检验。逻辑斯谛回归模型提供了回归系数估计量的标准差（S. E.）、回归系数检验的统计量值（Wald）、Wald 检验显著性概率（Sig.）、标准化的回归系数（β^*），以及偏相关系数（R）等参数进行模型检验。Sig. 值表示计量结果对应的精确显著性水平，其值越小，则表示总体样本中自变量差异越明显；S. E. 的大小反映了估计量取值的波动程度。一般情况下，Wald 值越大或 Sig. 值越小，则自变量在回归方程中的重要性越大。β^* 表示自变量一个标准差的变化所导致的因变量上以其标准差为单位测量的变化。R 用来检查因变量与每一个自变量之间的偏相关，表示在控制变量的情况下，该自变量对因变量的作用。R 的阈值为（-1，1），正值表示自变量增加时事件发生的可能性也增加，负值则相反，其绝对值的大小表示自变量对模型偏相关的大小。

2. 数据来源与处理

数据处理工作主要包括将可能诱发地质灾害的因子数据层转化为栅格数据格式。因子数据包括定量变量（灾害点密度、地震动峰值、断层距离、高程、坡度、地形起伏度、河流水系距离等）和定性变量（地层岩性、坡向、土地利用）。其中，高程、坡度、坡向、地形起伏度等因子图层由 30m×30m DEM 生成，灾害点数据、地震动峰值、断层距离、岩性、年降水量数据来自《宁夏回族自治区资源环境地图集》，河流水系、以道路为代表的工程活动、土地利用基础数据来自第二次全国土地调查数据。为统一对定性变量和定量变量进行分析，将定量连续的变量按照自然间断点分级法进行重新分类，并分别赋值编码，使其与地层岩性等定性数据在同一评价等级上，各因子等级划分与赋值标准见表 9-17，评价单元的栅格分辨率为 30m，这就为逻辑斯谛回归模型的建立提供了数据基础。分别以灾害点密度和地形起伏度为例介绍典型定量变量的处理方法，以坡向为例介绍典型定性变量的处理方法。

1）定量变量

灾害点密度是指单位面积内地质灾害点的数量，反映历史上已经发生的崩塌、滑坡、泥石流等地质灾害及隐患的数量和规模，密度越高说明区内地质条件发生灾害的概率越高。根据实地考察结果，西海固地区河流沟谷可分为老年期、壮年期和幼年期，其中幼年期沟谷多呈"V"形，河流切割两岸剧烈，两岸斜坡地质灾害多发，壮年期沟谷次之，而老年期沟谷由于年代久远，河流切割作用比壮年期沟谷和幼年期沟谷弱，地质灾害发育较少。因此，根据河流网络单元划分单元格，可以将同一河流流域作为统计地质灾害点密度的基础单元，使得划分单元格更具实际意义和统计意义。如图 9-32 所示，灾害点密度因子

表 9-17 地质灾害危险性评价因子等级划分与赋值标准

一级指标	二级指标		指标赋值								
灾害历史	灾害点密度/处	分级标准/处	0	1~3	4~7	8~13	≥14				
		要素编码	1	2	3	4	5				
地质环境	地层岩性	分级标准	黄土类	黄土碎屑岩类	碎屑岩类	阶地冲积类	基岩类				
		要素编码	1	2	3	4	5				
	地震动峰值	分级标准/g	0.15	0.2	0.3	0.4					
		要素编码	1	2	3	4					
	断层距离	分级标准/km	0~1	1~2	2~3	3~4	4~5	>5			
		要素编码	1	2	3	4	5	6			
地形地貌	高程	分级标准/m	≤1500	1500~1750	1750~2000	2000~2250	2250~2500	2500~2750	>2750		
		要素编码	1	2	3	4	5	6	7		
	坡度	分级标准/(°)	0~5	5~10	10~15	15~20	20~25	25~30	30~35	35~40	>40
		要素编码	1	2	3	4	5	6	7	8	9
	地形起伏度	分级标准/m	0~48	49~87	88~125	126~185	186~398				
		要素编码	1	2	3	4	5				
	坡向	分级标准	平坦面(P)	北(N)	东北(NE)	东(E)	东南(SE)	南(S)	西南(SW)	西(W)	西北(NW)
		要素编码	1	2	3	4	5	6	7	8	9
气象水文	河流水系距离	分级标准/km	0~0.5	0.5~1.0	1.0~1.5	1.5~2.0	2.0~2.5	2.5~3.0	>3.0		
		要素编码	1	2	3	4	5	6	7		
	年降水量	分级标准/mm	≤200	200~300	300~400	400~500	>500				
		要素编码	1	2	3	4	5				
人类活动	工程活动	分级标准/km	0~0.5	0.5~1.0	1.0~1.5	1.5~2.0	2.0~2.5	2.5~3.0	>3.0		
		要素编码	1	2	3	4	5	6	7		
	土地利用	分级标准	耕地	园地	林地	草地	交通运输用地	水域及水利设施用地	未利用用地	居民点及工矿用地	
		要素编码	1	2	3	4	5	6	7	8	

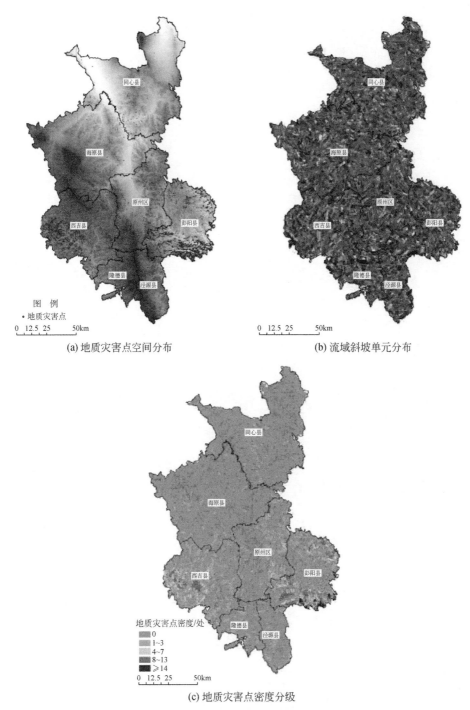

图例
· 地质灾害点
0 12.5 25   50km

(a) 地质灾害点空间分布

0 12.5 25   50km

(b) 流域斜坡单元分布

地质灾害点密度/处
　0
　1~3
　4~7
　8~13
　≥14
0 12.5 25   50km

(c) 地质灾害点密度分级

图 9-32　灾害点密度因子提取过程

提取的具体步骤包括：首先运用 GIS 水文分析模块对 DEM 进行斜坡单元划分，然后将基础单元格图层和地质灾害点分布图层叠加，根据单元格内地质灾害点个数统计得出灾害点密度，再划分因子等级为 5 级，最大因子等级定为地质灾害点密度≥14 处，最小因子等级定为地质灾害点密度为 0 处。

地形起伏度是指在一定区域范围内，最高点海拔与最低点海拔的差值，它反映了区域地表的切割剥蚀程度，是表征地貌形态、划分地貌类型的重要指标，常被应用于造山带、高原山脉等发育演化特征分析。其公式表示如下：

$$R = E_{max} - E_{min} \tag{9.8}$$

式中，R 为地形起伏度；E_{max} 为区域内最大高程值；E_{min} 为区域内最小高程值。按照地貌发育基本理论，存在一个使最大高差达到相对稳定的统计窗口，此时地形起伏度才能真实反映区域地势起伏状况，所以地形起伏度计算的关键在于选择适宜大小的窗口。不同地区、不同比例尺的 DEM，计算的地形起伏度的最优移动窗口大小有所区别，故采用相同尺度、相近地区进行的最佳分析窗口探讨结果（赵斌滨等，2015），将西海固地区地形起伏度计算单元的边长确定为 500m。地形起伏度因子提取的具体步骤包括：首先通过 GIS 栅格邻域计算工具得到统计栅格窗口的最大（E_{max}）和最小（E_{min}）高程值，然后采用栅格计算器运算二者的差值，再划分因子等级为 5 级（图 9-33），最大因子等级定为地形起伏度为 186~398m，最小因子等级定为地形起伏度为 0~48m。

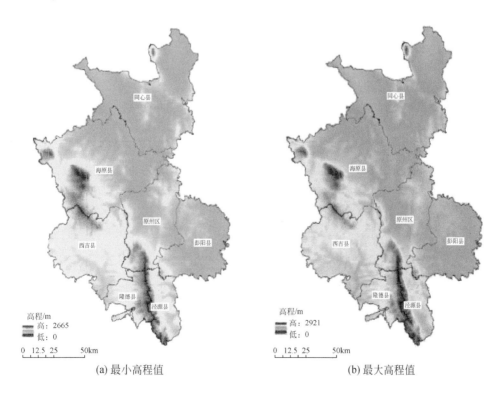

(a) 最小高程值　　　　　　　　　　(b) 最大高程值

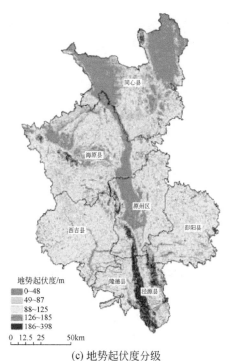

(c) 地势起伏度分级

图9-33　地势起伏度因子提取过程

2）定性变量

坡向对地质灾害发育的影响首先体现在斜坡结构形式，同一产状的岩层随着斜坡坡向不同呈现出顺向坡、逆向坡、斜交坡等类型，进而对斜坡的稳定性产生不同影响。此外，坡向对斜坡的局部气候和水热比具有规律性影响，通常地，阳坡比阴坡的日照时间长、太阳辐射强、热量较充沛、温差大，造成地下水径流和岩体风化较严重，较容易引发地质灾害。运用GIS进行坡向因子分析时，坡向表示地表面上一点切平面上的法线矢量在水平面投影与过该点的正北方向的夹角，对于地面任何一点来说，坡向表征了该点高程值改变量的最大变化方向，其值分布介于0°~360°，按照45°一个分带区间，将西海固地区坡向因子分为平坦面（P）、北（N）、北东（NE）、东（E）、东南（SE）、南（S）、南西（SW）、西（W）、北西（NW）9个等级（表9-18）。

表9-18　坡向因子提取与编码

编码	分级/（°）	坡向
1	0	平坦面（P）
2	0~22.5，337.5~360	北（N）
3	22.5~67.5	东北（NE）
4	67.5~112.5	东（E）

续表

编码	分级/(°)	坡向
5	112.5~157.5	东南（SE）
6	157.5~202.5	南（S）
7	202.5~247.5	西南（SW）
8	247.5~292.5	西（W）
9	292.5~337.5	西北（NW）

3. 训练样本采集

鉴于评价因子数据为 30m 分辨率栅格数据，若将所有的栅格因子数据作为样本，则会导致评价因子的矩阵过大而影响模型的效率和效果，故通过训练样本采集，将模型输入样本数据分为地质灾害点和非地质灾害样本点数据。具体步骤包括：将 2655 个地质灾害点全部作为灾害发生的样本点；而对于非地质灾害样本点，考虑到地理数据可能存在空间自相关性的特点，对地质灾害点做半径为 500m 的缓冲区，在非地质灾害发生缓冲区范围内使用创建随机点工具（Create Random Point）生成 10 000 个非地质灾害样本点；这样就得到了评价区 12 655 个训练样本数据，再使用多值提取至点工具（Extract Multi Values to Points）分别提取 12 个地质灾害危险性评价因子栅格数据的相应属性值，将这些因子数据进行处理，剔除 162 个不完整数据，共采集有效的训练样本数据 12 493 个，其中地质灾害样本 2622 个、非地质灾害样本 9871 个（图 9-34），用于代入逻辑斯谛回归模型。

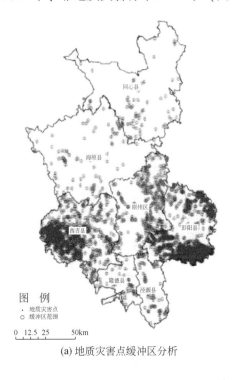

(a) 地质灾害点缓冲区分析　　　　　　　(b) 非地质灾害样本点生成

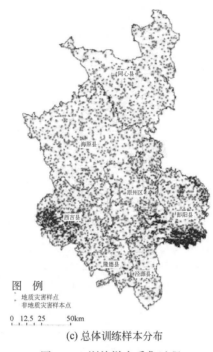

图 例

地质灾害样点
非地质灾害样本点

0 12.5 25   50km

(c) 总体训练样本分布

图 9-34 训练样本采集过程

9.3.2 区域地质环境与地质灾害分布特征

1. 区域地质环境

1）地层岩性

岩土体是滑坡、崩塌、泥石流等地质灾害产生的物质基础，地层岩性特征直接影响地质灾害的类型、分布规模及活动方式。根据已有地质资料与野外实地调查发现（尚慧，2010），西海固境内出露的地层包括中元古界变质岩至第四系全新统冲洪积层，且以白垩系、新近系、第四系为主。第四系岩土体以中晚更新统黄土为主；新近系主要为棕红色泥岩，在深切沟谷底部均有出露；白垩系埋藏于第四系之下，主要在各河流二、三级支沟两侧出露较高，一般达到 5~10m，局部沟段达到 20m 以上。

西海固地区各区县出露地层如下：①原州区西南部中低山区以前寒武系变质岩为基底，分布中生界白垩系、古近系、新近系和第四系；东部广大黄土丘陵区则以新生界古近系为基底，上覆第四系黄土及黄土类土，在各大沟谷及河谷平原区，堆积了第四系黄土类土、砂砾石、黏砂土等。②西吉县地层属秦祁昆地层区祁连–北秦岭地层分区海原–西吉地层小区。境内出露最老地层为中元古界海原群变质岩，加里东期花岗岩、闪长岩体局部出露，六盘山群出露于西吉东北部，新生界地层分布广泛。③彭阳县出露的地层主要有寒武系、奥陶系、侏罗系、白垩系、古近系、新近系和第四系，前第四纪地层零星出露于各大冲沟中，第四系地层广泛分布。④隆德县地层属秦祁昆地层区祁连–北秦岭地层分区，出露地层主要为白垩系下白垩统六盘山群及古近系始新统、渐新统，新近系上、中新统和第四系。⑤泾源县以六盘山东麓大断裂为界，东部属华北西缘地层分区之桌子山–青龙山地层小区，西部属秦祁昆地层区祁连–北秦岭地层分区之海原–西吉地层小区，境内出露地层有寒武系、奥陶系、三叠系、白垩系、古近系和第四系。⑥同心县地层属华北西缘地层分区宁夏南部地层小区和桌子山–青龙山地层小区，境内出露地层有元古界、寒武系、奥陶系、泥盆系、石炭系、二叠系、三叠系、侏罗系、白垩系、古近系、新近系和第四系。第四系是境内分布最广的地层，黄土厚度较大，最厚可达百余米，冲洪积层厚度不等由一般的3~4m到最厚的大于154m。⑦海原县地层属河西走廊–六盘山分区，县内以第四系分布最广，大部分地区被黄土覆盖，基岩以古近系、新近系和白垩系为主，除海原群构成南华山、西华山的主体外，其他如寒武系、志留系、泥盆系、石炭系、二叠系、三叠系等皆零星出露，岩浆岩仅在南华山等地有小面积出露。

2）地震与新构造运动

西海固地区是我国新构造运动十分活跃的地区之一，境内有龙首六盘深断裂、六盘山西缘大断裂、沙坡头同心泾源大断裂通过，是青藏高原东北边缘地区重要的左旋走滑断层带，具有规模大、下切深、延伸增长、走滑规模大、总位移幅度大等特征。断裂几乎切割古生代以来所有地块，近期活动较为强烈，地震发生的频度与强度较大，是我国南北地震带的重要组成部分，并受到西北地震区和华北地震区的影响，因而地震频率高、破坏性大。历史上超过5级的地震共有30次，其中1920年12月16日震中在海原县石卡关沟、哨马营一带的8.5级地震烈度大、破坏性强、影响范围最广，是我国乃至全球范围内20世纪罕见的特大地震之一。

西海固地区各区县新构造运动特征如下。①原州区位于北祁连褶皱区，受来自西南方向喜马拉雅运动的强烈挤压，构造线呈北北西向延伸、地壳抬升形成山地、断盘左旋走滑、诱发新构造。②西吉县新构造运动与原州区基本一致。③彭阳县新构造运动东西差别较大，东部表现为缓慢抬起而西部活动强烈。④隆德县县城东南侧六盘山西麓陈靳–崇安断裂切割了古近系地层，局部第四系也有断层出现，说明该断裂近期活动形迹明显而强烈。⑤泾源县境内新构造活动较为强烈，六盘山逆冲推覆构造的主要断裂在第四纪时期均有不同程度的构造活动。⑥同心县新构造活动对老构造具有继承性，多沿深大断裂再度复活，呈区域性、间歇性的不均匀抬升，罗山东侧大断裂、青龙山东侧大断裂都呈现长期活动态势，从出露的最新地层到第四系都受到了影响，且第四纪以来其活动趋势加强。⑦海原县境内的新构造运动主要表现为深大断裂的复活与新构造断裂的发育。

2. 地质灾害分布特征

西海固地区地质灾害类型包括滑坡、崩塌、泥石流、不稳定斜坡、地面塌陷、地裂缝和地质环境点7种。其中，滑坡灾害点数量最大，占全部地质灾害比例达55.25%，不稳定斜坡和崩塌以19.66%和12.92%位居第二、第三位，泥石流、地质环境点、地面塌陷和地裂缝的比例均不足 10%（图 9-35）。滑坡主要分布于黄土丘陵区的河谷冲蚀岸边及其支流或支沟中下游两侧，多以对滑形式出现，且具有群发性；不稳定斜坡主要位于坡顶有汇水区域的塬边或陡坡，多为黄土斜坡；崩塌主要分布在幼年期黄土 "V" 形冲沟两侧和居民黄土窑洞高陡窑面部位；泥石流则主要发育于土石质山区，以中小型水石流为主，且大多处于发育期。

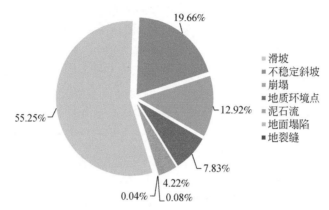

图 9-35　西海固地区地质灾害类型比例
资料来源：西海固地区各区县地质灾害点数据

西海固地区地质灾害点主要分布于彭阳县和西吉县境内，两县地质灾害点数量分布占西海固总量的 42.18% 和 34.88%，海原县、同心县、泾源县的比例分别为 3.54%、2.52%、2.45%。各区县地质灾害点分布特征如图 9-36 所示：①彭阳县共有地质灾害及隐患点 1411 个，其中包括崩塌 242 个、不稳定斜坡 225 个、滑坡 793 个、地质环境点 127个、泥石流 23 个等。②西吉县共有地质灾害及隐患点 926 个，其中包括滑坡 529 个、崩

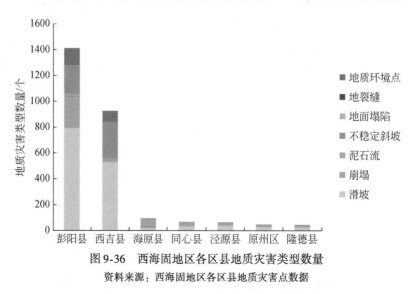

图 9-36　西海固地区各区县地质灾害类型数量
资料来源：西海固地区各区县地质灾害点数据

塌 27 个、不稳定斜坡 284 个等。③海原县共有地质灾害及灾害隐患点 94 个，其中包括泥石流 56 个、滑坡 19 个、崩塌 11 个、不稳定斜坡 6 个等。④同心县共有地质灾害及隐患点 67 个，其中包括滑坡 34 个、崩塌 18 个、泥石流 14 个等。⑤泾源县共有地质灾害及隐患点 65 个，其中包括滑坡 39 个、崩塌 20 个、泥石流 6 个。⑥原州区共有地质灾害及隐患点 48 个，其中包括滑坡 28 个，崩塌 11 个、泥石流 8 个等；⑦隆德县共有地质灾害及隐患点 44 个，其中包括滑坡 25 个、崩塌 14 个等。

9.3.3 地质灾害发育影响因素分析

1. 模型建立与检验

在逻辑斯谛回归模型建模过程中，只有对因变量贡献率达到一定程度的自变量才能进入回归模型中，而对因变量没有贡献或者贡献很小的自变量最终将会被剔除。将采集得到的训练样本导出至 SPSS 支持的数据格式，使 12 个地质灾害评价因子作为自变量全部引入回归模型中，最终由模型挑选出合适的变量。通过 SPSS 二元逻辑斯谛回归模型工具分析，采用前向逐步条件似然比检验的方法筛选变量，经过多次迭代过程后，模型最终选择出灾害点密度、地层岩性、断层距离、高程、坡度、地形起伏度、河流水系距离、年降水量、工程活动、土地利用 10 个显著性 Sig. 值小于 0.05 的因子，因子由于显著性较差而被剔除。

从模型摘要和检验结果可以看出（表 9-19），此次回归的 Cox & Snell 决定系数以及 Nagelkerke 决定系数分别为 0.352 和 0.557，Hosmer 和 Lemeshow 拟合优度检验值为 0.830，而卡方值为 4.295，大于卡方临界值 15.507，据此也可以说明模型拟合效果较好。此外，还将训练样本代入测算得到的逻辑斯谛回归参数模型中，考察模型是否具有良好的预测性能，结果显示，若以 0.5 为地质灾害发生概率 P 的切割值，该模型能够成功预测出 94.6% 的非地质灾害点和 68.7% 的地质灾害点，模型总体预测成功率达到 89.4%，表明该模型预测性能较优，可用作西海固地区地质灾害危险性分区的概率指数模型。

表 9-19 逻辑斯谛回归模型拟合结果

Hosmer 和 Lemeshow 拟合优度检验			−2Log-Likelihood	Cox&Snell R^2	Nagelkerke R^2
卡方	df	Sig.			
4.295	8	0.830	7012.611	0.352	0.557

2. 影响因素解释

西海固地区地质灾害影响因素的回归系数和显著性等结果如表 9-20 所示，可见对于地质灾害发生概率而言，灾害点密度、地层岩性、断层距离、高程、坡度、地形起伏度、河流水系距离、年降水量等因子对境内地质灾害的影响十分显著。具体影响程度如下。

表 9-20　逻辑斯谛回归模型分析结果

变量	B	S. E.	Wald	df	Sig.	Exp（B）
常量	−7.084	0.755	88.001	1	0.000	0.001
灾害点密度（参考类：0 处）			1 907.954	4	0.000	
1～3 处	2.740	0.077	1 259.418	1	0.000	15.489
4～7 处	3.501	0.115	922.624	1	0.000	33.159
8～13 处	3.557	0.173	424.909	1	0.000	35.052
≥14 处	5.053	0.524	93.156	1	0.000	156.473
地层岩性（参考类：黄土类）			13.201	4	0.010	
黄土碎屑岩类	0.090	0.129	0.483	1	0.487	1.094
碎屑岩类	−0.333	0.101	10.763	1	0.001	0.717
阶地冲积类	−0.167	0.107	2.410	1	0.121	0.847
基岩类	0.033	0.360	0.008	1	0.927	1.033
断层距离（参考类：>5km）			20.556	5	0.001	
0～1km	0.241	0.109	4.844	1	0.028	1.272
1～2km	−0.013	0.114	0.013	1	0.910	0.987
2～3km	0.337	0.113	8.826	1	0.003	1.401
3～4km	0.044	0.119	0.136	1	0.712	1.045
4～5km	0.397	0.119	11.184	1	0.001	1.487
高程（参考类：>2750m）			37.760	6	0.000	
≤1500m	2.181	0.578	14.222	1	0.000	8.855
1500～1750m	1.830	0.498	13.537	1	0.000	6.237
1750～2000m	1.484	0.495	8.986	1	0.003	4.409
2000～2250m	1.752	0.493	12.651	1	0.000	5.766
2250～2500m	1.557	0.493	9.973	1	0.002	4.744
2500～2750m	1.101	0.511	4.635	1	0.031	3.007
坡度（参考类：0°～5°）			20.155	8	0.010	
5°～10°	0.135	0.101	1.804	1	0.179	1.145
10°～15°	0.300	0.105	8.144	1	0.004	1.350
15°～20°	0.412	0.123	11.257	1	0.001	1.511
20°～25°	−0.033	0.170	0.039	1	0.844	0.967
25°～30°	0.510	0.281	3.306	1	0.069	1.666
30°～35°	0.377	0.508	0.551	1	0.458	1.458
35°～40°	−1.014	1.462	0.481	1	0.488	0.363
>40°	−17.955	11 752.110	0.000	1	0.999	0.000
地形起伏度（参考类：0～48m）			72.998	4	0.000	

变量	*B*	S. E.	Wald	df	Sig.	Exp（*B*）
49~87m	0.954	0.150	40.667	1	0.000	2.597
88~125m	1.276	0.155	67.860	1	0.000	3.583
126~185m	1.122	0.171	43.165	1	0.000	3.071
186~398m	0.684	0.350	3.814	1	0.051	1.981
河流水系距离（参考类：>3.0km）			68.595	6	0.000	
0~0.5km	0.927	0.121	58.824	1	0.000	2.527
0.5~1.0km	0.583	0.124	22.187	1	0.000	1.791
1.0~1.5km	0.504	0.137	13.589	1	0.000	1.655
1.5~2.0km	0.269	0.155	2.988	1	0.084	1.308
2.0~2.5km	0.475	0.177	7.187	1	0.007	1.607
2.5~3.0km	0.574	0.188	9.275	1	0.002	1.775
年降水量（参考类：≤200mm）			37.017	4	0.000	
200~300mm	1.380	0.306	20.377	1	0.000	3.975
300~400mm	1.490	0.311	23.007	1	0.000	4.439
400~500mm	1.844	0.325	32.197	1	0.000	6.324
>500mm	1.426	0.346	16.993	1	0.000	4.160
工程活动（参考类：>3.0km）			21.473	6	0.002	
0~0.5km	0.084	0.471	0.032	1	0.859	1.087
0.5~1.0km	−0.254	0.471	0.291	1	0.590	0.776
1.0~1.5km	−0.146	0.474	0.095	1	0.758	0.864
1.5~2.0km	−0.134	0.479	0.078	1	0.779	0.874
2.0~2.5km	−0.267	0.494	0.291	1	0.590	0.766
2.5~3.0km	−0.358	0.549	0.424	1	0.515	0.699
土地利用（参考类：耕地）			70.415	7	0.000	
园地	1.042	0.594	3.084	1	0.079	2.836
林地	−0.102	0.080	1.639	1	0.200	0.903
草地	−0.291	0.097	9.088	1	0.003	0.747
交通运输用地	0.427	1.115	0.147	1	0.701	1.533
水域及水利设施用地	−0.670	0.466	2.070	1	0.150	0.511
未利用地	−0.303	0.202	2.255	1	0.133	0.739
居民点及工矿用地	0.924	0.139	44.108	1	0.000	2.518

　　在灾害发生历史方面，地质灾害发生的概率随着基本斜坡单元内灾害点密度增大而增大，当斜坡单元灾害点密度为1~3处、4~7处、8~13处、≥14处时，地质灾害发生的优势比［Exp（*B*）］分别为参考类（0处）的15.489倍、33.159倍、35.052倍、

156.473 倍。

从地质环境因素来看，黄土碎屑岩类、黄土类和基岩类地层更易造成地质灾害的发生，而碎屑岩类和阶地冲积类地层引发地质灾害的概率相对较低，后两者的优势比仅为参考类的 0.717 倍、0.847 倍，表明了结构松散、岩石抗剪强度低、抗风化能力弱、在水的作用下容易发生变化的黄土、泥岩、页岩、煤系地层等是产生地质灾害的物质基础，软硬相间的地层也容易诱发灾害。此外，随着与断层距离的增加，地质灾害发生的概率基本呈现降低态势。

在地形地貌方面，地质灾害发生的概率基本随着高程的升高而降低，其中，高程在≤1500m 和 1500～1750m 的地质灾害发生的优势比分别为参考类>2750m 的 8.855 倍和 6.237 倍，可视为地质灾害易发度相对较高的高程区段。由标准化回归系数 B 的绝对值大小可知，坡度 10°～35° 是西海固地质灾害的敏感阈值区间，而当坡度>40° 时，地质灾害发生的概率急剧下降。而从地形起伏度因子的回归系数来看，49～87m、88～125m、126～185m 的优势比依次为参考类 0～48m 的 2.597 倍、3.583 倍、3.071 倍，表明区域地表的切割剥蚀程度与地质灾害易发性成正比，且地形起伏度 49～185m 为敏感度较高的影响阈值。

在气象水文方面，地质灾害发生的概率与河流水系距离成反比、与年降水量成正比，当河流水系距离为 0～0.5km 时，其优势比是参考类>3.0km 的 2.527 倍，表明大气降水能够增加坡体重量，浸泡软化易滑地层，并通过转化为地下水而起作用；沟谷流水通过冲刷岸坡，掏蚀坡脚，使底部岩土体被水体搬运带走形成临空面，削弱支撑力，当下滑力大于抗滑力时，崩塌、滑坡等地质灾害发生的概率显著提升。

运用与道路距离和土地利用刻画人类活动对地质灾害易发性的影响，不难看出，道路距离为 0～0.5km 的区域地质灾害发生概率大于参考类型，表明在道路修建过程中，开挖坡脚，形成人工边坡，增大原有坡体坡角，使坡脚失去支撑，增加载荷，斜坡因支撑不了过大的载荷而失去平衡，沿软弱面下滑。相比耕地而言，园地、交通运输用地和居民点及工矿用地类型更易造成地质灾害的发生，其优势比分别为参考类耕地的 2.836 倍、1.533 倍和 2.518 倍，初步表明地质灾害发生的概率随着人类活动改造与活动强度的提升而呈现增大态势。

9.3.4 地质灾害危险性评价

1. 地质灾害危险性空间分布

基于逻辑斯谛回归产生的地质灾害危险性概率指数模型，运用基于 GIS 的空间分析图层叠加功能，将这些因子进行栅格叠加，计算西海固境内地质灾害危险性的概率，最终得到的地质灾害危险性测算结果如图 9-37 所示。可以看出，西海固地质灾害危险性较大的区域与已有地质灾害点分布格局具有一定的一致性，高值区主要分布在西吉县、彭阳县黄土丘陵区的沟谷地带。然后对整个研究区模拟概率值进行分类，共划分为极高危险区、高危险区、中危险区、低危险区及极低危险区 5 种类型，得到该区域地质灾害危险性分级评价结果（图9-38）。

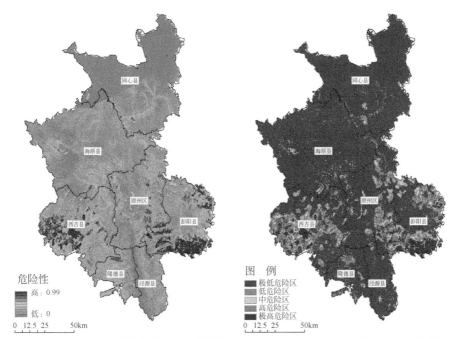

图 9-37 西海固地区地质灾害危险性测算结果 图 9-38 西海固地区地质灾害危险性分级

极高危险区（地质灾害发生概率大于0.8）面积合计为 779.32km²，占西海固地区总面积的 3.87%，该类型区在空间上呈集中分布态势，主要成片分布于西吉县葫芦河、滥泥河流域黄土丘陵区，彭阳县红河、茹河、蒲河流域黄土塬梁峁丘陵区（图9-39）。高危险区（地质灾害发生概率介于0.6~0.8），占西海固地区总面积的比例为5.19%，其空间分布主要位于西吉县、彭阳县极高危险区外围及清水河东侧黄土山地丘陵区，在隆德县六盘山山麓地带等地亦有零散分布。中危险区（地质灾害发生概率介于0.4~0.6），占西海固

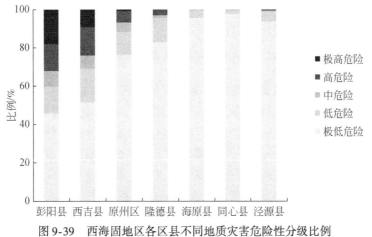

图 9-39 西海固地区各区县不同地质灾害危险性分级比例

地区总面积的比例为 2.99%，其整体规模为各类型中最低，散落分布于西海固中部地区。低危险区（地质灾害发生概率介于 0.2~0.4），占西海固地区总面积的比例为 8.54%，该类型区零散分布于清水河东西两侧黄土山地丘陵、墚峁丘陵区。极低危险区（地质灾害发生概率低于 0.2 的区域），占西海固地区总面积的 79.41%，海原县、同心县、原州区及泾源县等区县的大部分地区均属于地质灾害危险性极低的区域。

2. 地质灾害危险性镇（乡）域特征

根据西海固地区栅格单元评价结果中各乡镇地质灾害危险程度所占比例，结合乡镇政府驻地的人口居民点与地质灾害分布格局，运用自然间断点分级法进行以乡镇为单元的地质灾害易发程度等级划分，共分为极高易发乡镇、高度易发乡镇、中度易发乡镇、低度易发乡镇、非易发乡镇 5 级（图 9-40）。

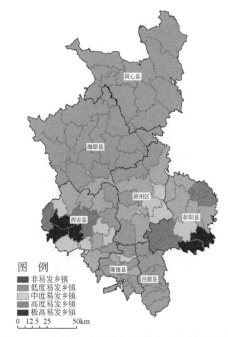

图 9-40　乡镇单元地质灾害易发程度等级划分

（1）极高易发乡镇。栅格单元地质灾害极高危险区和高危险区所占比例高于 50% 的乡镇，按比例高低依次为红河乡、兴平乡、马建乡、城阳乡和震湖乡，占乡镇总数的 5.49%。极高易发乡镇均位于彭阳县和西吉县，区内历史地质灾害较为频繁，地层岩性多属黄土类土，结构松散、孔隙大、垂直节理发育，易侵蚀、搬运，极易产生大量的中小型山体土体崩塌、滑坡等地质灾害，并危害城镇、交通、通信等基础设施。

（2）高度易发乡镇。栅格单元地质灾害极高危险区和高危险区所占比例介于 30%~50% 的乡镇，依次为新集乡、田坪乡、小岔乡、冯庄乡、古城镇、吉强镇、西滩乡 7 个乡镇，仍然分布于西吉县和彭阳县，占乡镇总数的 7.69%。其中，吉强镇作为县政府驻地，镇域范围内葫芦河支流的黄土墚、塬、峁边缘环形坡体发育，坡体前缘侵蚀强烈，受潜在地质灾害威胁较为突出，而镇区南北两侧的建设空间受地质灾害因素的制约较为显著（图9-41）。

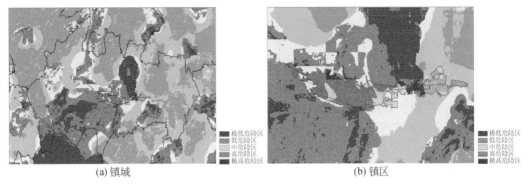

(a) 镇域   (b) 镇区

图 9-41 西吉县吉强镇地质灾害危险性分布格局

（3）中度易发乡镇。栅格单元地质灾害极高危险区和高危险区所占比例介于10%~30%的乡镇，包括好水乡、平峰镇、硝河乡、白阳镇、马莲乡、王民乡等10个乡镇，占乡镇总数的10.99%。中度易发乡镇主要分布于西吉县和原州区，镇域范围的局部受到一定程度的地质灾害潜在威胁。对彭阳县政府驻地白阳镇而言，地质灾害高危区主要分布于镇域北部，镇区则基本未受到地质灾害潜在威胁（图9-42）。

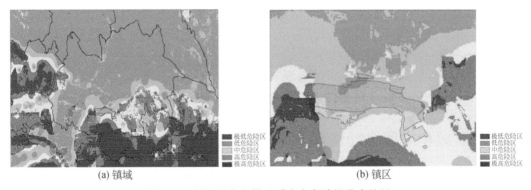

(a) 镇域   (b) 镇区

图 9-42 彭阳县白阳镇地质灾害危险性分布格局

（4）低度易发乡镇。栅格单元地质灾害极高危险区和高危险区所占比例介于2.5%~10%的乡镇，包括寨科乡、火石寨乡、开城镇、杨河乡、孟塬乡、李俊乡、罗洼乡、王洼镇等17个乡镇，占乡镇总数的18.68%。此类乡镇主要位于西海固地区南部隆德县、原州区和彭阳县境内，其地质灾害以小型滑坡、崩塌为主，呈零散分布，灾害危害能力弱。

（5）非易发乡镇。栅格单元地质灾害极高危险区和高危险区所占比例低于2.5%的乡镇，含贾塘乡、九彩乡、李旺镇、联财镇、马高庄乡、七营镇、三河镇、沙沟乡、沙塘镇、神林乡等52个乡镇，占西海固地区乡镇总数的57.15%，主要包括北部地区的同心县、海原县，区内地形起伏不大，地势较为平坦，地质灾害发育强度较小，此外还包括南部的泾源县和隆德县。

9.4　西海固地区生态重要性要素评价

生态重要性反映森林、草地、荒漠、湿地等生态系统类型在区域尺度下对维持生态系统稳定、维护生物多样性等方面的作用与重要程度。自然生态系统及其物种组成在维持自身发展过程中，为人类社会发展提供必要的环境条件和过程，保障生物多样性和各种生态系统产品的生产。生态系统服务功能评价涵盖了供给服务、调节服务、文化服务、支持服务等诸多方面，针对宁夏西海固地区主要生态系统进行土壤保持、水源涵养、防风固沙、生物多样性维持与保护等生态系统服务功能评价，并在此基础上进行区域生态重要性评价。

9.4.1　计算方法与技术流程

参考《省级主体功能区划技术规程》，基于全国主体功能区划数据库及各级自然保护区功能区划的矢量化数据，生态重要性的评价流程如下：首先，采用公里网格的水源涵养功能重要性、土壤保持功能重要性、防风固沙功能重要性、生物多样性维护重要性分级数据，根据生态重要性单因子分级标准，实现生态重要性单因子分级。然后，对生态重要性单因子分级图进行复合，判断是单一型还是复合型生态重要类型。对单一型生态重要类型区域，根据其单因子重要性确定生态系统重要程度；对复合型生态重要类型，采用最大限制因素法确定生态系统重要程度。最后，将生态重要性程度划分为重要性高、重要性较高、重要性中等、重要性较低和重要性低。计算公式表示如下：

$$[生态重要性分级] = \max\{[水源涵养功能重要性], [土壤保持功能重要性],$$
$$[防风固沙功能重要性], [生物多样性维护重要性]\}$$

9.4.2　区域生态服务功能基本特征

宁夏西海固地区具有草原、森林、荒漠、湿地、农田等生态系统，每个生态系统又是多种类型的组合，如草原生态系统可分为近十种类型，包含灌丛草原、干草原、荒漠草原等类型；农田生态系统中有旱作农田生态系统和灌溉农田生态系统，其基本特征、生态稳定度和生态系统的演化趋势等都有明显区别。但由于水分条件与光热的组合不够协调，北部干旱半干旱区光热多而水分少，南部山区则光、热、水都少，水土资源严重不平衡，大部分地区土壤微生物活动微弱，土壤有机质含量低，物质能量循环的速度和强度受限。区内草原、森林、旱作农田等生态系统的生物生长量均低于全国平均水平，如天然林木生长量为 $1.5\text{m}^3/\text{hm}^2$，低于全国平均值（$1.84\text{m}^3/\text{hm}^2$）；草原群落数量特征偏低，覆盖度大多为 20%~70%，草层高度 4~30cm，未退化的荒漠草原和干草原亩产鲜草分别为 53kg 和79kg，远远低于全国同类型草原的平均水平（67~134kg 和 100~300kg）。

1. 植被分布特征

宁夏六盘山地区天然植被的温带和北温带性质鲜明，植物区系成分及群落结构简单、旱生生态特征显著，植被总体呈现森林草原—干草原—荒漠草原—草原化荒漠的水平分布规律。境内旱生植物比例达 63.1%~74.3%，覆盖率仅为 20%~30%，南部属半阴湿区的森林草原植被景观，向北逐渐过渡到中部半干旱黄土丘陵区的干草原植被景观，以及北部干旱风沙区的荒漠草原景观。在六盘山山地区还呈现出垂直带谱特征，自低向高依次出现了草甸草原、落叶阔叶林等组成的垂直植被景观（图 9-43）。

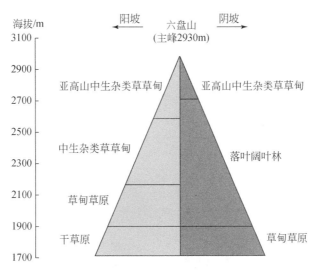

图 9-43　六盘山植被垂直分带

在森林资源方面，天然林集中分布于六盘山和罗山等海拔较高、相对高度较大的山地，基本属天然次生林；人工林分布较为零散，在泾河支流红河、茹河两岸及六盘山余脉月亮山山地较为密集；灌木林地在六盘山山麓及黄土丘陵区较为常见；农田林网相间分布于清水河沟谷平原和韦州平原的耕地区。草地资源方面，山地草甸类草场主要分布于六盘山山麓、月亮山山地、南华山山地的阳坡、半阳坡，也见于黄土丘陵南部的阴坡；灌丛草甸草场主要分布于六盘山余脉西吉与原州区交界的中低山区，在近山的黄土丘陵阴坡呈小片岛状分布；干草原类草场的分布与黄土高丘陵和黄土覆盖的小起伏中山分布具有一致性，主要分布于清水河中游的沟谷两侧；荒漠类草原草场分布范围较小，主要位于海原县和同心县北部的干旱半干旱过渡区。

2. 自然保护区分布特征

截至 2013 年底，西海固地区共有各级自然保护区 6 个，合计面积 98 372hm²，占土地总面积的 4.89%（表 9-21 和图 9-44）。其中，六盘山自然保护区、罗山自然保护区、火石寨自然保护区和云雾山自然保护区为国家级自然保护区，党家岔湿地自然保护区、南华山自然保护区为自治区级自然保护区。境内自然保护区各具特色，主要保护对象涵盖了半湿润区山地森林生态系统、半干旱区草原生态系统、湖泊湿地生态系统、干旱区山地森林生态系统等类型。从区域生态系统结构完整性和服务功能重要性来看，各保护区在区域保持水土、涵养水源及维持生物多样性方面发挥了重要作用，具有显著的生态系统服务功能、科研价值和经济价值。

表9-21　西海固地区自然保护区基本情况

名称	级别	面积/hm²	主要保护对象
六盘山自然保护区	国家级	26 667	半湿润区山地森林生态系统、珍稀动植物、地质遗迹
罗山自然保护区	国家级	33 710	珍稀野生动植物及森林生态系统
火石寨自然保护区	国家级	9 795	"丹霞"地貌景观及野生动植物
云雾山自然保护区	国家级	4 000	半干旱区草原生态系统
党家岔湿地自然保护区	自治区级	4 100	震湖湖泊湿地生态系统、珍稀动植物
南华山自然保护区	自治区级	20 100	干旱区山地森林生态系统

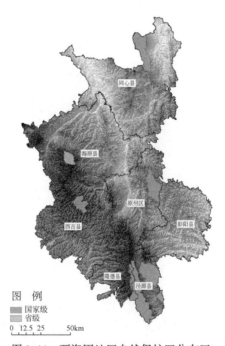

图9-44　西海固地区自然保护区分布区

资料来源：根据各自然保护区功能区划图矢量化绘制

1）六盘山自然保护区

六盘山自然保护区始建于1988年，总面积26 667hm²，森林覆盖率达80%以上。六盘山自然保护区作为泾河、清水河、葫芦河发源地，区内年降水量600～800mm，平均产水20.5万m³/km²，年径流总量2.1亿m³，森林总调蓄能力为2840万t，相当于径流总量的3.5%、地下径流量的2.0%，为泾河、清水河、葫芦河提供了充足的水源。此外，六盘山自然保护区被誉为黄土高原上的"绿岛"和"湿岛",是西北地区重要的水源涵养林区和宁夏重要的天然林区,还是引种孵化、森林生态、环境保护、中草药等林业科学研究的天然实验室。保护区内动植物资源富集,内有华山松、桦、椴、辽东栎、桃儿七、黄芪等788 种高等植物,金钱豹、林麝、金雕、红腹锦鸡等 213 种脊椎动物,金斑蝠蛾、丝带粉蝶等 905 种昆虫资源。其中,水源涵养林及其生态系统、珍稀生物资源及其生境、白垩系地质剖面等具有重要的保护价值。

2) 罗山自然保护区

罗山自然保护区作为宁夏中部干旱半干旱区唯一的水源涵养林区和宁南山区生态环境的有效屏障,2002 年被国务院批准为国家级自然保护区,总面积 33 710hm²,其中乔木林1200 余公顷、灌木林 800 余公顷、木材蓄积量 22 万 m³。保护区内有高等植物资源 65 科170 属 275 种,野生动物资源 22 目 114 种 82 个亚种,其中有金雕、豹猫和猞猁等 22 种属于国家重点保护野生动物,20 种属于自治区规定的保护种类。区内主要保护以青海云杉、油松为建群种的典型的森林生态系统、珍稀野生动植物及其栖息地、干旱风沙区水源林及其自然综合体。

3) 火石寨自然保护区

火石寨自然保护区,总面积 9795hm²,始建于 2002 年,于 2012 年晋升为国家级自然保护区,作为以保护黄土高原丹霞地貌地质遗迹为主的自然遗迹类自然保护区,火石寨自然保护区以其典型的丹霞地貌著称,是我国迄今发现海拔最高、北方规模最大的丹霞地貌群、古丝绸之路上规模最大的丹霞地貌景观。此外,保护区动植物资源十分丰富,现有野生维管植物 74 科 235 属 442 种,脊椎动物 5 纲 20 目 55 科 117 属 181 种,昆虫 6 目 112 科391 种,其独特的山地森林–灌丛–草甸生态系统对推动区域生物多样性保护也具有显著意义。

4) 云雾山自然保护区

云雾山自然保护区位于固原东北部黄土丘陵区,始建于 1985 年,于 2013 年晋升为国家级自然保护区,是我国黄土高原长芒草保存较完整的典型地区,是宁夏唯一的草地类国家级自然保护区。区内共有干草原、草甸草原、荒漠草原、中生落叶阔叶灌丛和耐旱落叶小叶灌丛 5 个植被亚型、11 个重要群系,生物资源涵盖了 51 科 131 属 182 种植物,40 科74 属 80 种动物,以及 14 科 28 种益虫。保护区范围内由昆虫、野生动植物、微生物及其生境构成的半干旱区草原生态系统具有重要的保护价值。

9.4.3 生态重要性评价

1. 生态重要性空间分布

生态重要性的栅格单元评价结果显示,西海固地区生态重要性的高值区与低值区交错分布,生态重要性高和生态重要性较高等级区域的生态屏障作用十分显著。其中,生态重要性高、生态重要性较高、生态重要性中等、生态重要性较低和生态重要性低的区域占土地总面积的比例依次为 12.19%、18.88%、19.65%、14.84% 和 34.44%。如图 9-45 所示，生态重要性高的区域面积 2452.85km²，集中分布于罗山、云雾山和六盘山自然保护区串联的南北轴带，在南华山、月亮山等地区呈散落式分布；生态重要性较高的区域则主要分布于六盘山北段、月亮山、南华山山地草甸与森林草原区，在西海固中部的灌丛草原地带也有分布。而生态重要性较低和生态重要性低的区域面积合计 9911.45km²，主要分布于南部黄土丘陵区及清水河、苦水河河谷平原和冲积平原区。

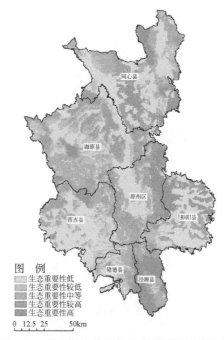

图 9-45　基于栅格单元的生态重要性评价结果

西海固地区各区县不同生态重要性所占的比例如图 9-46 所示，泾源县、彭阳县、原州区生态重要性高的区域面积依次为 51.66%、19.37%、14.49%，泾源县作为六盘山自然保护区的主要坐落县，生态重要性高的区域达县域面积的一半以上，其比例和面积均为各区县最高，而隆德县、西吉县、海原县则位列后三位，比例均不足 10%，最低的海原县仅为 2.72%。不难看出，六盘山山地和泾河流域区县在维系生态服务功能、构建区域生态安全格局中的意义十分突出。

2. 生态重要性镇（乡）域特征

基于西海固地区栅格单元评价结果中各生态重要性等级所占的面积比例，运用自然间断点分级法进行以乡镇为单元的生态重要程度等级划分，共分为重要乡镇、较重要乡镇、中等重要乡镇、较不重要乡镇及不重要乡镇 5 级（图 9-47）。

（1）生态保护重要乡镇。栅格单元生态重要性高和较高等级所占比例高于 58% 的乡镇，按比例高低依次为官厅乡、交岔乡、寨科乡、六盘山镇、河川乡、山河乡、兴盛乡、孟塬乡、香水镇等共 13 个乡镇，占乡镇总数的 14.29%。生态保护重要乡镇主要位于泾源

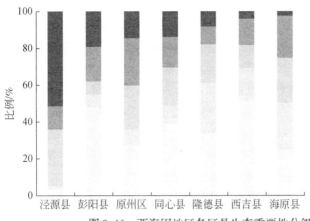

图 9-46 西海固地区各区县生态重要性分级比例

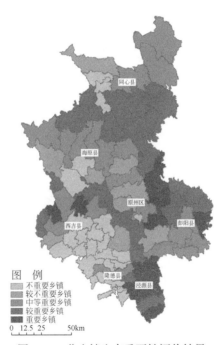

图 9-47 分乡镇生态重要性评价结果

县大部和原州区东部，镇（乡）域范围内囊括了六盘山南段水源涵养林自然保护片区，还包括了以长芒草为建群种的保留面积大、原生性最强的干草原自然景观。这类乡镇除具有涵养水源的生态服务功能外，还具有森林草原生态系统的生物多样性维持。因此，应着重在基础设施和管理方面加强保护能力建设，加强天然林人工更新及人工促进天然更新等营林措施，最大限度地保护生态系统及动植物资源，并适度发展低人为扰动的生态旅游业。

（2）生态保护较重要乡镇。栅格单元生态重要性高和较高等级所占比例介于 34%～57% 的乡镇，包括泾河源镇、炭山乡、田坪乡、小岔乡、马高庄乡、兴隆乡、王团镇、罗洼乡、王洼镇等 22 个乡镇，占西海固地区乡镇总数的 24.18%，主要分布于六盘山山地中段和北段乡镇及东侧黄土丘陵区干草原类草场地带。此类乡镇应着手解决区内坡耕地退耕种草种树，恢复地表植被，对于天然草场应先禁牧，趁雨季补种优质牧草，逐步提高草场质量。

（3）生态保护中等重要乡镇。栅格单元生态重要性高和较高等级所占比例介于 20%~33% 的乡镇，包括新集乡、马建乡、张程乡、下马关镇、韦州镇、红河乡、城关镇等 20个乡镇，占乡镇总数的 21.98%。中等重要乡镇主要分布于彭阳县茹河、红河河谷及残塬地带，海原县中南部盆塘丘陵，以及同心县苦水河上游，天然植被以旱生干草原为主，覆盖度较低。因此，此类乡镇应着重退耕种植耐旱牧草，增加植被覆盖，减少土地沙化，提高荒漠草原系统的生态服务功能。

（4）生态保护较不重要乡镇。栅格单元生态重要性高和较高等级所占比例介于 10%~19% 的乡镇，包括古城镇、彭堡镇、三河镇、河西镇、头营镇、张易镇等 8 个乡镇，占乡镇总数的 8.79%。生态保护较不重要乡镇零散分布，多为人口较为集聚的建制镇。若将此类乡镇作为未来人口和产业进一步汇集的地域类型，则它们面临的生态保护压力较小，较适宜一定强度的国土开发。

（5）生态保护不重要乡镇。栅格单元生态重要性高和较高等级所占比例低于 10% 的乡镇，含偏城乡、凤岭乡、高崖乡、曹洼乡、红羊乡、沙塘镇、西滩乡、奠安乡、神林乡等 28 个乡镇，占西海固地区乡镇总数的 30.76%。主要分布在隆德县和西吉县葫芦河干支流河谷及两侧黄土墚峁丘陵区。

9.5　西海固地区生态系统脆弱性要素评价

生态系统脆弱性作为表征区域生态系统脆弱程度的集成性指标，通常由土壤侵蚀、沙漠化、石漠化、盐渍化等要素构成，通过土壤侵蚀脆弱性、沙漠化脆弱性、石漠化脆弱性、盐渍化脆弱性等指标来反映。针对宁夏西海固地区的区域生态系统特征，土壤侵蚀问题突出，沙漠化、盐渍化问题在局部地区发生，而石漠化现象几乎不存在，故而在生态系统脆弱性评价时考虑土壤侵蚀脆弱性、盐渍化脆弱性和沙漠化脆弱性。

9.5.1　计算方法与技术流程

在宁夏西海固地区生态环境与生态系统现状分析的基础上，参考《省级主体功能区划技术规程》和《生态功能区划技术暂行规程》，以全国主体功能区划分数据库为基础，对生态系统脆弱性进行评价。首先，采用公里网格的沙漠化脆弱性分级、土壤侵蚀脆弱性分级、盐渍化脆弱性分级数据，根据沙漠化、土壤侵蚀、盐渍化脆弱性分级标准，实现生态环境问题脆弱性单因子分级。然后，对分级的生态环境问题单因子图进行复合，判断脆弱生态系统出现的公里网格生态系统脆弱类型是单一型还是复合型生态系统脆弱类型。对单一型生态系统脆弱类型区域，根据其生态环境问题脆弱性程度确定生态系统脆弱性程度；对复合型生态系统脆弱类型区域，采用最大限制因素法确定影响生态系统脆弱性的主导因素，根据主导因素的生态环境问题脆弱性程度确定生态系统脆弱性程度，将生态系统脆弱性程度划分为脆弱、较脆弱、一般脆弱、略脆弱、不脆弱五级。公式表示如下：

$$[生态系统脆弱性分级] = \max\{[土壤侵蚀脆弱性],[沙漠化脆弱性],[盐渍化脆弱性]\}$$

9.5.2 生态系统脆弱性基本特征

近数十年，由于人口增长过快和沿用掠夺式利用方式，西海固地区中部干旱风沙区和南部黄土丘陵区土地利用结构不合理，生产方式粗放，导致继续滥垦、过牧、乱采，引起植被退缩、土地沙化、水土流失等问题无法控制，原已脆弱的生态系统进一步恶化。据宁夏环境保护局（现生态环境局）测算，西海固地区水土流失面积达 1.81 万 km^2，从各区县来看，除泾源县外，其余区县的水土流失面积比例均大于 60%，彭阳县和西吉县高达 85.15% 和 87.34%（图 9-48）。此外，西海固地区生态系统修复治理的难度与代价较大，仅固原市 5 区县尚有 $3519km^2$ 水土流失面积未得到治理，且未治理区均处在自然条件十分恶劣、降水量较低的干旱地带，林草成活率低，工程建设投入高。

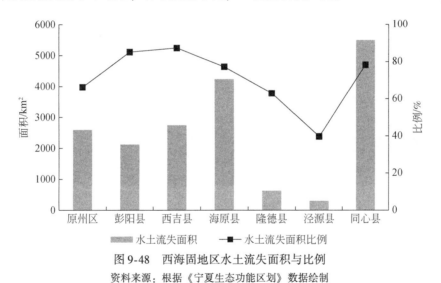

图 9-48　西海固地区水土流失面积与比例

资料来源：根据《宁夏生态功能区划》数据绘制

1. 水土流失分布特征

西海固地区地形起伏坡度大，土体的性质松软易蚀，黄土丘陵区 7° 以上的坡地占 75%，坡度愈大，土壤侵蚀愈严重，而且该地区地面物质主要为黄土和碎屑岩风化物，故易遭水蚀。加之自然灾害频繁发生，旱灾持续性强，有季节连旱（如春夏、夏秋连旱）和年级连旱（5 年连旱、8 年连旱）等，暴雨灾害发生频率一般为 2~3 年一次，集中出现在 7~9 月，高强度暴雨，加上林草等植被覆盖度低进一步导致水蚀发生。其中，水力侵蚀强烈的地区分布在年降水量 400mm 左右的地区，主要分布在同心县折死沟流域，海原县苋麻河流域、园河流域，原州区杨达子沟、大红沟流域，彭阳县安家川流域，西吉县祖历河、烂泥河流域等区域。

黄土丘陵区土壤侵蚀在降水及地面径流作用下，发展速度和对土地的破坏程度极大，同时产生大量泥沙淤积在河床与湖水库区，降低了水利设施调蓄功能和天然河道泄洪能力。彭阳县王洼镇境内的冲沟就多达1296条，沟头每年平均延伸约10m，沟谷迅速发展使地面支离破碎，形成以墚、峁、沟壑为主的沟壑地貌（图9-49），每年破坏耕地约500亩。水土流失还带走大量的养分物质，据初步估算，境内每年要流失有机质126万t，TP26.04万t，TN9.45万t，相当于26.54万t尿素，105万t普通过磷酸钙。在对水利设施利用效率和水资源的影响方面，1958~1979年，清水河、葫芦河、泾河、苦水河上共兴建大、小水库239座；到1979年，因泥沙、洪水影响而淤平、冲垮或降为塘坝的有44座，减少库容1.46亿m³，减少灌溉面积1.8万亩。余下的195座水库，原设计库容为8.99亿m³，减少了3.97亿m³，相当于设计库容的44.2%。

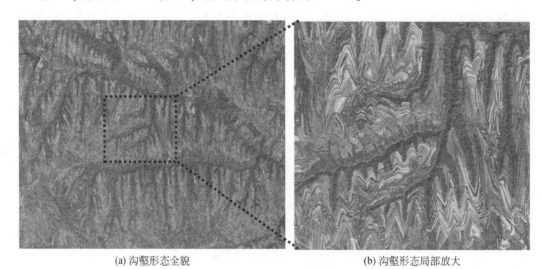

(a) 沟壑形态全貌　　　　　　　　　　　(b) 沟壑形态局部放大

图9-49　彭阳县王洼镇典型黄土丘陵区沟壑形态

资料来源：Google Earth 卫星图像截图

2. 土地沙化分布特征

西海固受土地沙化威胁的地区主要分布在北部干旱风沙灰钙土地带，该类地区植被稀疏，土壤沙性，土体干燥，气候干旱，年降水量少于350mm，而年蒸发量达900~1000mm，干燥度介于2~5，年八级以上大风（17m/s）达20~30次，最多达54次以上，大于5m/s的起沙风则更多。加之片面追求粮食生产，盲目扩大耕地面积，又缺乏必要的保护性措施，土壤失去植物保护，如沙化严重的同心县中北部（图9-50），开垦土地多采取广种薄收、倒山种植生产方式，待自然肥力衰退就撂荒，另开草地。这些废弃垦殖地，冬春季节地面裸露，土层松散，为沙化提供了丰富沙源，在大风的不断吹蚀下，地面起沙，成为加重土壤沙化的主要原因。

(a) 某典型村垦殖地原貌　　　　　　　　　(b) 某典型沙氏坡地植被修复

图 9-50　同心县预旺镇土地沙化及整治

资料来源：作者于 2011 年 8 月实地拍摄

3. 土壤盐渍化分布特征

土壤盐渍化是指易溶性盐分在土壤中的积累作用，西海固地区土壤盐渍化程度较轻，主要分布于北部的扬水灌区。由于开发建设初期的排水设施不完善，随着连续灌溉和灌溉面积扩大，土壤次生盐渍化的问题逐渐暴露，并呈加重的趋势。其土壤在开发灌溉后，灌溉水将深层盐分大量溶解，干旱的气候条件使盐分随水分蒸发进入耕作层，产生土壤盐化，每年冬季地表裸露，春季多风，土壤水分蒸发强烈，导致盐分聚集土壤表层，形成地表盐结皮。其盐渍化呈现以下特点：地表有明显的盐霜和盐斑，非盐斑处表土 0~20cm 易溶盐含量平均为 1.6g/kg，作物生长受轻微抑制；盐斑处多形成盐结皮，表土平均含盐量为 2.8g/kg；春灌前地下水埋深 1.5~1.8m，矿化度平均为 1.8g/L，一般为中产田。而在南部六盘山山地和黄土丘陵区，地形起伏大，降水相对丰富，蒸发量小，地下水质属于淡水或微咸水，加之本区内旱作农田面积大，灌溉农业不发达，土壤不易盐渍化。

9.5.3　生态系统脆弱性评价

1. 生态系统脆弱性空间分布

基于栅格单元的生态系统脆弱性评价结果如图 9-51 所示，在自然环境和人为因素的共同作用下，西海固地区生态系统脆弱性呈现面积广大、脆弱因素复杂的总体特征。境内一般及以上等级的生态脆弱区占总面积的 70.2%，其中脆弱区面积占 9.02%，较脆弱区面积占 33.71%，一般脆弱区面积占 27.47%。属脆弱等级的区域主要分布于黄土丘陵沟壑区，该区由于土壤质地疏松、降水集中，易发生水土流失，且地形破碎，治理难度较大，是水土保持的重点也是难点。属略脆弱和不脆弱等级的分布区域包括清水河河谷和扬水灌区，六盘山、月亮山、南华山等山地区，以及葫芦河流域河谷区。

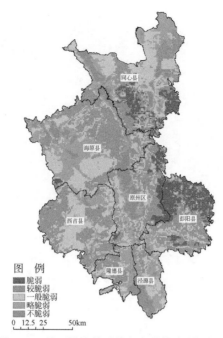

图 9-51　基于栅格单元的生态系统脆弱性评价

　　从西海固地区各区县不同生态系统脆弱性所占的比例来看（图 9-52），彭阳县受生态系统脆弱性的胁迫程度最高，脆弱和较脆弱区的面积为 881.54km² 和 1006.53km²，分别占全县土地总面积的 34.78% 和 39.71%。西吉县、原州区和同心县分别次之，但脆弱和较脆弱区的比例均在 40% 以上。处于西海固地区的泾源县生态系统脆弱性较小，县内无生态脆弱区域，属较脆弱等级的区域也仅占该县土地总面积的 9.65%。

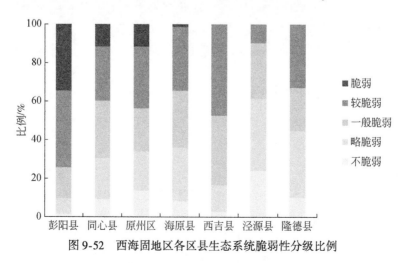

图 9-52　西海固地区各区县生态系统脆弱性分级比例

2. 生态系统脆弱性镇（乡）域特征

进一步地，将各个生态系统脆弱性等级的栅格单元评价结果向乡镇评价单元进行转化，运用自然间断点分级法进行乡镇尺度的生态系统脆弱程度等级划分，依据不同生态系统脆弱性等级所占的比例，共分为生态系统脆弱乡镇、较脆弱乡镇、中等脆弱乡镇、较不脆弱乡镇及不脆弱乡镇5级（图9-53）。

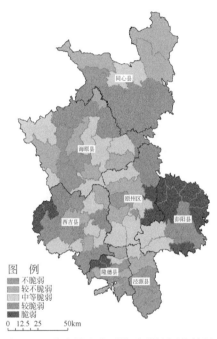

图 9-53 分乡镇生态系统脆弱性评价结果

（1）生态系统脆弱乡镇。栅格单元生态系统脆弱和较脆弱等级所占比例高于77%的乡镇，按比例高低依次为交岔乡、河川乡、小岔乡、冯庄乡、王洼镇、孟塬乡、田坪乡、红耀乡、官厅乡等13个乡镇，占乡镇总数的14.29%。生态系统脆弱乡镇主要位于彭阳县、西吉县、原州区等区县，属典型的黄土墚峁丘陵地貌区。乡镇内水土流失严重，黄土覆盖深厚、土壤侵蚀活动活跃，侵蚀切沟十分发育，沟壑密度约5km/km²，沟谷多呈"V"形，沟道以复"U"形为主，侵蚀模数7000～10 000t/（km²·a）。水土流失是该类乡镇最敏感的生态问题之一，亟待加强小流域综合治理，进一步实施退耕还林还草。

（2）生态系统较脆弱乡镇。栅格单元生态系统脆弱和较脆弱等级所占比例介于52%～76%的乡镇，包括寨科乡、草庙乡、凤岭乡、李旺镇、震湖乡、马建乡、王团镇、什字乡等21个乡镇，占乡镇总数的23.08%，此类乡镇主要分布于彭阳县茹河红河流域、同心县南部及西吉县葫芦河两侧黄土丘陵沟壑区。除黄土丘陵外，乡镇内河谷川地、塬地面积相对较大，川地两侧黄土丘陵土壤多为黄绵土，缓坡处已基本建成水平梯田或隔坡梯田，在保水、保土方面已初见成效，陡坡处耕地已逐步退耕为草地或灌木林地。

（3）生态系统中等脆弱乡镇。栅格单元生态系统脆弱和较脆弱等级所占比例介于31%~51%的乡镇，包括沙塘镇、李俊乡、郑旗乡、硝河乡、田老庄乡、贾塘乡、新集乡、白崖乡、平峰镇等22个乡镇，占乡镇总数的24.18%。中等重要乡镇主要分布于西海固中部海原县、原州区等区县，多为山地与丘陵过渡区或丘陵与河谷平原过渡区，生态系统脆弱性问题多出现于乡镇内局部地区，但由于区域生态系统的敏感性，若利用不当或治理缺失，向脆弱区转化的风险仍然较高。

（4）生态系统较不脆弱乡镇。栅格单元生态系统脆弱和较脆弱等级所占比例介于11%~30%的乡镇，包括韦州镇、三河镇、神林乡、史店乡、陈靳乡、温堡乡、六盘山镇、观庄乡、将台乡、沙沟乡、吉强镇等17个乡镇，占乡镇总数的18.68%。此类乡镇主要分布在植被生长较好的土石山地中下部，黄土丘陵区地面坡度3°~5°的川台地、盆地及人工植被较好的乡镇，位于同心县、海原县、原州区等区县内水蚀、风蚀过度的中低山区或黄土丘陵缓坡地带。

（5）生态系统不脆弱乡镇。栅格单元生态系统脆弱和较脆弱等级所占比例低于10%的乡镇，包括城关镇、山河乡、曹洼乡、海城镇、火石寨乡、奠安乡、红羊乡、联财镇、彭堡镇、香水镇、豫海镇等18个乡镇，占乡镇总数的19.77%。生态系统不脆弱乡镇集中分布在清水河川道区及土石山林区，位于植被茂密的土石山地中上部，黄土丘陵的川阶地、墚峁顶及人工植被生长良好的林草地，以及干旱草原区的洼地、缓丘、平原区等地带。该类乡镇以建制镇为主，是西海固地区各区县内部的重点人口集聚区，乡镇本身具有较强的抵御生态系统脆弱性风险的基础条件。

9.6 小 结

对西海固地区资源环境承载体要素的评价结果显示：西海固地区由北向南分别属于大陆性干旱半干旱地区、半干旱地区、温带半湿润半干旱区、半湿润半干旱过渡区和温带半湿润区。在气候水文条件的地带性分异与区域社会经济的空间布局相互作用下，西海固地区水资源开发的限制性因素十分突出，既有水资源数量规模的制约，又存在水资源利用条件的约束；地形条件成为境内土地资源丰度的控制性因素，在此基础上开展可利用土地资源要素承载力评价，并对作为人口集聚、产业布局和城镇发展的后备适宜建设用地进行测算，为西海固地区确定人口集聚规模提供依据，进一步优化区域土地资源利用格局；西海固地区东西两翼黄土丘陵区是以滑坡、崩塌为主的地质灾害高易发区，以彭阳县和西吉县最为突出，地质灾害危险性对区域资源环境承载力的约束十分显著；水平地带性、垂直地带性、非地带性自然因素和人为活动影响综合交织，构成西海固地区复杂多样的环境条件，多数自然生态系统结构单一，外部输入少，导致系统整体功能偏低；由于黄土丘陵区侵蚀范围广且侵蚀强度高，生态系统脆弱程度较高，而六盘山、南华山、罗山等林区侵蚀强度较小，生态系统脆弱程度相对较低。

第10章 | 西海固地区资源环境承载对象要素评价

本章将结合西海固地区生产生活方式和社会经济特点，对城乡人口分布、农户生计、农业生产、基础设施4类对承载体具有显著作用的承载对象指标进行要素评价。其中，通过人口规模与人口密度、人口迁移与吸纳能力和城镇体系与分布格局评价反映城乡人口分布；采用农民人均收入水平、非农产业发展能力反映农户生计能力；通过农业生产基础条件、粮食生产能力和乳肉生产能力开展农业生产能力评价；通过能源基础设施、饮水基础设施反映基础设施支撑能力。

10.1 西海固地区城乡人口分布格局评价

第六次全国人口普查数据显示，2010 年西海固地区户籍人口 238.71 万人，常住人口 194.60 万人，表明西海固向外流出人口达 44.11 万人，占户籍人口总数的 18.48%（表 10-1）。其中，西吉县以 14.98 万人的向外流出人口规模位列各区县之首，占户籍人口总数的 29.53%，彭阳县、泾源县、同心县的流出比例均高于西海固平均水平。从人口增长态势来看，西海固地区出现高人口出生率、高人口自然增长率的特点，人口增长速度较快，2010 年西海固人口自然增长率 12.05‰，约合全国平均水平（4.79‰）的 3 倍，亦高于宁夏平均水平（9.04‰）。其中，同心县、西吉县、海原县、原州区、泾源县 5 区县的人口自然增长率均高于 10‰，同心县的人口出生率和人口自然增长率分别为 21.18‰ 和 16.97‰，为各区县最高，隆德县人口自然增长率以 5.60‰ 位列末位。在民族构成方面，西海固地区回族人口聚居，回族人口总数达 110.91 万人，占西海固地区常住人口的 56.99%。其中，同心县和泾源两县回族居民的比例为 88.88% 和 80.35% 为各区县最高，彭阳县、隆德县的比例分别为 29.28%、10.97%，列后两位。

表 10-1 2010 年西海固地区人口基本情况

地区	户籍人口 /万人	常住人口 /万人	人口出生率 /‰	人口自然增长率 /‰	回族人口比例 /%
原州区	44.75	41.27	17.65	12.22	45.70
西吉县	50.73	35.75	20.93	15.27	56.29
隆德县	18.14	16.10	12.14	5.60	10.97
泾源县	12.64	10.13	19.13	12.21	80.35

地区	户籍人口 /万人	常住人口 /万人	人口出生率 /‰	人口自然增长率 /‰	回族人口比例 /%
彭阳县	26.26	20.07	15.81	9.68	29.28
同心县	39.82	32.28	21.18	16.97	88.88
海原县	46.37	39.00	17.64	12.40	70.37
西海固	238.71	194.60	17.78	12.05	56.99

10.1.1 人口规模与人口密度评价

1. 人口规模分级评价

根据第六次全国人口普查数据，按照各乡镇（街道办事处）的人口规模，将西海固地区人口规模分为低人口规模、较低人口规模、一般人口规模、较高人口规模、高人口规模共 5 个等级进行评价，评价结果见图 10-1。整体而言，西海固地区人口以清水河谷区为轴呈中间高两翼低格局，并在县政府驻地出现人口规模的明显集聚。

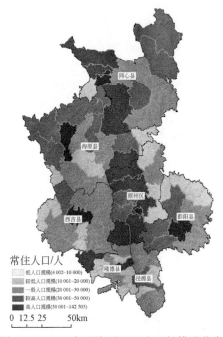

图 10-1 2010 年西海固地区人口规模及分布

低人口规模区：常住人口规模小于 10 000 人的乡镇有 25 个，占常住人口总数的

10.00%，占西海固地区土地总面积的 16.69%。低人口规模区主要分布在彭阳县、隆德县、西吉县等地，多属于黄土丘陵区或土石山区。较低人口规模区：常住人口规模介于 10 001~20 000 人的乡镇有 33 个，占常住人口总数的 24.70%，占西海固地区土地总面积的 33.34%。较低人口规模区主要分布在西吉县、彭阳县、海原县、同心县等地的黄土丘陵区，在六盘山山地区的乡镇亦有广泛分布。一般人口规模区：常住人口规模介于 20 001~30 000 人的乡镇有 16 个，占常住人口总数的 19.62%，占西海固地区土地总面积的 28.06%。一般人口规模区主要分布在同心县、海原县、原州区等地，含预旺镇、下马关镇、彭堡镇、古城镇、韦州镇等乡镇，多为土石山区或川台与灌溉混合区。较高人口规模区：常住人口规模介于 30 001~50 000 人的乡镇有 12 个，占常住人口总数的 23.38%，占西海固地区土地总面积的 17.19%。较高人口规模区在同心县、海原县、原州区等区县分布，含开城镇、李旺镇、王团镇、三营镇、头营镇等乡镇，主要位于清水河河谷的川台与灌溉混合区或扬水灌区。高人口规模区：常住人口规模大于 50 000 人的乡镇有 5 个，包含了固原城区、豫海镇、吉强镇、海城镇、白阳镇等市域或区县政府中心驻地。高人口规模区以不足 5% 的面积集中了西海固地区近 1/4 的常住人口，是区域人口的重要集中分布区。

2. 人口密度分级评价

西海固地区平均人口密度为 96.23 人/km²，按照各乡镇人口密度计算结果，将区域人口密度分为高密度、较高密度、中等密度、较低密度、低密度共 5 个等级进行评价，评价结果见图 10-2。人口密度分布格局呈现出西高东低的特征，并与地形地貌、气候温湿等自然地理背景，以及行政区划等人文因素一致，河谷川道区、县域驻地镇区人口密度属于高密度类型。

低密度区：常住人口密度小于 50 人/km² 的乡镇有 18 个，占常住人口总数的 11.72%，占西海固地区土地总面积的 31.15%，主要分布在同心县、海原县、原州区干旱半干旱的黄土丘陵区。较低密度区：常住人口密度介于 51~100 人/km² 的乡镇有 38 个，占全部乡镇总人口的 30.54%，占西海固地区土地总面积的 41.01%，主要分布在西吉县、海原县、泾源县、彭阳县等地的土石山区和黄土丘陵区。中等密度区：常住人口密度介于 101~200 人/km² 的乡镇有 27 个，占全部乡镇总人口的 32.68%，占西海固地区土地总面积的 22.55%，主要分布在原州区、西吉县、彭阳县等区县的河谷川台区。较高密度区：常住人口密度介于 201~500 人/km² 的乡镇有 6 个，占全部乡镇总人口的 13.36%，占西海固地区土地总面积的 4.53%，包括联财镇、温堡乡、丁塘镇、海城镇、吉强镇、城关镇 6 乡镇，多属区县政府驻地乡镇。高密度区：常住人口密度大于 501 人/km² 的乡镇有 2 个，分别为同心县豫海镇和固原市城区，占全部乡镇总人口的 11.70%，占西海固地区土地总面积的 0.76%。

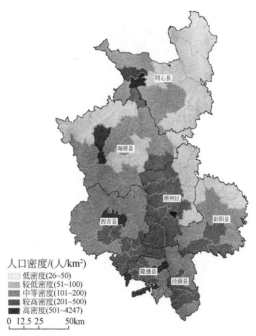

图 10-2　2010 年西海固地区人口密度及分布

10.1.2　人口迁移与吸纳能力评价

1. 人口迁移能力分级评价

采用外出半年以上人口占户籍人口比例（外迁率）、以乡镇为基础单元测算西海固地区人口迁移能力。第六次人口普查数据显示，西海固地区人口流出特征十分显著，2010 年度外出半年以上人口达 62.37 万人，人口外迁率达 27.58%。其中，生存条件相对恶劣的东西两翼黄土丘陵区为人口外迁率高值区，低值区主要分布于河谷川区以及南部六盘山山地区。根据各乡镇迁出率的计算结果（图 10-3），将西海固地区人口分为低迁出、较低迁出、中等迁出、较高迁出、高迁出共 5 个等级进行分区。

低迁出区：人口迁出率≤10% 的乡镇仅有固原城区和丁塘镇 2 个，二者的外迁人口规模为 6113 人和 3477 人，分别占乡镇户籍人口的 6.67% 和 8.91%。较低迁出区：人口迁出率介于 11%~20% 的乡镇有 21 个，集中分布于海原县、原州区、隆德县等地，多属于地理环境相对闭塞的六盘山山地区或生存条件较为优越的川台与扬水灌区。此外，区县的行政中心驻地乡镇如白阳镇、香水镇等也为较低迁出区。中等迁出区：人口迁出率介于 21%~30% 的乡镇有 29 个，主要分布在海原县、隆德县、泾源县、原州区等地，常见于土石山区和川台区。较高迁出区：人口迁出率介于 31%~40% 的乡镇有 25 个，在西吉县、彭阳县和原州区的黄土丘陵区分布最为广泛。高迁出区：人口迁出率大于 41% 的乡镇有

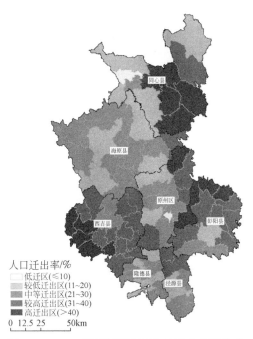

图 10-3 2010 年西海固地区人口迁出率及分布

14 个。主要分布在同心县、西吉县和彭阳县等地。高迁出区多属于生态环境脆弱的黄土丘陵区，当地生存条件较为恶劣，仅靠传统农业生产活动居民难以维系基本的生计需求（图 10-4）。其中，同心县田老庄乡、张家塬乡和马高庄乡的迁出率最高，依次为54.37%、49.74% 和 48.02%。

(a) 村庄内实景   (b) 村庄外实景

图 10-4 同心县田老庄乡人口长期外迁导致村舍被遗弃

资料来源：作者于 2011 年 8 月实地拍摄

2. 人口吸纳能力分级评价

为测算西海固地区各乡镇的人口吸纳能力，采用人口迁入率指标，计算居住在本乡、镇、街道，户口在外乡、镇、街道，离开户口登记地半年以上的人口占常住人口比例。相比较人口迁移的推力作用，西海固地区人口吸纳能力偏低，2010 年境内迁入人口合计14.83 万人，约相当于迁出人口的 1/4，人口迁入率为 8.27%，远低于总体迁出率27.58%。从空间分布来看，西海固人口迁入率高值区主要为区县行政中心驻地，北部灌区、生态移民接纳地及产业园区和工矿基地布局乡镇亦表现出较高的迁入率。具体地，按照人口迁入率将西海固地区人口分为低迁入、较低迁入、中等迁入、较高迁入、高迁入共5 个等级（图 10-5）。

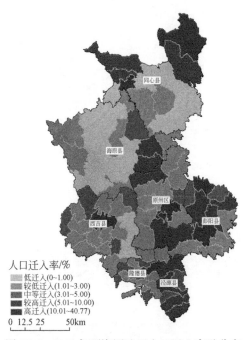

图 10-5　2010 年西海固地区人口迁入率及分布

低迁入区：人口迁入率小于 1.00% 的乡镇有 15 个，集中分布于海原县、同心县、西吉县等地，多属气候极端干旱的黄土丘陵地带。较低迁入区：人口迁入率介于 1.01% ～3.00% 的乡镇有 38 个，在原州区、西吉县、同心县、隆德县等地均有广泛分布，主要的地理环境背景仍为黄土丘陵区或土石山区。中等迁入区：人口迁入率介于 3.01% ～5.00%的乡镇有 15 个，零散分布于隆德县、西吉县等地，中等迁入区往往具有边缘性，常见于各区县边缘、行政界线交汇地带。较高迁入区：人口迁入率介于 5.01% ～10.00% 的乡镇有 15 个，在同心县、海原县和泾源县等地呈集中分布态势，多为扬水或库井灌区所在地，北部下马关镇、河西镇、丁塘镇等乡镇还是南部山区生态移民的主要接纳地。高迁入区：人口迁入率大于 10.01% 的乡镇有 8 个，包括固原城区、城关镇、白阳镇、豫海镇、吉强镇、清河镇各区县行政中心驻地，以及因产业园区和工矿基地布局而带来就业吸纳能力的同心县韦州镇、彭阳县罗洼乡地区（图 10-6）。例如，韦州镇太阳山开发区内现已入驻能源和建材企业近十家，共吸纳农民工 3700 余人，其中约 1600 人来自南部山区。

(a)同心县太阳山开发区　　　　　　　　　(b)彭阳县罗洼乡煤矿基地建设

图 10-6　产业园区和工矿基地布局吸纳就业

资料来源：作者于 2011 年 8 月实地拍摄

10.1.3　城镇体系与分布格局评价

　　基于行政区划及土地利用调查数据，对西海固地区的城镇分布格局进行识别，划定了 1 个城区（固原城区）、30 个镇（含区县驻地）、60 个乡合计 91 个基础评价单元，并结合第六次全国人口普查和宁夏乡镇经济社会基本情况调查（2010 年度）数据，确定了各城区、镇区、乡驻地的人口规模（图 10-7），在此基础上对西海固地区的城镇体系进行规模等级划分。

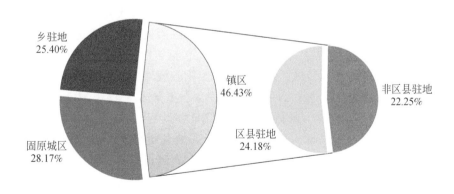

图 10-7　2010 年西海固地区城区、镇区以及乡驻地人口规模特征

　　2010 年，西海固地区各城区、镇区及乡驻地总人口 50.59 万人，仅占全区常住人口的 25.99%，其中，固原城区人口 14.25 万人、镇区人口 23.49 万人、乡驻地人口 12.85 万人，分别占城镇人口的 28.17%、46.43% 和 25.40%（图 10-7）。以上结果表明，西海固地区城镇的人口集聚能力和对农村的辐射带动作用不突出，中心城市、县域中心城镇和重点镇的发展相对滞后。按照城区、镇区及乡驻地的人口规模，将西海固地区的城镇由高到

低依次分为 I 级城镇、II 级城镇、III 级城镇、IV 级城镇以及 V 级城镇 5 个等级（图 10-8）。

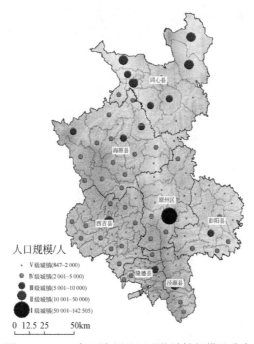

图 10-8　2010 年西海固地区现状城镇规模及分布

　　I 级城镇：城区、镇区及乡驻地人口规模大于 50 000 人的乡镇仅 1 个，即为固原城区，2010 年固原城区人口规模为 14.25 万人。II 级城镇：城区、镇区及乡驻地人口规模介于 10 001 ~ 50 000 人的乡镇有 6 个，分别为吉强镇、豫海镇、韦州镇、香水镇、河西镇及下马关镇，主要为各县政府驻地和同心县北部扬水灌区所处城镇。III 级城镇：城区、镇区及乡驻地人口规模 5001 ~ 10 000 人的乡镇有 8 个，包括了白阳镇、丁塘镇、城关镇、王团镇、预旺镇、西安镇等建制镇镇区，除隆德县和彭阳县城外，其余城镇均属于海原县和同心两县，处于川台与灌溉混合区。IV 级城镇：城区、镇区及乡驻地人口规模介于 2000 ~ 5000 的乡镇有 37 个，主要位于西海固北部，其中以海原县、西吉县和原州区分布最广。V 级城镇：城区、镇区及乡驻地人口规模 ≤2000 人的乡镇有 39 个，主要分布于彭阳县、隆德县、原州区和泾源县的乡政府驻地，V 级城镇分布区与土石山区或黄土丘陵区具有较强的空间一致性，因而资源环境对城镇规模的综合限制性十分突出。

10.2　西海固地区农户生计能力评价

　　考虑到农户生计构成的多元性，分别选择农民人均收入水平、非农产业发展能力（包括本地非农产业就业、外出务工与劳务输出等）等指标，对西海固地区农户的生计能力进行分项评价。

10.2.1 农民人均收入水平评价

1. 区县层面农民人均纯收入特征

长期以来,西海固地区农民收入维持在较低水平,但收入差距呈现出缓慢缩减趋势。从2000~2012年农民人均纯收入增长态势可以看到(图10-9),西海固地区农民收入不仅低于全国平均水平,还低于宁夏的平均水平。从历年来收入差距的倍数来看,2000年西海固地区农民人均纯收入为972元,宁夏(1724元)和全国(2253元)平均水平分别是西海固的1.77倍和2.32倍,到2012年西海固农民人均纯收入增至4571元,与宁夏(6180元)和全国(7917元)平均水平相比,分别降至1.35倍和1.73倍。

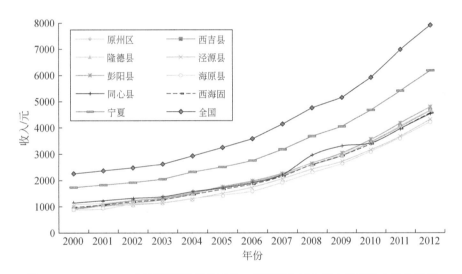

图 10-9 2000~2012年西海固地区各区县、宁夏及全国农民人均纯收入增长态势

从各区县的内部比较结果来看,西海固地区区县层面的农民收入水平差距较小,2012年彭阳县、原州区的农民人均纯收入分别为4798元和4793元,位列各区县前两位,泾源县和海原县分别以4315元、4225元居末两位。对2000年以来各区县的变异系数测算结果表明,西海固地区区县之间收入差距也呈缩小态势,农民人均纯收入的变异系数从2000年的10.42%、降至2005年7.57%,到2012年变异系数降至4.94%,为历年最低值。

进一步地,对农民人均纯收入的构成情况进行对比发现,西海固地区农民的工资性纯收入和转移性纯收入在农民人均纯收入中的比例逐步提高(表10-2)。工资性纯收入一般指农民在农村以外的地方务工所获得的收入,它是推动西海固地区农村居民收入增长的主要力量,其增收作用也呈现增长态势,2009年区内工资性纯收入比例为40.59%,相比2004年增长了5.59个百分点,原州区、海原县、泾源县等区县的工资性纯收入比例均在40%以上。农民的转移性收入则包括了农村居民在调查补贴、保险赔款、救济金、救灾款等二次分配过程中获得的收入，在西海固地区，转移性纯收入是农民收入的有效补充，2009 年转移性纯收入比例为 9.93%，略高于同期全国（7.72%）和宁夏（8.76%）的比例。

表 10-2　西海固地区各区县农民人均纯收入及构成对比

地区	2004 年			2009 年		
	农民人均纯收入/元	工资性纯收入比例/%	转移性纯收入比例/%	农民人均纯收入/元	工资性纯收入比例/%	转移性纯收入比例/%
原州区	1529	38.90	4.64	3005	46.91	10.03
西吉县	1481	35.31	7.26	2944	44.22	8.36
隆德县	1502	32.47	8.31	2959	40.79	17.94
泾源县	1306	41.38	13.30	2726	45.34	13.51
彭阳县	1519	33.69	10.67	3046	41.96	13.61
海原县	1313	39.45	8.48	2640	46.63	7.14
同心县	1565	25.54	5.37	5831	29.72	4.28
西海固	1459	35.00	8.17	3307	40.59	9.93

2. 乡镇层面农民人均纯收入特征

根据宁夏乡镇经济社会基本情况调查（2010 年度）数据，对西海固地区各乡镇的农民人均纯收入分布格局进行评价。结果如图 10-10 所示，西海固地区乡镇的农民人均纯收入整体偏低，呈现高收入乡镇零散分布、低收入乡镇集中连片的分布格局。人均纯收入大于 4000 元的乡镇仅同心县豫海镇、丁塘镇、韦州镇、兴隆乡及原州区三营镇，均为扬水灌区所在乡镇，其中豫海镇以 5878 元位居各乡镇首位。农民人均纯收入介于 3000~4000 元的乡镇共计 65 个，占乡镇总数的 71.43%，主要分布于土石山区和黄土丘陵区，在西吉县、彭阳县和原州区的分布最为广泛。而农民人均纯收入小于 3000 元的乡镇主要位于海原县、隆德县和同心县，此外还包括了泾源县新民乡和原州区张易镇。分级结果还显示，西海固北部乡镇之间农民收入差距较大，扬水灌区乡镇的农民人均纯收入显著高于近邻的黄土丘陵区乡镇。

3. 行政村层面农民人均纯收入特征

通过对宁夏贫困地区基本情况调查表数据及村域行政区划数据的矢量化处理，得到了行政村层面的农民人均纯收入分布格局图，用以进一步刻画西海固地区农民收入的空间差异（图 10-11）。在西海固地区具有有效数据的 1208 个行政村中，人均纯收入大于 4000 元的村域仅有 9 个，分别位于西吉县吉强镇、兴隆镇，以及原州区清河镇、开城镇等地；而

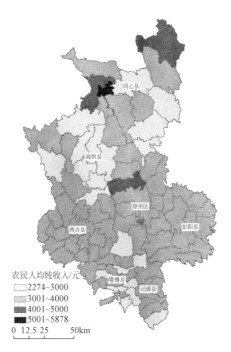

图 10-10 2010 年西海固地区乡镇层面农民人均纯收入分布格局

人均纯收入介于 3001～4000 元的村域共计 260 个, 占行政村总数的 21.52%, 呈条带状分布, 主要位于海原县、同心县和原州区清水河干流河谷及西吉县葫芦河干流河谷的两岸; 人均纯收入介于 2001～3000 元的村域达 664 个, 占行政村总数比例为 54.97%, 是西海固行政村层面农民收入水平的主要类型, 主要位于西吉县、泾源县、海原县、彭阳县及原州区等地; 人均纯收入小于 2000 元的村域亦达到 275 个, 占行政村总数的 22.76%, 在同心县非扬水灌区及隆德县境内分布最为集中。

运用反距离加权法 (Inverse Distance Weighting, IDW) 将村域农民人均纯收入插值成栅格表面并进行三维模拟, 结果如图 10-12 所示, 西海固地区农民收入格局呈现了中部高峰值带、西部次高峰值带, 而在东部黄土丘陵区和南部六盘山山麓地区表现为低估值连片分布。

根据贫困人口扶贫标准对西海固地区的贫困村进行识别 (图 10-13)。按照我国现行标准, 农民人均纯收入小于 2300 元时被界定为贫困人口, 此标准高于温饱型贫困线、低于发展型贫困线, 据此估算, 2010 年西海固地区的贫困村共计 402 个, 占行政村总数的 33.28%, 主要分布于同心县、隆德县原州区及彭阳县。按照宁夏 2008 年制定的 1350 元标准, 仍有 37 个贫困村尚处于生存型贫困和温饱型贫困之中, 分布于隆德县张程乡、奠安乡, 以及彭阳县王洼镇等地。

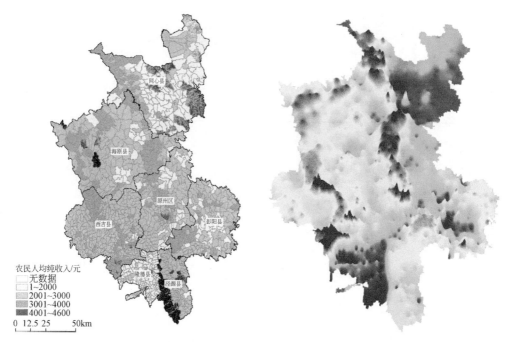

图 10-11 2010 年西海固地区行政村层面农民
人均纯收入分布格局

图 10-12 2010 年西海固地区行政村层面农民
人均纯收入空间插值分析与 3D 效果

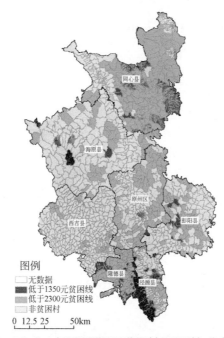

图 10-13 2010 年西海固地区贫困村的识别与分布格局

10.2.2　非农产业发展能力评价

1. 本地非农产业发展特征

非农产业发展能够有效转移农村剩余劳动力，减轻欠发达地区农民对土地的依赖性。运用非农产业从业人员占全部从业人员的比例来考察本地非农产业的发展状态，非农产业从业人员包括从事工业、建筑业、服务业等行业的人员，不包括从事农业生产、管理及辅助劳动的人员。非农产业从业人员的比例越高，表明该乡镇非农产业发展规模越大，农村劳动力转移程度越高，农村收入结构更趋于多元化。

通过各乡镇三次从业人员比例的对比分析发现（图 10-14），西海固地区农村劳动力仍然以从事农业生产经营为主，农业从业人员高达 70.17 万人，占全部从业人员的 65.64%，而非农产业从业人员比例为 34.36%，远低于全国 66.4% 和宁夏回族自治区 51.5% 的平均水平，非农产业的低水平在彭阳县、海原县、隆德县尤为突出。从第二产业、第三产业的从业人员来看，二者比例分别为 20.21%、14.15%，特别是第三产业从业人员比例偏低，与全国和宁夏的平均水平相差 20 余个百分点，表明西海固地区第三产业对农村劳动力的拉动力不足。除香水镇、豫海镇、白阳镇等县政府所在地外，其余乡镇第三产业从业人员比例均处于低值。

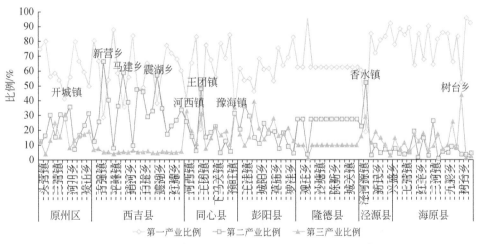

图 10-14　2010 年西海固地区各乡镇三次从业人员比例

根据非农产业从业人员比例的大小差异，将西海固地区分为非农产业优势区、非农产业较优势、非农产业一般区、非农产业较劣势区及非农产业劣势区共 5 个等级（图 10-15）。非农产业优势区，指非农产业从业人员比例大于 60% 的乡镇，包括了泾源、同心县城所在乡镇香水镇、豫海镇，还包括西吉县新营乡、马建乡、震湖乡等地。非农产业较优势区，指非农产业从业人员比例介于 50.01%~60% 的乡镇，含原州区官厅乡、开城镇，西吉县白崖乡、田坪乡，同心县河西镇等乡镇。非农产业一般区，指非农产业从业人员比例介于40.01%~50%的乡镇，主要分布于原州区和彭阳县。非农产业较劣势区，指非农产业从业人员比例介于30.01%~40%的乡镇，共计34个，主要分布于隆德县、彭阳县和海原县等地，乡镇农村经济发展形成了较强的土地依赖性。非农产业劣势区，非农产业从业人员比例小于30%的乡镇，有32个，主要分布于北部海原县和同心县黄土丘陵区，以及泾源县土石山地区，此类乡镇农村经济发展对土地依赖性极强，大部分农村劳动力被束缚在了农业生产过程中。

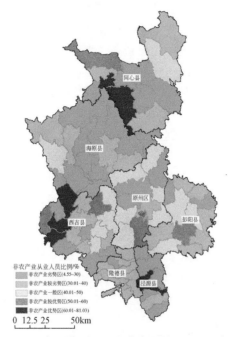

图10-15　2010年西海固地区非农产业从业人员比例及分布

2. 外出务工与劳务产业发展特征

据宁夏贫困地区基本情况调查数据显示，2010年度，西海固地区外出务工人数达45.75万人，外出务工人员占劳动力比例为47.17%。西海固地区季节性和长期性就业转移逐步形成，劳务输出地包括本县县城、自治区内重点建设工程，也包括内蒙古、陕西、新疆等邻省（区）用工企业和东南沿海地区，农民转化为产业工人并实现了收入水平提升，显著增强了农户的可持续生计能力。其中，海原县、同心县、西吉县等地的劳动力基数大、外出务工规模高（图10-16），劳务产业成为农村经济的支柱产业。以西吉县为例，2006年以来，全县累计转移农村劳动力70.77万人次，实现劳务收入31.36亿元，2010年农民人均劳务纯收入达1560元，占西吉县农民人均纯收入的45%。

从外出务工规模分布来看（图10-17），西海固地区南部呈现以县城为中心向外围规模递减趋势，而在北部干旱区恰恰相反，呈以县城为中心向外围规模递增趋势。按照外出务工人员比例大小差异，将西海固地区划分为高劳务输出区、较高劳务输出区、中等劳务

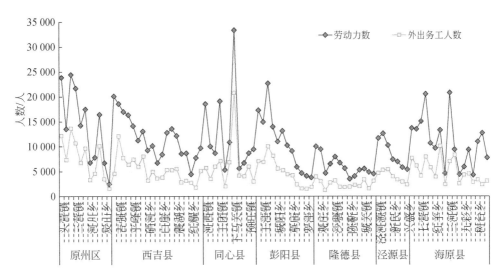

图 10-16　2010 年西海固地区各乡镇劳动力数量与外出务工规模

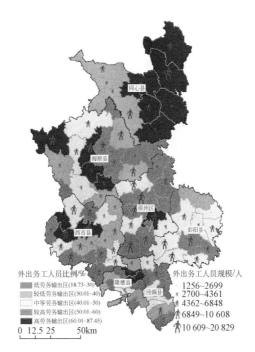

图 10-17　2010 年西海固地区外出务工人员比例与规模及其分布

输出区、较低劳务输出区以及低劳务输出区 5 个等级。高劳务输出区，指外出务工人员比例高于 60% 的乡镇，主要分布于同心县、海原县和西吉县等地，高劳务输出区多属于黄土丘陵区，或为邻近县政府驻地、与城区（县城）距离较近的乡镇，如邻近固原城区的清河镇、邻近隆德县城的好水乡等。其中，外出务工比例最高的海原县史店乡高达 87.45%。较高劳务输出区，指外出务工人员比例介于 50.01%~60% 的乡镇，以原州区所辖乡镇为主，还包括西吉县、彭阳县等地。中等劳务输出区，指外出务工人员比例介于 40.01%~50% 的乡镇，约占西海固乡镇总数的 25%，主要位于彭阳县。较低劳务输出区，指外出务工人员比例介于 30.01%~40% 的乡镇，主要位于同心县、海原县的清水河河谷区，还包括隆德县和西吉县东部土石山区。低劳务输出区，指外出务工人员比例低于 30% 的乡镇，以原州区所辖乡镇为主，其他零散分布于西吉县和隆德县葫芦河河谷区。

10.3　西海固地区农牧业生产能力评价

食物安全特别是粮食安全是满足西海固地区人民生活基本需求的重要保证，农牧业生产能力则直接决定了食物安全保障能力，以农产品（即粮食）和畜产品为主的农牧业生产能力评价，选取了农业生产基础条件评价、粮食生产能力、乳肉生产能力等指标进行测度，以评估国土空间的食物生产与供给状况和食物安全保障格局。

10.3.1　农业生产基础条件评价

采用劳均耕地规模和有效灌溉率指标对西海固地区农业生产基础条件进行评价。具体地，乡镇劳均耕地规模指单位劳动力拥有专门种植农作物并经常耕种、能够正常收获的耕地面积；乡镇有效灌溉率指具有一定的水源，地块比较完整，灌溉工程和设备已经配套，在一般年景下能够进行正常灌溉的耕地面积占年末常用耕地面积的比例。通过两个指标空间格局的比较分析不难看出（图 10-18、图 10-19），西海固地区农业生产基础条件整体欠佳，主要表现在耕地资源与有效灌溉区的空间错位，黄土丘陵区耕地资源丰富但有效灌溉不足，处于粗放式耕作阶段，扬水灌区以及河谷地带尽管地势平坦、有效灌溉率较高，具有集约化经营的良好条件，但劳均耕地规模偏小，一定程度上制约了农业规模化水平。

1. 劳均耕地规模分级评价

劳均耕地规模是衡量西海固地区农户种植业经营规模的重要指标，是耕地面积与从事作物生产的劳动力的比值。据宁夏乡镇经济社会基本情况调查（2010 年度）数据统计，西海固地区年末常用耕地面积 64.89 万 hm²，16 岁以上实际参加生产经营活动的劳动力人数共 106.91 万人，劳均耕地为 9.11 亩/人，单位劳动力需要承担耕作面积偏大，农业生产仍然处于粗放经营阶段。具体而言，单位农户种植业经营规模呈现中部高、两翼低的分布格局，中部扬水灌区、河谷川台区及六盘山山地区乡镇的劳均耕地面积较小，而两翼黄土丘陵区劳均耕地占有量较大。将西海固地区劳均耕地规模分为 ≤5 亩/人、6~10 亩/人、11~15 亩/人、16~20 亩/人、>20 亩/人共 5 个等级，分级评价结果如图 10-18 所示。

劳均耕地面积 >20 亩/人的乡镇共有 6 个，主要位于西吉县和海原县，其中，海原县

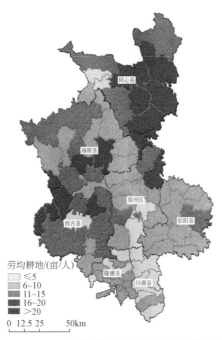

图 10-18　2010 年西海固地区劳均耕地规模及分布

甘城乡的劳均耕地面积达 25.52 亩/人。劳均耕地面积介于 16～20 亩/人的乡镇有 8 个，分布于同心县中南部及西吉县北部。劳均耕地面积介于 11～15 亩/人的乡镇共 25 个，以西吉县、海原县分布为主，而同心县北部及彭阳县东部亦有分布。劳均耕地面积介于 6～10 亩/人的乡镇分布最广，主要位于清水河河谷区及彭阳县、隆德县等地。劳均耕地面积 ≤5 亩/人的乡镇共 17 个，分布于隆德县、泾源县等地，多属南部山区或县城所在乡镇。

2. 有效灌溉率分级评价

有效灌溉耕地包含工程或设备已经配套，能够进行灌溉的水田和水浇地面积之和，在西海固地区气候整体较为干旱、地表水资源紧缺的背景下，耕地能否实现有效灌溉对作物生长过程具有决定性影响。2010 年，西海固地区年末有效灌溉面积为 7.82 万 hm^2，仅占常用耕地面积总量的 12.08%，表明境内绝大部分农户仍维持"靠天吃饭"的粗放式种植方式。分级评价结果显示（图 10-19），西海固地区北部耕地的有效灌溉率高于南部山区，东西两翼的黄土丘陵区和土石山区有效灌溉率普遍较低。按照各乡镇有效灌溉率的大小差异，将西海固地区分为高灌溉率区、较高灌溉率区、中等灌溉率区、较低灌溉率区，以及低灌溉率区共 5 个等级。

高灌溉率区：耕地有效灌溉率大于 50.01% 的乡镇有 5 个，有效灌溉的耕地面积为 2.23 万 hm^2，占此类乡镇常用耕地面积总量的 72.26%。包括了同心县丁塘镇、豫海镇、河西镇及海原县三河镇等地，基本属于清水河谷地的扬水灌区所在乡镇。较高灌溉率区：耕地有效灌溉率介于 30.01%～50% 的乡镇有 8 个，有效灌溉的耕地面积为 1.88 万 hm^2，

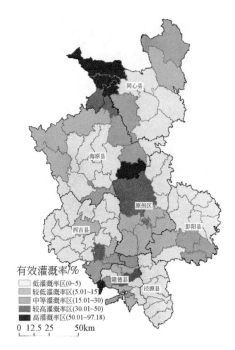

图 10-19　2010 年西海固地区有效灌溉率及分布

占此类乡镇常用耕地面积总量的 35.03%。主要分布在同心县、原州区及隆德县的灌区主干渠和河流干流地区。中等灌溉率区：耕地有效灌溉率介于 15.01% ~30% 的乡镇有 14 个，有效灌溉的耕地面积为 2.28 万 hm²，占此类乡镇常用耕地面积总量的 21.71%，主要分布在川台与灌溉混合区，库井灌区所在乡镇，含隆德县、彭阳县、海原县等地。较低灌溉率区：耕地有效灌溉率介于 5.01% ~15% 的乡镇有 16 个，有效灌溉的耕地面积为 1.24 万 hm²，占此类乡镇常用耕地面积总量的 9.65%，分布于土石山区以库井灌区为主的乡镇。低灌溉率区：耕地有效灌溉率小于 5% 的乡镇分布十分广泛，共计 48 个乡镇，区内常用耕地面积 33.04 万 hm²，但有效灌溉的耕地面积仅为 0.19 万 hm²，仅占此类乡镇常用耕地面积总量的 0.58%，主要位于黄土丘陵区和六盘山地区。

10.3.2　粮食生产能力评价

通过粮食总产量、单位面积粮食产量及人均粮食产量来反映各乡镇的粮食生产能力。粮食的界定如下：包括稻谷、小麦、玉米、高粱、谷子等谷物及豆类、薯类等，豆类按去豆荚后的干豆计算，薯类按 5kg 鲜薯折 1kg 粮食计算。根据乡镇经济社会基本情况调查，2010 年西海固地区粮食播种面积 4.63 万 hm²，占农作物总播种面积的 71.93%，共产出粮食 118.33 万 t，约合每公顷耕地收获 2.56t 粮食。从各乡镇粮食总产量、单位面积粮食产量的折线图可以看出（图 10-20），同心县、彭阳县为粮食高产区，其中同心县扬水灌区覆盖的乡镇呈现高粮食总产量和高单位面积粮食产量，粮食产出的规模与效率均为最优；而隆德县与泾源县则呈较高单位面积产量，但由于种植规模制约，粮食总产量偏低（图 10-21 和图 10-22）。

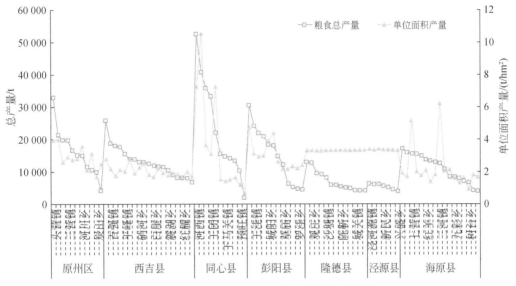

图 10-20　2010 年西海固地区各乡镇粮食产出情况

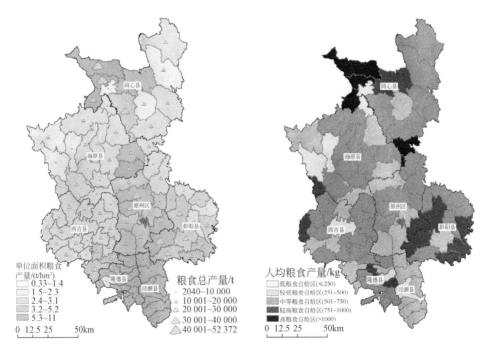

图 10-21　2010 年西海固地区粮食产量及分布　　图 10-22　2010 年西海固地区粮食自给程度

按照各乡镇人均粮食产量的大小差异，将西海固地区分为高粮食自给区、较高粮食自给区、中等粮食自给区、较低粮食自给区及低粮食自给区共5个等级。高粮食自给区：指人均粮食产量>1000kg的乡镇，分别为同心县扬水灌区兴隆乡、河西镇及丁塘镇，还包括海原县甘城乡。较高粮食自给区：人均粮食产量介于751~1000kg的乡镇，共计11个，其中包含了彭阳县城阳乡、古城镇、红河乡、孟塬乡、王洼镇5个乡镇。中等粮食自给区：人均粮食产量介于501~750kg的乡镇，共有45个，主要位于海原县、同心县、西吉县等地黄土丘陵区，多属于劳均耕地规模的高值区，表明了这类乡镇大规模开展耕地垦殖仅能维系基本生存需求。较低粮食自给区：人均粮食产量介于251~500kg的乡镇，共有23个，主要分布于泾源县、原州区、隆德县等地，这类土石山区乡镇耕地的地形限制性突出，粮食种植规模有限，导致人均粮食产量占有量较低。低粮食自给区：指人均粮食产量≤250kg的乡镇，此类乡镇多为县城所在地，常住人口基数大而粮食种植规模相对较小。此外，海原县树台乡、高崖乡亦属于低粮食自给区。

10.3.3 乳肉生产能力评价

代表性选取肉类总产量和人均肉类产量指标评价西海固地区乳肉生产能力，肉类总产量包括当年出栏并已屠宰的畜禽肉产量。2010年，西海固地区肉类产出总量为9.41万t，平均每乡镇的产量为1045.91t，人均肉类产量52.49kg，略低于同期全国平均水平（54.8kg）。如图10-23和图10-24所示，彭阳县、原州区及同心县的肉类总产量较高，而海原县、隆德县的肉类生产能力相对较弱，其中彭阳县诸乡镇呈现出高产量、高人均占有量特征，乳肉生产优势较为明显。

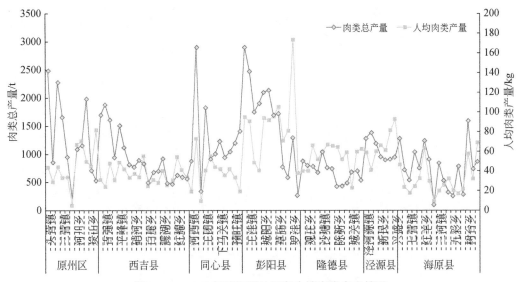

图10-23 2010年西海固地区各乡镇肉类产出情况

按照各乡镇人均肉类产量的差异，将西海固地区分为高乳肉自给区、较高乳肉自给区、中等乳肉自给区、较低乳肉自给区以及低乳肉自给区共 5 个等级（图 10-25）。高乳肉自给区：人均肉类产量高于 80kg 的乡镇有 11 个，主要位于彭阳县，人均肉类产量前三位的乡镇罗洼乡、草庙乡、孟塬乡均属于彭阳县，其中产量最高的罗洼乡人均肉类产量达 174kg，此外，还包括泾源县兴盛乡、黄花乡及原州区官厅乡。较高乳肉自给区：人均肉类产量介于 61~80kg 的乡镇有 17 个，多分布于隆德县和泾源县。中等乳肉自给区：人均肉类产量介于 41~60kg 的乡镇有 25 个，分布在西吉县、原州区、隆德县等地。较低乳肉自给区：人均肉类产量介于 21~40kg 的乡镇有 30 个，主要分布于海原县和西吉县。低乳肉自给区：人均肉类产量小于 20kg 的乡镇多在北部扬水灌区分布。

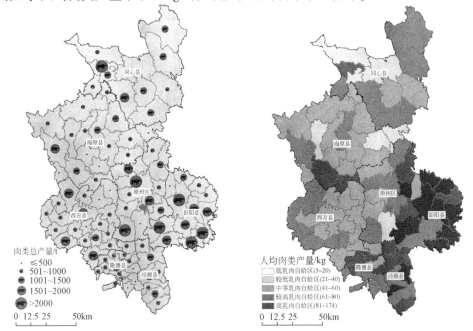

图 10-24　2010 年西海固地区肉类产出及分布　　图 10-25　2010 年西海固地区肉类自给程度

10.4　西海固地区基础设施支撑能力评价

基础设施建设与配套程度的高低对区域资源环境要素的利用效率具有重要意义，特别是能源、水利、交通等基础设施的提升，能够有效改善资源环境对社会经济活动的支撑水平（图 10-26）。本节选取与欠发达地区居民的生产生活具有紧密联系的基础设施指标——能源基础设施和饮水基础设施代表性考察西海固地区基础设施支撑能力。

10.4.1　能源基础设施支撑能力评价

受农户经济状况、薪材采集成本、家庭人口因素等影响，欠发达地区生产生活能源消费对传统能源依赖性较强，农户能源消费主要依赖生物燃料，这在增加农户时间投入而损

(a)隆德县某村以薪柴为主的能源消费方式　　(b)原州区某村半咸水未经净化处理直接饮用

图 10-26　西海固地区基础设施利用现状

资料来源：作者于 2011 年 8 月实地拍摄

失了生计机会成本的同时，加大了对生态环境的压力。为此，通过乡镇年度用电总量和人均电力消费量表征能源基础设施支撑能力。用电总量包括了本年度内，乡镇范围内扣除在农村中的国有工业、交通、基建等单位的用电量以后的农村生产和生活的全年用电总量。人均电力消费量指单位人口的年用电量，为年度用电总量与常住人口之比。宁夏乡镇经济社会基本情况调查数据显示，2010 年西海固地区乡镇用电总量 34 855 万 kW·h，人均电力消费量 155.37kW·h，尚不足全国人均生活消费电力量的一半。其中，年度用电规模较大的乡镇多集中于中部清水河谷及各县城所在乡镇，而西吉县、泾源县、隆德县大部分乡镇规模较小（图 10-27）。

按照各乡镇人均电力消费量的差异，将西海固地区分为能源基础设施强支撑区、较强支撑区、中等支撑区、较弱支撑区与弱支撑区共 5 个等级（图 10-27）。强支撑区：人均电力消费量大于 300kW·h 的乡镇共 4 个，分别为白阳镇、三河镇、豫海镇和三营镇，其中白阳镇人均电力消费量达 815kW·h 居首位。较强支撑区：人均电力消费量介于 201～300kW·h 的乡镇有 10 个，主要位于原州区，还包括同心县韦州镇、下马关镇，以及海原县七营镇、西安镇等地。中等支撑区：人均电力消费量介于 101～200kW·h 的乡镇，此类乡镇占西海固全部乡镇的 40% 以上，主要位于同心县北部、彭阳县东部及海原县南部。较弱支撑区：人均电力消费量介于 51～100kW·h 的乡镇有 26 个，以泾源县、西吉县和隆德县分布为主，多为土石山区或处于黄土丘陵区内部，能源配套设施相对薄弱。弱支撑区：人均电力消费量低于 50kW·h 的乡镇，12 个弱支撑区均位于西吉县，人均电力消费量最低的马建乡，2010 年单位常住人口的人均电力消费量仅为 21kW·h。

10.4.2　饮水基础设施支撑能力评价

饮水基础设施配置条件直接关系农村居民能否及时、方便地获得足量、洁净、负担得起的生活饮用水。然而，西海固地区符合自来水卫生标准，管道设施输送的行政村个数仅

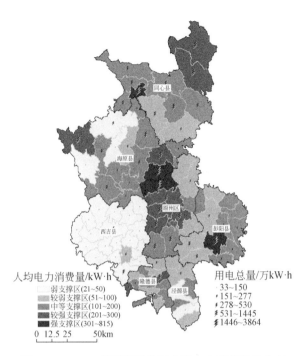

图 10-27　2010 年西海固地区人均电力消费量及分布

502 个，占全部行政村总数的 40.81%。通过宁夏扶贫开发办公室对饮水困难自然村个数的调查，西海固地区要到 1km 以外、垂直高度 100m 以上位置取水，或缺水时间半年以上的自然村数共计 2972 个，占自然村总数的 44.83%。饮水困难自然村比例较高的乡镇主要分布于西海固东西两翼，有饮水困难的自然村占到本乡镇自然村总数的 90% 以上。而北部和南部区域则由于受扬水灌区及天然地表水条件的影响，饮水困难自然村相对较少。因此，受自然、地理、经济和社会等条件的制约，西海固地区农村饮水困难和饮水不安全问题突出，特别在地形复杂、农民居住分散的黄土丘陵区尤为突出。

　　根据各乡镇饮用水保障程度的大小，将西海固地区分为饮水基础设施强支撑区、较强支撑区、中等支撑区、较弱支撑区与弱支撑区共 5 个等级（图 10-28）。强支撑区指饮水无困难的自然村比例高于 80% 的乡镇，主要位于隆德县、泾源县大部分地区及海原县和同心县北部，占西海固土地总面积的 28.13%，其中同心县丁塘镇、河西镇及豫海镇饮用水保障率均为 100%。较强支撑区指饮水无困难的自然村比例介于 61% ~ 80% 的乡镇，占土地总面积的 16.73%，主要位于海原县、泾源县。中等支撑区指饮水无困难的自然村比例介于 41% ~ 60% 的乡镇，占土地总面积的 28.84%，主要位于同心县、海原县、西吉县的河谷川道区，还包括泾源县、原州区的南部地表水资源赋存相对丰富的土石山区。较弱支撑区指饮水无困难的自然村比例介于 21% ~ 40% 的乡镇，共有 16 个，占土地总面积的 17.31%，主要位于中部山地与黄土丘陵的过渡区。弱支撑区指饮水无困难的自然村比例低于 20% 的乡镇，包括了彭阳县东部孟塬乡、冯庄乡、小岔乡、罗洼乡，西吉县田坪乡、红耀乡，以及同心县马高庄乡等乡镇，占土地总面积的8.99%，区内饮水基础设施配套较差，居民的生活饮用水安全受到严重威胁。

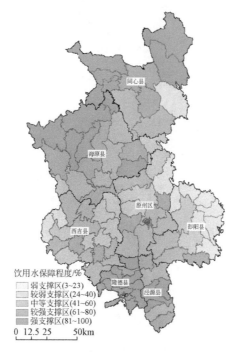

图 10-28　2010 年西海固地区饮用水保障程度及分布

10.5　小　结

本章对承载对象的要素评价表明，在复杂的自然条件和脆弱的生态环境作用下，西海固地区自然本底对人口分布格局、农户生计能力、农业生产能力、基础设施支撑能力等承载对象的影响更加直接和深刻。加之西海固地区人口增长过快、居民劳动技能偏低，大部分人口被束缚在当地进行粗放式农业生产，由此导致区域发展陷入"人口增长—贫困加剧—生态退化"的恶性循环，仅凭自身力量难以同步实施生态环境保护、现代化建设及民生福祉改善等多项可持续发展举措。为此，应以国家政策扶持为主，充分发挥国家政策导向功能，加大国家在区域性基础设施建设、城镇内部基础设施建设、社会公共服务均等化等方面的扶持力度，加快地区产业投资软硬环境建设，改善当地人民生活条件。同时，合理布局适宜山地发展的生态经济、资源经济，引导骨干项目、重点工程和新兴产业优先向符合条件的地区安排。

通过可再生能源配额制、碳排放交易、生态补偿、环境容量市场等新体制机制的建立，重构西海固地区与发达地区新型的区域分工合作、互惠互利的新关系，使生态产品、资源产品获得应有的经济效益，体现在西北地区乃至全国可持续发展中的实际价值。值得注意的是，近年来西海固地区局部区域还呈现人口增长过快和资源开发过度的趋势，应着力探索加快农村剩余劳动力向外地转移，坚持异地城镇化与就地城镇化并重，促进人口外出就业与农民留守增收同步，通过多方扶持，提高山地劳动者就业素质和迁出后的综合适应能力。

第11章 西海固地区资源环境承载力约束集成评价

资源环境承载力约束性反映了一定区域范围内人类生活生产活动受到承载体要素（资源环境要素）制约的类型及程度。通过资源环境承载力约束类型的多尺度集成评价，识别区域资源环境承载力的"短板"因素，可为确定区域约束性要素的容量、阈值或质量标准提供参考，同时也为在不同尺度采取国土综合整治、经济投入、政策指引等手段以提升区域承载力提供决策支撑。本章将在资源环境承载力约束多尺度集成评价方法讨论的基础上，重点对西海固地区乡镇尺度和栅格尺度的资源环境承载力约束性进行诊断。

11.1 资源环境承载力约束多尺度集成评价方法

承载力约束类型识别面向应用层面的多尺度需求，包括了自上而下"区县—乡镇—栅格"三个尺度对应不同分类精度所组成的分类体系（图11-1）。根据西海固地区资源环境要素构成特点，栅格尺度以细类为分类精度，将约束类型细化为水资源型约束、水工程型约束、土地资源地形约束、土地资源耕地约束、生态重要性约束、生态系统脆弱性约束、地质断层约束及地质灾害约束；乡镇尺度对应亚类分类精度，由栅格单元向乡镇单元的尺

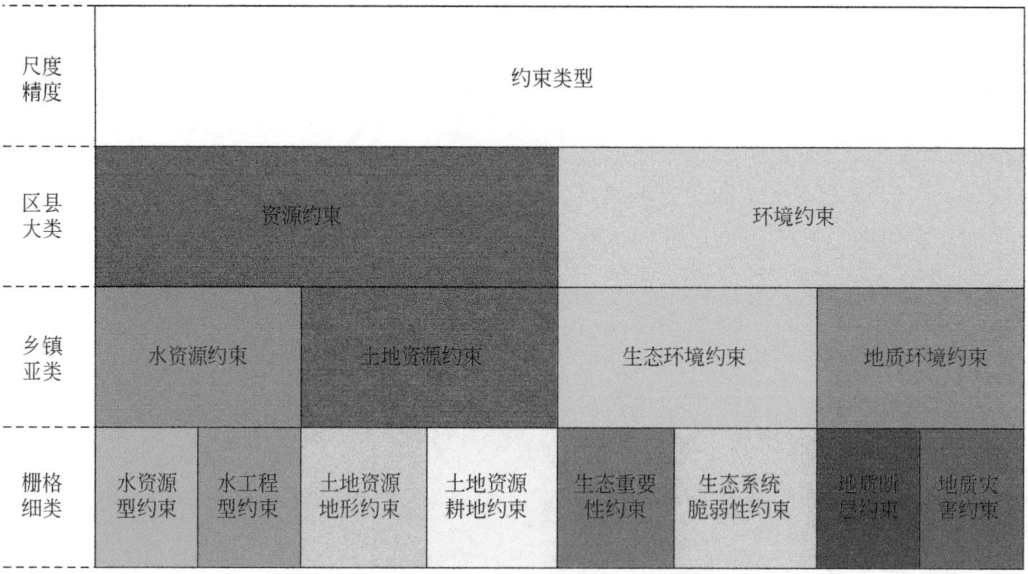

图 11-1 资源环境承载力约束类型三级分类图谱

度转化而来，包括水资源约束、土地资源约束、生态环境约束、地质环境约束，以及衍生的各种复合型约束；区县尺度对承载力约束类型的大类进行划分，含资源约束、环境约束以及衍生的综合约束（区县尺度划分已在本书第4章探讨，本章不再赘述）。

11.1.1 乡镇尺度资源环境承载力约束评价方法

对乡镇尺度资源环境承载力约束类型的识别，主要建立在承载体要素单项评价中对各乡镇要素等级的划分基础上。首先，绘制各乡镇资源环境要素约束图谱，在资源约束方面，依次提取各乡镇水资源支撑能力的最低级、次低级作为水资源约束类，而最高级、次高级为非水资源约束类，水资源支撑能力中等级别的乡镇划定为一般约束类，同样，根据后备可利用土地资源丰度分级划定土地资源约束类、非土地资源约束类和一般约束类；在环境约束方面则恰恰相反，选取生态保护重要程度和生态系统脆弱程度的最大值，将最高级、次高级作为生态环境约束类，最低级、次低级为非生态环境约束类，中等级别乡镇划定为生态环境一般约束类，地质灾害易发程度的阈值划分亦是如此，划定了地质环境约束类、非地质环境约束类和一般约束类。

然后，对乡镇资源环境要素约束类型进行指标叠加复合，具体划分标准和判别矩阵如表11-1所示。最终共产生11种约束类型，包括水资源约束型、土地资源约束型、生态环境约束型、地质环境约束型4个单一约束型，水资源-土地资源组合约束型、水资源-生态环境组合约束型、水资源-地质环境组合约束型、土地资源-生态环境组合约束型、生态环境-地质环境组合约束型5个组合约束型，还包括综合约束型以及均为非要素约束类组合的无显著约束型。

表 11-1　西海固地区乡镇尺度约束类型判别矩阵

约束类型	水资源	土地资源	生态环境	地质环境
水资源约束型	3	2or1	2or1	2or1
土地资源约束型	2or1	3	2or1	2or1
生态环境约束型	2or1	2or1	3	2or1
地质环境约束型	2or1	2or1	2or1	3
水资源-土地资源组合约束型	3	3	2or1	2or1
水资源-生态环境组合约束型	3	2or1	3	2or1
水资源-地质环境组合约束型	3	2or1	2or1	3
土地资源-生态环境组合约束型	2or1	3	3	2or1
生态环境-地质环境组合约束型	2or1	2or1	3	3
综合约束型*	3	3	3	3
无显著约束型	2or1	2or1	2or1	2or1

注：按约束程度依次分为1、2、3级；灰色填充区表示受到相应要素的强约束
* 由三个（或三个以上）要素约束类复合或四个要素约束类均属于一般约束类的即为综合约束型

11.1.2 栅格尺度资源环境承载力约束评价方法

栅格尺度资源环境承载力的约束类型识别以承载体要素的单项评价结果为基础，采用主导因素法分步式判别，具体流程如图 11-2 所示。首先，按照国外经验和国家标准，将地质断层避让带设为断层线两侧各 100m 的缓冲区，确定地质断层约束型，该类型范围内为大中型工程或居民点的"禁建带"。本着"安全第一"的原则，将地质灾害危险性评价的最高级确定为地质灾害约束型，在该类型区内应远离陡峭沟谷、强风化和构造破碎等不稳定地质构造，积极避让避免重大次生地质灾害隐患，并密切重视人类工程活动对次生灾害加剧的影响。

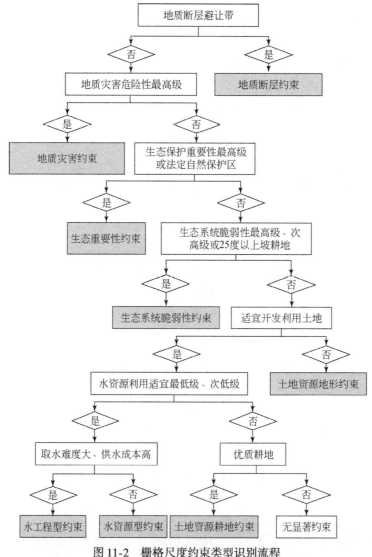

图 11-2　栅格尺度约束类型识别流程

其次，将生态保护重要性评价的最高级或法定自然保护区确定为生态重要性约束型，该类型区严格保护重点生态系统，禁止高强度人类活动干扰，维护区域生物多样性。鉴于西海固地区生态系统脆弱性面积广大、脆弱因素复杂的基本特征，选取生态系统脆弱性最高级、次高级及 25° 以上坡耕地作为生态系统脆弱性约束型，在该类型区积极开展以水土流失、沙化盐渍化集中区为主的生态重点治理和以灌丛、草原、荒漠生态系统为主的生态修复，控制土壤侵蚀和沙化速度。

再次，将土地资源单项评价划定的受地形条件显著限制的不适宜开发利用区域作为土地资源地形约束，若为适宜开发利用土地则进行水资源利用适宜性判别，将适宜性最低级或次低级且取水难度大、供水成本高的区域划定为工程型约束，其余区域为资源型约束，表征受水资源规模和水质条件制约的类型区。

最后，考虑到区域粮食安全格局，将优质耕地所处区域划定为土地资源耕地约束型，而非优质耕地区域则为未受资源环境显著约束类型，是人类活动适宜程度较高且对自然系统扰动较小的区域类型，适宜进行集中性生产生活选址与空间布局。

11.2 西海固地区乡镇尺度资源环境承载力约束

按照上述识别过程，得到了西海固地区乡镇尺度资源环境承载力约束类型分布图，以及各类型区的面积与人口统计结果（表 11-2 和图 11-3）。西海固地区各乡镇的资源环境承载力普遍受到要素显著制约，且多种约束类型相叠加，超强度的人类生活生产活动极易引发自然系统的多要素响应，造成人地关系紧张。境内无显著约束型乡镇仅为 11 个，类型区合计面积 3675.24km²、人口 35.78 万人，分别占西海固土地总面积和人口总数的18.27% 和 19.63%，包括清水河河谷平原区的三河镇、七营镇、高崖乡、河西镇、丁塘镇、头营镇、三营镇、清河镇、彭堡镇等，以及韦州洪冲积平原区的下马关镇、韦州镇，属于资源环境承载力相对较强、经济和人口集聚条件较好的区域。

表 11-2 西海固地区乡镇尺度约束类型划分结果

约束类型	面积 /km²	人口 /万人	约束类型	面积 /km²	人口 /万人
水资源约束型	4 394.71	39.65	水资源–地质环境组合约束型	139.71	1.56
土地资源约束型	244.18	15.32	土地资源–生态环境组合约束型	896.37	8.81
生态环境约束型	1 788.36	18.73	生态环境–地质环境组合约束型	487.63	4.01
地质环境约束型	226.96	2.81	综合约束型	3 642.55	24.80
水资源–土地资源组合约束型	371.61	6.07	无显著约束型	3 675.30	35.78
水资源–生态环境组合约束型	4 246.91	24.77	合计	20 114.26	182.31

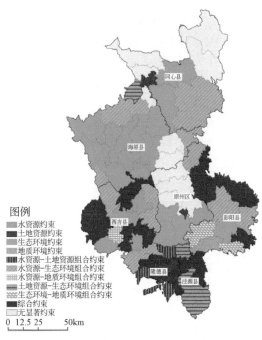

图 11-3　西海固地区乡镇尺度约束类型分布

11.2.1　单一约束型

受单一要素约束的乡镇共 25 个，其中水资源约束型 15 个，类型区面积和人口分别为 4394.71km² 和 39.65 万人，占总面积和人口总数的 21.85% 和 21.75%，是人口规模最大的约束类型，主要分布在海原县、西吉县和同心县黄土丘陵，水资源总量小、水质矿化度高，均属于资源型缺水区。土地资源约束型分别为隆德县城关镇、同心县豫海镇及原州区固原主城区，区内土地开发利用强度已经较高，1.21% 的土地面积内聚集了 15.32 万人，占人口总数的 8.40%。生态环境约束型的面积和人口分别为 1788.36km²、18.73 万人，包括李旺镇、白阳镇、王团镇、中河乡、开城镇、河川乡等乡镇，均为生态系统脆弱、水土流失严重的黄土丘陵区。受地质环境单一约束的乡镇为彭阳县新集乡，人口总数为 2.81 万人，需要避免各类工程活动对不稳定地质构造扰动、注意合理避让地质灾害危险区，并采取必要工程措施治理威胁人口集聚区及重大基础设施的小流域地质灾害群。

11.2.2　组合约束型

组合约束型即为受两种资源环境要素显著约束的区域类型，此类型区合计 29 个，占西海固地区总面积和人口总数的 30.54% 和 24.80%。其中，水资源-生态环境组合约束型分布面积最广，占总面积的 21.11%，主要位于彭阳县、同心县以及西吉县的黄土丘陵区和干旱草原区,区内水资源匮乏、生态系统敏感而脆弱,亟须进一步提升退耕还林还草力度,并通过生物措施和工程措施治理水土流失。此外,西海固境内土地资源-生态环境组合约束型主要分布于泾源县,水资源-土地资源组合约束型在隆德县呈集中分布态势,生态环境-地质环境组合约束型位于西吉县红河流域黄土丘陵沟壑发育区,水资源-地质环境组合约束型区则为西吉县兴平乡,四类型区的人口数依次为 8.81 万人、6.07 万人、4.01万人、1.56 万人。

11.2.3 综合约束型

西海固地区资源环境承载力受综合约束的乡镇累计达 26 个,类型区面积和人口分别为 3642.55km^2 和 24.8 万人,占总面积和人口总数的 18.11% 和 13.60%。从空间分布来看,综合约束型区域主要分布于西海固南部西吉县、彭阳县、隆德县及泾源县,多属于黄土丘陵地形切割较深、水土流失严重的典型区域,区内往往生态环境脆弱、地形条件适宜性低、水资源支撑能力有限,并在局部区域受潜在地质灾害威胁。在综合约束型区域内,对生存环境极其恶劣的村庄居民点考虑进行生态移民整村搬迁,采取适度集中就近安置、县内县外安置相结合的方式卸载对镇域资源环境承载力的压力。

11.3 西海固地区栅格尺度资源环境承载力约束

栅格尺度资源环境承载力约束类型的分布格局如图 11-4 所示。西海固地区资源环境

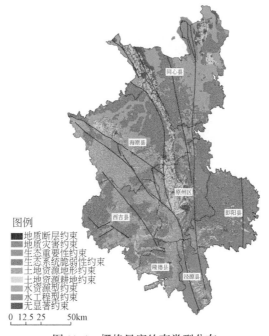

图 11-4 栅格尺度约束类型分布

承载力受到的要素制约十分显著，多种约束类型相交织，其中生态系统脆弱性约束区、水资源型约束区及土地资源地形约束区分布最广，且具有全局性影响；而无显著约束区相对较少，能够绵延成片的分布区多位于中部清水河谷区。具体而言，地质断层约束区沿断层线呈条带状分布；地质灾害约束区主要分布于彭阳县南部红河、茹河流域及东北部、西吉县中西部的滥泥河流域；生态重要性约束区主要位于六盘山、云雾山、罗山等自然保护区；生态系统脆弱性约束区广布于黄土丘陵区，包括西吉黄土丘陵区、泾河上游黄土塬梁峁丘陵、清水河东西两侧梁峁和山地丘陵区；土地资源地形约束区集中分布于六盘山及其余脉山地区，在黄土丘陵区梁峁十分发育的地区呈现零散条状分布；土地资源耕地约束区主要位于清水河河谷平原和韦州洪冲积平原内的扬水灌区；水资源型约束区的空间分布以北部干旱区为主，水工程型约束区多位于南部泾源县年径流深大于100mm的区域。

11.3.1 原州区评价结果

如图11-5所示，原州区资源环境承载力主要受到生态系统脆弱性、生态重要性以及土地资源地形与耕地约束，而原州区清水河谷区连片分布了无显著约束区，其分布规模为固原市域范围内的最大面积，主要位于固原城区、清河镇、彭堡镇、三营镇等乡镇，表明原州区中部、北部地区仍然具有调整优化西海固地区人口和经济布局的余地。生态系统脆弱性约束区主要分布于原州区东部黄土丘陵；生态重要性约束区即为云雾山国家级自然保

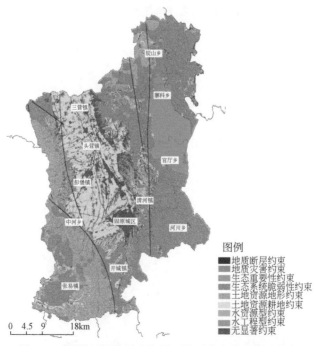

图 11-5　原州区栅格尺度资源环境承载力约束类型分布

护区范围，区内半干旱区草原生态系统的保护与修复为重点方向；土地资源地形约束区大部分属于六盘山山地及其向沟谷过渡的山麓地带，土地资源耕地约束区亦主要分布于清水河谷，多属扬水灌溉设施覆盖的水浇地区域。

11.3.2　彭阳县评价结果

彭阳县资源环境承载力的主导约束类型主要包括生态系统脆弱性约束、地质灾害约束以及土地资源地形约束（图 11-6）。其中，生态系统脆弱性约束区分布范围广大，占彭阳县土地总面积的 60% 以上，主要分布于泾河上游黄土塬墚峁丘陵区，含王洼镇、罗洼乡、冯庄乡、孟塬乡、草庙乡等乡镇，区内以水土流失治理为核心，进一步实施退耕还林还草，根据黄土墚峁、墚涧及沟谷阶地特点加强小流域综合整治；地质灾害约束区集中分布于泾源县南部城阳乡、红河乡，在白阳镇、小岔乡、冯庄乡、古城镇、新集乡局部地区已有区块状分布，不稳定斜坡和崩塌为区内形成危险隐患的主要灾害类型，需要重点防控黄土残塬、冲蚀切割深度不一的黄土墚和沟谷，以及新近系泥岩下伏于黄土形成的斜坡失稳的易滑地层；土地资源地形约束区主要位于彭阳县西南部六盘山山麓地带。无显著约束区分布于白阳镇、古城镇、草庙乡等乡镇的河谷地带，其中白阳镇中部茹河谷地规模较大且呈片状集中分布。

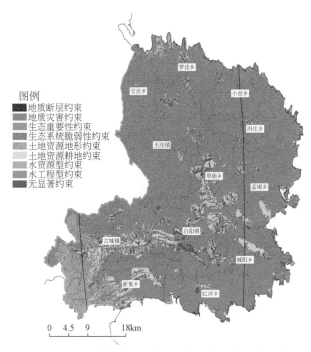

图 11-6　彭阳县栅格尺度资源环境承载力约束类型分布

11.3.3　西吉县评价结果

如图 11-7 所示，西吉县资源环境承载力的主导约束类型主要包括生态系统脆弱性约束、土地资源地形约束、生态重要性约束、地质灾害约束以及水资源型约束。西吉黄土墚峁丘陵区地形破碎，水土流失相当严重，生态系统脆弱性约束凸显，田坪乡、红耀乡、白崖乡、兴隆镇、新营乡、偏城乡、什字乡等乡镇大部以此类型区为主，区内应力争大于15°的坡耕地退耕还林还草，因地制宜种草种树，以小流域为单元建立高效稳定的生态系统；土地资源地形约束区多属东北部六盘山中低山区以及沟壑纵横的墚峁分布区；生态重要性约束区主要位于火石寨和党家岔自然保护区，重点面向特殊地貌景观及湿地生态系统的生物多样性保护；地质灾害约束区内地震诱发型滑坡密集分布，且由于新构造运动的影响，沟谷下切严重，致使黄土与红层的接触面临空出露，黄土层呈"帽状"覆于其上，滑坡体土体结构松散，长期处于潜在不稳定状态，需重点强调此类工程地质不良区、变形破坏区的灾害排查和密切防范，并在汛期加强灾害监测预警；水资源型约束区沿葫芦河干流和支流谷地呈带状分布，主要是地表水和地下水资源量紧缺导致。

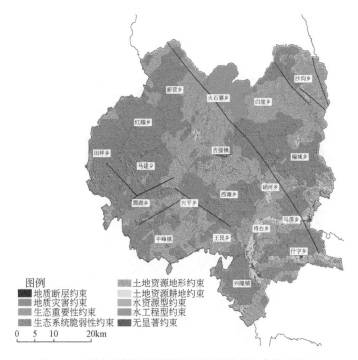

图 11-7　西吉县栅格尺度资源环境承载力约束类型分布

11.3.4 隆德县评价结果

隆德县资源环境承载力的主导约束类型主要包括土地资源地形约束、生态系统脆弱性约束以及生态重要性约束（图11-8）。从生态重要性约束区来看，陈靳乡、山河乡、城关镇东部六盘山山地区处于六盘山国家级自然保护区北段，区内主要包括水源涵养和生物多样性维系两类生态服务功能；生态系统脆弱性约束区主要分布于中西部的黄土墚峁丘陵区，水土流失的小流域综合治理成为区内凤岭乡、好水乡、杨河乡以及张程乡等乡镇维系良好人地关系的关键；土地资源地形约束区在隆德县分布范围最广，特别是东部六盘山山地与山麓地区，如奠安乡、温堡乡、山河乡、观庄乡、城关镇等乡镇受地形条件的基础限制性突出。此外，在葫芦河支流好水川河、渝河两岸河谷川区，除去部分土地资源耕地约束区和水资源型约束区分布外，无显著约束区呈条带状分布，且在联财镇、城关镇分布相对集中。

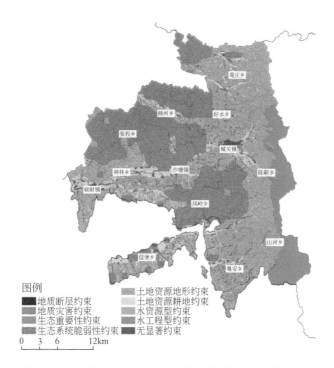

图 11-8 隆德县栅格尺度资源环境承载能力约束类型分布

11.3.5 泾源县评价结果

资源环境承载力的主导约束类型在泾源县的空间分布格局如图11-9所示，地处六盘山山地主体部分的泾源县，受生态重要性约束和土地资源地形约束显著。香水镇、兴盛乡、泾河源镇、新民乡等乡镇西部以及六盘山镇、黄花乡大部分区域均属生态重要性约束区；土地资源地形约束区的空间分布广泛，对区内人口分布格局具有的整体限制性作用，故无显著约束区多沿河谷川区分布，在香水镇、泾河源镇中部、新民乡东南部相对集中。

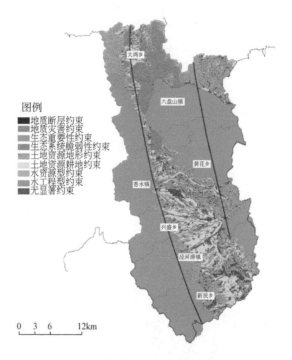

图 11-9　泾源县栅格尺度资源环境承载能力约束类型分布

11.3.6　海原县评价结果

海原县地理环境构成的多元性决定了资源环境承载力的主导约束类型复杂多样，境内涵盖了生态系统脆弱性约束、生态重要性约束、水资源型约束、土地资源地形约束、土地资源耕地约束等几乎所有约束类型，无显著约束区主要位于清水河干流河谷冲积平原区（图11-10）。其中，土地资源地形约束区主要分布于西南部六盘山余脉（南华山、西华山、月亮山等）；生态系统脆弱性约束区位于海原县中南部及清水河谷以西的黄土丘陵区；受资源型缺水的影响，清水河支流麻春河、马营河等河谷平原及其他小型川地、残塬和盆地区受水资源型约束凸显；生态重要性约束区主要位于南华山省级自然保护区，区内干旱区山地森林生态系统的保护具有重要生态价值。此外，受土地资源耕地约束的区域主要为海原县西侧扬水灌溉的水浇地分布区。

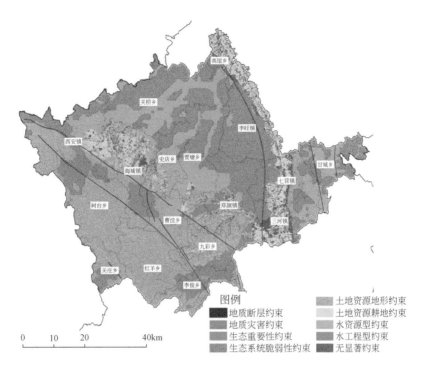

图 11-10   海原县栅格尺度资源环境承载力约束类型分布

11.3.7   同心县评价结果

同心县地处宁夏中部干旱带的核心区,自南向北由中温带半干旱区向干旱区过渡,从资源环境承载力的主导约束类型分布来看(图 11-11),县内生态脆弱敏感、水资源紧缺的基本特征得到充分体现,生态系统脆弱性约束、水资源型约束是全县主导性的约束类型。其中,生态系统脆弱性约束区主要位于预旺黄土洼地、东部黄土丘陵区等地,实地调研发现,区内垦殖率高达 40% 以上,旱作农业极不稳定,地表大面积裸露,是造成水土流失的主要原因,应着力解决坡度大于 15°的坡耕地退耕种草种树,恢复地表植被,并施加工程整治措施,栽植耐旱灌木拦截水土。此外,同心县还在局部地区受到土地资源耕地约束和生态重要性约束,耕地约束区位于北部两大扬水灌区所处的水浇地片区,而生态重要性约束区分布主要囊括了罗山自然保护区范围,重点保护珍稀野生动植物及森林生态系统,而无显著约束区的集中分布范围主要为扬水灌区覆盖的河谷洪冲积平原区,包括丁塘镇、河西镇、豫海镇、韦州镇以及下马关镇等乡镇。

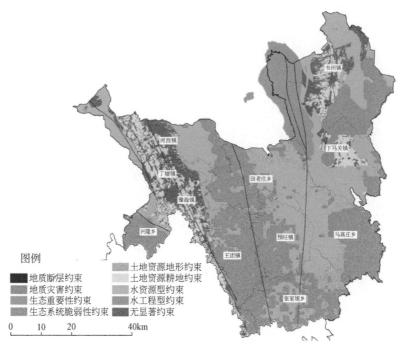

图 11-11　同心县栅格尺度资源环境承载力约束类型分布

11.4　小　　结

　　本章分析结果显示，西海固地区资源环境承载力受到的要素制约显著，且多种约束类型相叠加。其中，组合约束型、综合约束型乡镇共 55 个，合计占西海固总面积的 48.65%、总人口的 38.41%。各尺度的约束类型分析还显示，生态系统脆弱性约束区、水资源型约束区以及土地资源地形约束区分布最广，是具有全局性影响的资源环境要素。要素间共轭性最突出的综合约束型区域主要分布于黄土丘陵地形切割较深、水土流失严重的区域，区内往往生态环境脆弱、地形条件适宜性低、水资源支撑能力有限，并在局部区域受潜在地质灾害威胁。境内无显著约束型乡镇仅为 11 个，主要分布于清水河河谷平原区、韦州洪冲积平原区等资源环境承载力相对较强、经济和人口集聚条件较好的区域。

|第12章| 西海固地区资源环境承载状态综合测度

由于资源环境承载力具有反映"量"(承载规模)和"质"(承载状态)的双重性,本章将针对区域资源环境承载力评价中承载状态精准测度的难点,从地域功能适宜性出发,探讨资源环境承载状态综合测度方法,并以生态、生产和生活功能适宜性为基础,开展西海固地区资源环境承载状态综合测度和完全可载、可载、适载、超载及严重超载区的空间格局诊断。

12.1 基于地域功能适宜性的承载状态综合测度方法

资源环境承载力状态的测度是基于现状地域功能、地域功能适宜程度以及承载力约束类型等方面进行综合集成的过程,具体步骤如下:首先,根据地域功能适宜性划分结果与现状地域功能进行空间匹配,得出6类现状地域功能的适宜性等级。其次,通过叠加分析判别现状开发性功能(即生产、生活功能下的4种功能亚类)地域对保护性功能(即生态功能下的2种功能亚类)地域的占用情况。再次,构造资源环境承载力状态判别矩阵(图12-1),遵循"现状开发性功能适宜程度越高,且对保护性功能地域占用越少,其资源环境承载力的可承载状态越强;反之,现状开发性功能适宜程度越低,且对保护性功能地域占用越多,其资源环境承载力的可承载状态越弱"的基本准则,将西海固地区资源环境承

承载能力状态	保护类功能适宜性				
	弱	较弱	中	较强	强
强	51	52	53	54	55
较强	41	42	43	44	45
中	31	32	33	34	35
较弱	21	22	23	24	25
弱	11	12	13	14	15

现状开发类功能适宜性

完全可载　可载　适载　超载　严重超载

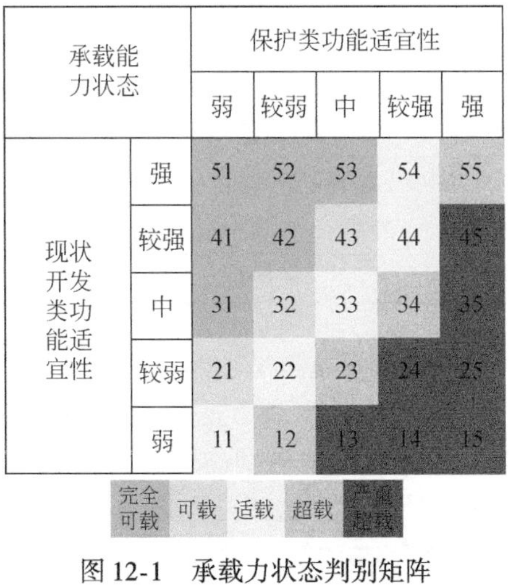

图12-1 承载力状态判别矩阵

矩阵中1~5依次代表了各地域功能适宜性由弱到强的五种程度

载力划分为完全可载、可载、适载、超载以及严重超载 5 个等级。最后，结合约束类型对资源环境承载力分级结果进行具体分析，瞄准超载问题区解析其影响因素，为其发展导向制定提供依据。

12.2 西海固地区地域功能适宜性

地域功能分类以生态、生产和生活功能为基础，主要根据资源环境承载对象要素的评价对各种国土空间的主体功能进行分类，同时参考扩展功能以及土地利用方式和景观的差异。西海固地区地域功能分类体系如表 12-1 所示，包括生态功能、生产功能、生活功能三个大类。其中，生态功能包括了以防风固沙、水土保持、涵养水源、维持生物多样性等为主的生态保护功能，以生态隔离与缓冲为主的生态保育功能；生产功能由以提供粮食、经济作物等为主的农业生产功能，以及工业品生产、能源矿产供应的工业生产功能构成；生活功能包括了提供城镇居民生产生活，集合居住、商贸、公共服务等功能的城镇空间，以及提供农村居民生产生活，集合居住、养殖、设施农业等功能的农村聚落。不难看出，生态功能属于保护性功能，而生产、生活功能属于开发性功能。此外，由于 2011 年起宁夏实施了禁牧封育条例，采取草原（包括草山、草坡、人工草地、河滩草地）和林地等区域围封培育并禁止放养牛、羊等草食动物的管护措施，主要实行舍饲养殖，故而将提供乳肉产品的畜牧功能归并入农村聚落中。

表 12-1 西海固地区地域功能分类体系

一级	二级	功能描述及扩展功能
生态功能	生态保护	防风固沙、水土保持、涵养水源、维持生物多样性等 扩展功能：旅游休憩
	生态保育	保留空间，生态隔离与缓冲带 扩展功能：园作林作、旅游休憩
生产功能	农业生产	保障食物安全，粮食、经济作物等供给 扩展功能：旅游休憩，生态保护
	工业生产	工业品生产、能源矿产供应
生活功能	城镇空间	城镇居民生产生活，集合居住、商贸、公共服务等
	农村聚落	农村居民生产生活，集合居住、养殖、设施农业等

按照上述分类体系，西海固地区现状地域功能以生态和生产功能为主，两者占土地总面积的比例分别为 56.95% 和 39.33%，生活功能主导的地域仅占 3.72%。图 12-2 显示了西海固各区县地域功能结构，区县间的地域功能结构的差异主要体现在生态和生产功能上。生态功能分布最广的区县为泾源县，占该县土地总面积的 79.83%，而同心县和海原县分别以 63.43% 和 60.48% 位居第二和第三位，比例较低的两区县为西吉县和隆德县，均不足该县土地面积的 50%，其中西吉县仅 38.33% 为各区县最低值。从生产功能来看，西吉县生产功能占该县土地总面积的比例高达 57.67%，其比例约为西海固平均水平的

1.5 倍、泾源县比例（17.63%）的 3 倍以上。此外，在生活功能方面，固原市市辖区原州区生活功能比例为 5.01%，而泾源县的生活功能占比最低，仅为 2.53%。

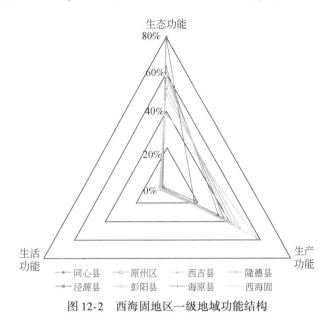

图 12-2　西海固地区一级地域功能结构

从地域功能亚类来看，生态保育和农业生产功能是西海固地域功能的主体，两者占国土面积的比例分别为 50.59% 和 39.19%；生态保护和农村聚落的比例次之，分别为6.38% 和 3.26%；工业生产、城镇空间的空间分布较稀疏，比例均不足 1%（表 12-2）。具体来看，生态保育功能的比例大于 50% 的区县有海原县、同心县和彭阳县，其中，同心县生态保育功能地域面积 2862.72km²，占全县总面积的比例为 62.27%。农业生产功能的规模在西吉县达 1802.76km²，占全县总面积的比例（57.61%）为西海固地区各区县最高。泾源县与其他区县在功能结构上的差异较大，境内生态保护功能面积 517.88km²，所占比例（45.87%）为各类最高，而农业生产功能地域的比例仅为 17.54% 的低值。西海固地区现状地域功能的空间分布如图 12-3 所示。

表 12-2　西海固地区二级地域功能结构类型比例　　　　　　　（单位:%）

功能类型	原州区	西吉县	彭阳县	隆德县	泾源县	海原县	同心县	西海固
生态保护	3.54	7.90	5.36	10.75	45.87	2.49	1.17	6.38
生态保育	49.24	30.44	53.38	38.30	33.97	57.99	62.27	50.59
农业生产	42.20	57.61	36.86	46.54	17.54	36.32	32.99	39.19
工业生产	0.16	0.06	0.05	0.09	0.09	0.10	0.31	0.14
城镇空间	1.08	0.18	0.16	0.45	0.34	0.39	0.45	0.44
农村聚落	3.78	3.81	4.19	3.87	2.19	2.71	2.81	3.26

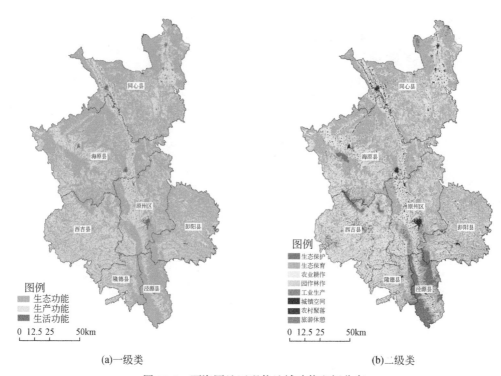

(a)一级类 　　　　　　　　　　 (b)二级类

图 12-3　西海固地区现状地域功能空间分布

　　地域功能适宜性是资源环境承载力约束下，一定地域在人地系统中承担某种功能的适宜程度。地域功能适宜性能够有效表征人文系统功能与自然系统本底的耦合程度，是地域功能形成、演化、自我调节的基础。任一地域都有着不同的利用功能取向，但不同种利用方式在该地域上获得的效益是不同的，适宜程度越高，所获得的效益也越高。在地域分异规律的作用下，同一种功能在不同地域单元有着不同的适宜性，而同一地域单元可能适宜多种功能，又具有不同的适宜程度。

　　西海固地区在水资源利用适宜性、土地资源适宜性、生态保护重要性、生态系统脆弱性、地质灾害危险性等资源环境要素的综合约束下，生态保护、生态保育、农业生产、工业生产、城镇空间及农村聚落等生态-生产-生活功能表现出了适宜程度的显著差异。表12-3示意性地表达了地域功能适宜性与资源环境承载力约束类型的关系矩阵，以生态功能为例，生态保护功能受到生态重要性和生态系统脆弱性的影响，两者的约束程度越高（生态重要性越重要、生态系统脆弱性越脆弱）则生态保护功能的适宜程度越高；生态保育功能的适宜性则表现为水土资源利用难度越大，生态重要性、生态系统脆弱性、地质环境危险性越高，进行生态保育的适宜程度越高，两个二级功能适宜性的组合也就表明了一级生态功能的适宜程度。

表 12-3　地域功能适宜性与资源环境承载力约束类型

功能类型	约束类型与约束程度														
	水资源			土地资源			生态保护			生态脆弱			地质环境		
	无约束	一般约束	强约束	无约束	一般约束	强约束	无约束	一般约束	强约束	无约束	一般约束	强约束	无约束	一般约束	强约束

生态功能

生态保护、生态保育、

生产功能

农业耕作、工业生产

生活功能

城镇空间、农村聚落

图例：无关　低　中　高　⬤无约束　◯一般约束　⬤强约束

基于资源环境承载力约束类型对不同地域功能类型的影响，采用德尔菲法邀请专家填写权重调查表来确定参评因素及其权重（图 12-4），最终测算出各类地域功能的适宜程度。考虑到运算效率和数据精度，以 250m×250m 格网为基础运算单元进行 GIS 叠加分析。对 6 类现状地域功能及其适宜性的划分结果如图 12-5 所示。

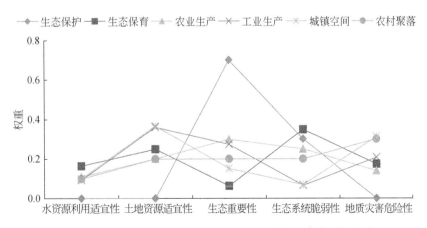

图 12-4　各类地域功能适宜性的资源环境承载力约束类型权重对比

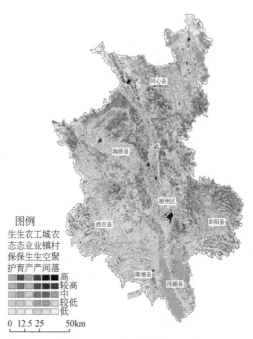

图 12-5　西海固地区现状地域功能及其适宜性划分

12.2.1　生态功能适宜性

在生态保护重要性和生态系统脆弱性主导下，生态保护功能适宜性分布如图 12-6 所示，适宜程度高和较高等级区主要位于六盘山及其余脉，还在清水河河谷东侧云雾山、炭山、凤台山、窑山等清水河东侧黄土山地丘陵区分布。相对而言，生态保育功能适宜性高值区分布较广，其中适宜程度高等级区集中分布于西吉县葫芦河流域黄土墚峁丘陵区、彭阳县泾河上游诸支流两侧黄土塬墚峁丘陵区。适宜程度低值区主要分布于河谷川地、石质山地及其山麓洪积扇发育区（图 12-7）。

12.2.2　生产功能适宜性

农业生产和工业生产功能的适宜性分布如图 12-8 所示，在农业生产功能方面，适宜程度高等级区集中于清水河河谷和东北部韦州平原，较高等级分布面积较广，还在海原县中部黄土残塬和盆壝地等微弱切割的黄土墚状丘陵，西吉县、隆德县葫芦河流域两侧，以及彭阳县黄土塬区广布。工业生产功能的适宜性高值区分布高度集中于中部、北部河谷平原区，而南部山地丘陵地带仅在干流的河谷川地区形成了小规模集中分布态势（图 12-9）。从生产功能的适宜性而言，农业生产功能受到资源环境承载力的约束程度较小，在适宜程度较低区域进行工业区位选择时，往往需要付诸更高的成本规模。

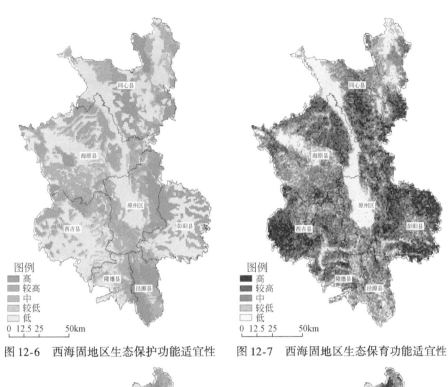

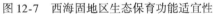

图 12-6　西海固地区生态保护功能适宜性　　图 12-7　西海固地区生态保育功能适宜性

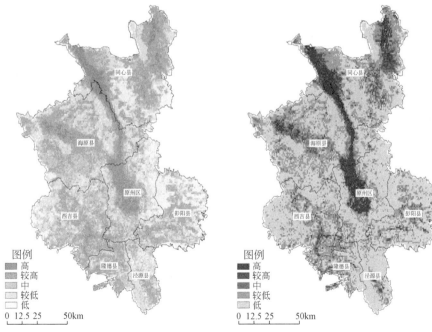

图 12-8　西海固地区农业生产功能适宜性　　图 12-9　西海固地区工业生产功能适宜性

12.2.3 生活功能适宜性

如图 12-10、图 12-11 所示，城镇空间与农村聚落功能适宜性具有较强的空间一致性，清水河河谷平原区均为两者高等级阈值的主要分布区。但两者在较高级区的分布上又有明显差异，农村聚落在此级的分布规模相对较大，在同心县中北部、海原县中部、彭阳县中部以及西吉县、彭阳县葫芦河流域中部区域均有分布。从低值区分布来看，起伏度较高的六盘山、云雾山、炭山等山地区，以及侵蚀切割强烈的东西两翼黄土丘陵沟壑区，城镇空间的适宜性基本属较低或低等级。

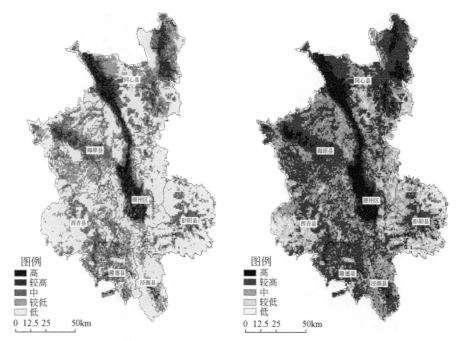

图 12-10 西海固地区城镇空间功能适宜性   图 12-11 西海固地区农村聚落功能适宜性

12.3 西海固地区资源环境承载状态

图 12-12 显示了西海固地区资源环境承载状态的空间分布格局，总体来看，境内资源环境承载力呈现中部向外围递减、北部高于南部的整体态势，承载力强弱格局集聚分布、具有明显的空间可分性，强承载力土地空间规模小于弱承载力区，而适载区空间分布范围最广。西海固完全可载和可载区的面积分别为 2193.15km² 和 581.52km²，在清水河河谷及韦州平原的扬水灌区、海原中部面状集聚分布，在葫芦河、泾河支流流域的河谷川区呈条带状延展分布。而超载和严重超载区的面积合计为 4422.89km²，所占比例达 21.99%，高出强承载力区近 8 个百分点，主要分布于东西两翼黄土丘陵区。此外，适载区面积达 12 916.45km²，占土地面积的 64.22%，其空间分布表现出集聚与分散相结合的特征，具

体地，在六盘山山地区以及河谷平原强承载力区的外围呈集聚分布，而在黄土丘陵沟壑地带呈零散分布，与弱承载力区相互交织。

图 12-12　西海固地区资源环境承载状态

12.3.1　原州区测度结果

空间格局测度结果显示，原州区资源环境承载力整体较强，为西海固地区各区县中承载力最为优越的区域。区内完全可载区和可载区的面积分别为 452.38km² 和 74.58km²，合计占该县土地总面积的 19.23%，不仅高出西海固地区的平均水平近 6 个百分点，而且位居各区县首位，完全可载分布带以固原城区为起点沿清水河谷向北延伸，还包括了清河镇、彭堡镇、头营镇、三营镇等乡镇。对西海固和原州区不同开发性功能资源环境承载力的对比分析显示（图 12-13），城镇空间和工业生产功能的承载力状态较优，其中城镇空间功能的完全可载区比例达 67.32%，处于超载和严重超载的比例仅为 6.97% 和 7.03%。农业生产功能的超载问题相对突出，超载区面积合计达 4153.18km²，占现状农业生产功能总面积的 52.69%，主要位于东部炭山乡、寨科乡、官厅乡等云雾山山地丘陵区以及东南部张易镇、开城镇等六盘山山麓向平原过渡区。

12.3.2　彭阳县测度结果

彭阳县资源环境承载力超载问题突出，超载区面积 717.34km²，占该县土地总面积的

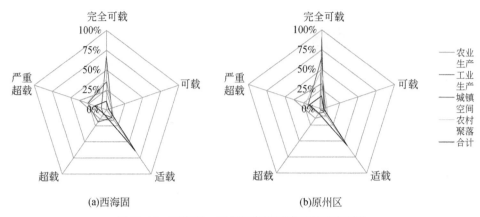

图 12-13　西海固、原州区资源环境承载状态对比

28.3%，广泛分布于县内黄土丘陵区。如图 12-14（a）所示，彭阳县除城镇空间外其余功能类型的超载特征突出，农业生产、工业生产以及农村聚落功能严重超载区占各自现状功能面积的比例均高于 60%，其中工业生产功能超载面积 1.02km²，分布于彭阳县北部王洼矿区，矿区周边生态环境极其脆弱，生产作业过程形成的采煤塌陷、煤矸石山等造成山坡地貌及植被破坏，故需要及时进行土地复垦、植被恢复等综合治理。县内具有较强承载力的空间分布十分有限，在红河、茹河流域河谷川地的白阳镇、古城镇、城阳乡等乡镇分布较为集中，城镇空间中完全可载、可载区的比例分别为 42.51%、17.24%。

12.3.3　西吉县测度结果

作为西海固地区资源环境承载力超载状态最为显著的区县，西吉县超载区面积的比例达 42.64%，高出西海固平均水平的一倍以上，超载区和严重超载区的面积分别为 305.68km² 和 1028.56km²，规模位列各区县首位。如图 12-14（b）所示，西吉县在农业生产、城镇空间以及农村聚落功能中的严重超载区具有较高比例。在农业生产功能方面，西吉县南部滥泥河流域的红耀乡、马建乡、田坪乡、西滩乡、兴平乡、震湖乡等乡镇分布最为密集，在六盘山麓向黄土丘陵过渡区的白崖乡、马莲乡、偏城乡的分布也较为集中。可载区的空间分布具有明显的河谷指向，葫芦河干流、什字河、好水川河谷的中下游呈带状分布，包括了吉强镇、将台乡、马莲乡、硝河乡以及兴隆镇等乡镇。

12.3.4　隆德县测度结果

隆德县资源环境承载力的空间分异特征显著，以渝河河谷川地为界，西北一侧黄土梁峁丘陵区呈现突出的超载态势，而西南一侧六盘山山地及山麓地带以适载区分布为主。全县超载区、严重超载区比例分别为 7.62%、13.77%，超载区主要为农业生产和农村聚落的功能地域对生态功能的占用，其中农业生产功能的严重超载区占现状面积的 28.10%，

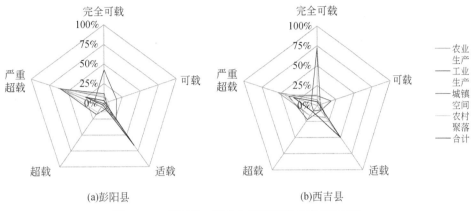

图 12-14　彭阳县、西吉县资源环境承载状态对比

集中分布于好水乡、杨河乡、张程乡等乡镇［图 12-15（a）］。可载区面积合计为 147km²，占隆德县土地面积的 14.81%，略高于西海固地区平均水平，从空间分布来看，较为集中在渝河自上而下流经的城关镇、联财镇、沙塘镇、神林乡等乡镇河谷川区。

12.3.5　泾源县测度结果

泾源县地处六盘山腹地，天然次生林广布、森林覆盖率高（48.5%），适宜人类活动的开发类功能地域狭小，其资源环境承载力的显著特点是适载区为主体，但农业生产功能对保护类生态功能的占用导致超载问题仍较为突出［图 12-15（b）］。泾源县适载区面积为 962.72km²，占全县面积比例（85.27%）远高于区县。在超载区方面，全县超载和严重超载的比例合计 11.78%，县内 72.63km² 的严重超载区中，有 65.63km² 就来自农业生产功能的严重超载，其分布主要位于六盘山林区外缘、南北向纵贯泾源县全境，且在大湾

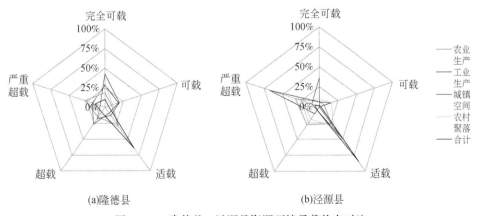

图 12-15　隆德县、泾源县资源环境承载状态对比

乡、六盘山镇、泾河源镇等乡镇分布较广。此外，工业生产功能中存在显著超载问题，严重超载区面积 $0.68km^2$，占工业生产功能地域的 67.77%，主要由六盘山镇东北部水泥用灰岩矿开采所致。可载区的分布规模与比例均较小，完全可载区、可载区的比例仅为 1.42%、1.54%，主要位于香水镇、泾河源镇泾河支流的河谷川区。

12.3.6　海原县测度结果

海原县资源环境承载力的整体承载状态良好，空间分布呈现可载区大集中、超载区小分散的基本格局。全县完全可载区、可载区所占的比例分别为 12.95%、4.16%，适载区达 66.48%，可载区集聚分布态势明显，主要分布于清水河中游河谷扬水灌区，含三河镇、七营镇、李旺镇、高崖乡等乡镇，在海原县中部的海城镇、西安镇、史店乡、曹洼乡等乡镇亦成规模分布，多属六盘山余脉南华山、西华山东侧的盆塘、残塬以及小型河谷川台地。在超载区方面，超载区和严重超载区的比例分别为 7.29% 和 9.12%，主要位于清水河谷西侧的墚峁丘陵区以及六盘山余脉以西的西吉县黄土丘陵区，包括了关庄乡、九彩乡、李俊乡、树台乡等乡镇。从功能属性来看，这些区域资源环境承载力的超载主要是农业生产功能的过度延展所致，境内农业生产功能属超载和严重超载的面积分别为 $350.08km^2$ 和 $435.7km^2$，合计占超载区总面积的 95.96% ［图12-16（a）］。

12.3.7　同心县测度结果

如图12-16（b）所示，同心县资源环境承载力呈现整体可承载、局部有超载的规模格局。全县完全可载区和可载区的面积为 $734km^2$ 和 $103.97km^2$，规模和比例均列西海固地区第二位。完全可载区主要分布于清水河谷地扬水灌区，还分布于韦州镇、下马关镇韦州平原中部及预旺镇和马高庄乡交界的黄土洼地区。超载区主要位于中部和南部马高庄乡、田老庄乡、张家塬乡及预旺镇西部，与海原县相似，超载区农业生产功能开发过度，与区内极为脆弱的生态系统矛盾突出，全县 $412.5km^2$ 的严重超载区中 96.67% 是由于农业生产功能超载。此外，工业生产功能的超载值得关注，超载区面积达 $5.72km^2$，占现状该功能总面积的 40.52%，主要位于同心县东北部的韦州矿区和太阳山工业园区，区内生态系统脆弱，地表植被盖度低、风沙土分布广，应积极采取生态恢复与重建措施，减小工业生产活动对生态系统结构和功能的削弱。

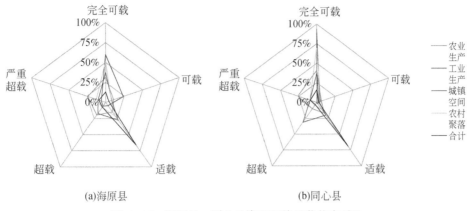

图 12-16 海原县、同心县资源环境承载状态对比

12.4 小　　结

本章实证研究表明，从地域功能适宜性的角度创建面向自然单元的资源环境承载状态测度方法具有可行性，且承载状态空间格局的分级结果具有较强政策内涵和应用价值，不仅能够将资源环境承载力的调控与发展导向进一步落地，还能有效瞄准超载问题区并对其影响因素进行甄别。综合测度结果发现，西海固地区现状地域功能以生态和生产功能为主，两者占西海固土地总面积的比例分别为 56.95% 和 39.33%，生活功能主导的地域仅占 3.72%。西海固地区的资源环境承载力可以划分为完全可载、可载、适载、超载以及严重超载 5 个等级，其中完全可载区和可载区面积分别为 2193.15km² 和 581.52km²，两者合计占西海固土地总面积的 13.79%，在清水河河谷及韦州平原的扬水灌区、海原中部面状集聚分布，在葫芦河、泾河支流流域的河谷川区呈条带状延展分布。而超载和严重超载的面积合计为 4422.89km²，所占比例达 21.99%，主要分布于西海固东西两翼黄土丘陵区。

第13章 西海固地区资源环境承载力提升与调控路径

资源环境承载力要素评价和综合测度结果均具有鲜明的规划与管理指向，可以作为欠发达地区在返贫风险防范、乡村振兴、新型城镇化、空间治理等各领域的基本依据。本章将着重以资源环境承载状态综合测度结果为基础，探索资源环境承载力的分类分区调控途径，探讨开发保护格局的空间优化与适应策略，并提出缓解资源环境超载状态、增强资源环境承载力的政策支撑体系。

13.1 西海固地区资源环境承载力的分类调控

13.1.1 严重超载区调控途径

严重超载区现状开发性功能适宜程度低、对保护性功能地域的占用规模较大，其人口容量呈大幅减少趋势，局部严重超载地区应逐步清零，引导开发强度大幅下降以减轻突出的人地矛盾。其调控与发展导向如下。

（1）在生产功能方面，对农业生产功能超载地域进行治沟与治坡相结合的小流域综合治理，在禁止25°以上耕地垦殖基础上，逐步实施15°以上耕地退耕还林还草，促进农业生产功能向生态保育功能转化，典型地域包括西吉县黄土丘陵、泾河上游塬墚峁丘陵；在工业生产功能超载地域，加强生产作业对周围生态环境影响效应实时监控，杜绝先污染后治理，敦促对已破坏地域进行土地复垦与生态治理，严禁扩大作业区规模，尽可能内部挖潜、提高土地容积率，淘汰用地面积大、投资效益低的项目建设，典型地域如彭阳县王洼矿区、泾源县六盘山水泥厂区等（表13-1）。

表13-1 严重超载区资源环境承载力调控与发展导向

功能类型	演变趋向	调控策略	典型地域
农业生产	功能缩减 功能转变	小流域综合治理向生态保育功能转化； 禁止25°以上耕地垦殖、15°以上耕地退耕还林还草	西吉县黄土丘陵、泾河上游塬墚峁丘陵
工业生产	功能缩减 功能转变	实时监控生产作业对周围生态环境影响效应，敦促对已破坏地域进行土地复垦与生态治理； 淘汰用地面积大、投资效益低的项目建设； 严禁扩大作业区规模	彭阳县王洼矿区、泾源县六盘山水泥厂区等

续表

功能类型	演变趋向	调控策略	典型地域
城镇空间	功能缩减	缩减城镇人口规模； 保留基本服务功能	红耀乡、马建乡、冯庄乡、田坪乡、西滩乡、兴平乡等乡政府驻地
农村聚落	功能缩减 功能转变	缩减农村人口规模，实施生态移民； 核减农村宅基地占用规模	西海固东西两翼黄土丘陵区、六盘山次生林区边缘散布的农村聚落

（2）在生活功能方面，引导城镇空间功能超载地域缩减城镇人口规模，仅保留城镇基本服务功能，典型地域如西吉县红耀乡、马建乡、田坪乡、彭阳县冯庄乡、小岔乡等乡政府驻地；农村聚落功能超载地域则根据禁止开发区、灾害防治避让区分布规模与范围，通过生态移民、劳务移民等手段多渠道缩减农村人口数量，结合移民规模核减农村宅基地占用规模，典型地域多属西海固东西两翼黄土丘陵区、六盘山次生林区边缘散布的农村聚落（表13-1）。

13.1.2 超载区调控途径

超载区现状开发性功能适宜程度较低、对保护性功能地域的占用较广，其人口容量呈减少趋势，未来开发强度应朝着逐步降低的方向调整。其调控与发展导向如下。

（1）在生产功能方面，对农业生产功能超载地域进行禁止25°以上耕地垦殖，进一步实施退耕还林还草，同时发展林业和林下生态经济，在提升农户可持续生计能力前提下使农业生产功能向生态保育功能拓展。在工程技术上，修筑水平梯田和隔坡梯田、推行微灌技术，提升宜耕地生产力，典型地域分布于六盘山及其余脉的山麓地带；对工业生产功能超载地域的土地利用强度和投资强度进行筛选与监控，淘汰用地面积大、投资效益低的项目建设，限制扩大作业区规模，提高土地容积率，典型地域如同心县太阳山工业园区等（表13-2）。

（2）在生活功能方面，引导城镇空间功能超载地域小幅缩减城镇人口规模，保留基本服务功能的同时，拓展特色旅游服务功能，典型地域如泾源县六盘山镇、原州区张易镇、寨科乡等乡镇政府驻地；农村聚落功能超载地域则通过缩减农村人口规模、整治农村空心化、复垦空闲宅基地等手段卸载资源环境压力，并限制新建宅基地规模，鼓励内部挖潜，典型地域多分布于南部土石山区（表13-2）。

表 13-2　超载区资源环境承载力调控与发展导向

功能类型	演变趋向	调控策略	典型地域
农业生产	功能拓展 功能缩减	禁止25°以上耕地垦殖，实施退耕还林还草； 发展林业和林下生态经济，向生态保育功能转化； 推行微灌技术，修筑水平梯田和隔坡梯田	六盘山及其余脉的山麓地带

续表

功能类型	演变趋向	调控策略	典型地域
工业生产	功能缩减 功能转变	土地利用强度和投资强度筛选与监控； 淘汰用地面积大、投资效益低的项目建设； 限制扩大作业区规模，提高土地容积率	同心县太阳山工业园区等
城镇空间	功能缩减 功能拓展	缩减城镇人口规模； 保留基本服务功能，拓展特色旅游服务功能	六盘山镇、张易镇等乡镇 政府驻地
农村聚落	功能缩减 功能转变	缩减农村人口规模； 整治农村空心化，复垦空闲宅基地； 限制新建宅基地规模，鼓励内部挖潜	南部土石山区

13.1.3 适载区调控途径

适载区现状开发性功能适宜程度一般，仅在局部地区形成了对保护性功能地域的占用，其人口容量基本不变，未来开发强度可适当增加。具体调控与发展导向如下。

（1）在生产功能方面，农业生产功能适载地域通过调整种植结构，合理安排粮作、经济作物、饲料种植比例，发展草田轮作及舍养畜牧业，同时结合林果、药材种植发展休闲农业，实现农业生产功能的拓展与提升，典型地域包括南部泾河、葫芦河干支流河谷川区等；农业生产功能适载地域一方面应限制高能耗、高污染类资源密集型产业，另一方面可依托马铃薯、粮油、果蔬、畜牧、中草药等生物资源和农业资源，鼓励因地制宜发展农副产品加工、食品饮料、生物医药等特色工业，典型地域如西吉县吉强镇、隆德县城关镇等的工业园区（表13-3）。

（2）在生活功能方面，城镇空间功能适载地域可作为乡镇内"山上问题山下解决"的生态移民的备选安置区，可适度增加城镇人口规模，典型地域如泾源县香水镇、彭阳县王洼镇、海原县红羊乡、郑旗乡、关桥乡等乡镇政府驻地；为减轻农村聚落功能适载地域人类活动对生态系统的扰动，需逐渐建立安全稳定、清洁环保的能源供给体系，同时积极开展非农就业培训援助，使当地农户摆脱低产土地对其的束缚，鼓励剩余劳动力通过劳务移民向可载区流动，典型地域如海原县中南部近山地区（表13-3）。

表13-3 适载区资源环境承载力调控与发展导向

功能类型	演变趋向	调控策略	典型地域
农业生产	功能拓展 功能提升	调整种植结构，发展草田轮作及舍养畜牧业； 结合林果、药材种植发展休闲农业	南部泾河、葫芦河干支流 河谷川区
工业生产	功能拓展	鼓励因地制宜发展农副产品加工等特色工业； 限制高能耗、高污染类资源密集型产业	西吉县吉强镇、隆德县城 关镇等的工业园区

续表

功能类型	演变趋向	调控策略	典型地域
城镇空间	功能拓展	适度增加城镇人口规模； 乡镇内"山上问题山下解决"生态移民的备选安置区	香水镇、王洼镇、红羊乡等乡镇政府驻地
农村聚落	功能提升	建立安全稳定、清洁环保的能源供给体系； 开展非农就业培训援助	海原县中南部近山地区

13.1.4 可载区调控途径

可载区现状开发性功能适宜程度较高、对保护性功能地域的占用较小，其人口容量呈增加趋势，未来开发强度具备一定的提升空间。调控与发展导向如下。

（1）在生产功能方面，为使农业生产功能可载地域的生产力进一步提升，应加强农田平田整地，推广地膜覆盖，改进节水灌溉手段，改大水漫灌为小畦灌溉，并建立健全旱作农田生态系统，典型地域主要分布于西海固南部葫芦河和泾河支流河谷川地区；对工业生产功能可载地域，一方面，发展具有技术含量和加工深度产业，另一方面，鼓励吸纳就业人口能力较强的劳动密集型产业进驻，促进工业生产功能集聚与提升，典型地域如海原新区工业园、同心县羊绒产业园区等（表 13-4）。

（2）在生活功能方面，将城镇空间功能可载地域作为区县内"山内问题山外解决"生态移民的备选安置区，与工业生产功能相配套，适度增加城镇人口规模，典型地域如彭阳县白阳镇、隆德县城关镇、西吉县吉强镇、海原县头营镇、同心县王团镇等镇政府驻地；在农村聚落功能适载地域，逐步完善基本公共服务功能覆盖网络，建立安全稳定、清洁环保的能源供给体系，实现农村人口与资源环境优化相协调，典型地域主要包括西海固中部、南部河谷川地区（表 13-4）。

表 13-4　可载区资源环境承载力调控与发展导向

功能类型	演变趋向	调控策略	典型地域
农业生产	功能提升	加强农田平田整地，推广地膜覆盖； 缩小灌面，改大水漫灌为小畦灌溉； 建立健全旱作农田生态系统	西海固南部葫芦河和泾河支流河谷川地区
工业生产	功能提升 功能集聚	发展具有技术含量和加工深度产业； 吸纳就业人口能力较强的劳动密集型产业	海原新区工业园、同心羊绒产业园区等
城镇空间	功能提升	适度增加城镇人口规模； 区县内"山内问题山外解决"生态移民的备选安置区	白阳镇、城关镇、吉强镇、头营镇、王团镇等镇政府驻地
农村聚落	功能提升	建立安全稳定、清洁环保的能源供给体系； 完善基本公共服务功能覆盖网络	西海固中部、南部河谷川地区

13.1.5　完全可载区调控途径

完全可载区现状开发性功能适宜程度高、未占用保护性功能地域，其人口容量呈增加趋势，未来开发强度仍具有较高提高空间。其调控与发展导向如下。

（1）在生产功能方面，农业生产功能可载地域应充分发挥宜耕地广、灌溉程度高的特点，规模化发展高效农业，推行畦灌、喷灌、滴灌、暗管灌等节水新技术，并注重农田林网建设，典型地域包括清水河谷扬水灌区以及同心县东部韦州平原区；工业生产功能可载地域则以功能拓展与集聚为导向，由单一生产功能的工业集中区转变为集生产、物流、商贸、服务等于一体的综合性产业园区，同时引导发展具有技术含量和加工深度的产业、吸纳就业人口能力较强的劳动密集型产业，典型地域如固原经济开发区、固原盐化工循环经济园区等（表13-5）。

（2）在生活功能方面，城镇空间功能完全可载地域具有规模化增长城镇人口的条件，以现有城镇空间为基础向外围生态功能适宜性低值区拓展，作为跨区县"山内问题山外解决"生态移民的首选安置区，典型地域如固原城区周边清水镇、彭堡镇、同心县豫海镇等；在农村聚落功能可载地域，可进行小型生态移民安置，需逐步完善基本公共服务功能覆盖网络，建立安全稳定、清洁环保的能源供给体系，促进农村聚落功能的综合提升，典型地域主要包括北部扬水灌区广大农村聚落（表13-5）。

表 13-5　完全可载区资源环境承载力调控与发展导向

功能类型	演变趋向	调控策略	典型地域
农业生产	功能提升	种植规模化，发展高效农业； 推行畦灌、喷灌、滴灌、暗管灌等节水新技术； 开展农田林网建设	清水河谷扬水灌区以及同心县东部韦州平原区
工业生产	功能拓展 功能集聚	由单一生产功能的工业集中区转变综合性产业园区； 矿产资源加工业、资源粗加工和就近加工产业	固原经济开发区、固原盐化工循环经济园区等
城镇空间	功能提升	规模化增长城镇人口规模； 跨区县"山内问题山外解决"生态移民的首选安置区	固原城区周边清水镇、彭堡镇、同心县豫海镇等
农村聚落	功能提升	小型生态移民的安置区； 建立安全稳定、清洁环保的能源供给体系； 完善基本公共服务功能覆盖网络	北部扬水灌区广大农村聚落

13.2　西海固地区开发保护格局的空间优化与适应

13.2.1　功能板块布局

基于资源环境承载力综合评价以及开发利用基础和未来发展潜力分析，在全国和宁夏主体功能区规划的功能定位和规划指导下，按照功能定位，实施空间管制，指导人口和经济的合理布局。

城镇集约发展区指城镇建设和工矿建设的集中用地，是走新型城镇化和工业化道路的主要空间载体，包括国家和宁夏主体功能区规划中明确的重点开发区域，以及城镇建成区和具有一定规模的独立工矿区、物流园区，占西海固地区总面积的 10.54%。未来应着力改善投资环境和人居环境，大规模集聚人口和经济，建设区域经济增长极，促进区内农村贫困人口向城镇和非农产业转移。

农业高效主产区指依托灌区发展设施农业和草畜业的重点区域，是建设农业现代化的主要基地，占西海固地区总面积的 4.6%。未来应加强农田水利设施建设，提高农业科技服务水平，促进农业产业化上规模、上档次，推进县内移民的有土安置。

生态重点建设区指生态功能比较重要和生态系统比较脆弱的区域，是履行国家生态安全屏障功能、提升区域生态环境质量的重要组成部分，主要是国家和宁夏主体功能区规划明确的限制开发区域，占西海固地区总面积的 74.13%。未来应加强水土流失和沙漠化等生态问题的治理，努力提高林草植被盖度和森林覆盖率，保护生物多样性，增加生态服务功能；积极发展生态农业和生态旅游，促进农村贫困人口就地就业。

严格禁止开发区指依法设立的各类自然文化资源保护区域，包括自然保护区、文化自然遗产、风景名胜区、森林公园和地质公园、重要水源地及地震断裂活动带和地质灾害极易发区，占西海固地区总面积的 10.73%。未来应加强自然和文化资源的保护，严格禁止各类城镇建设和工业开发活动，适度发展生态旅游和生态农业，改善农村贫困人口的生活质量。

13.2.2 空间结构指引

构筑"一核多节点、一轴两板块"的国土空间开发结构，按照重点带动、整体开发、内外衔接、统筹推进的基本要求，培育中心城市，打造开发主轴，加快形成有序、高效的空间结构，有效缓解并扭转区域资源环境承载力总体超载态势，实现区域品质大提升。

"一核"指固原城区。加快区域中心城市建设，提升城市经济、文化和管理功能，促进人口与产业集聚，优化中心城区和周边产业园区的空间形态，改善城市和区域的生态环境，引领工业化和城镇化进程，形成现代化程度高、民族特色鲜明的城市风貌。

"多节点"指重点城镇和产业园区。着力培育专业化产业园区和特色城镇，扩大农民就业渠道；增强县城辐射带动能力，改善城镇居民的生活条件，推进城乡统筹发展和基本公共服务均等化；积极引导"生活在城镇、生产在园区"，努力实现工业化和城镇化的良性互动。

"一轴"指贯穿南北的区域发展轴。加强综合交通运输通道和能源水利供给通道建设，增强吸纳人口、经济和城镇集聚的能力；努力承接银川市区、沿黄经济带和固原城区的沿轴辐射作用，大力发展资源加工业、设施农业和草畜养殖业，以及现代服务业；积极培育发展轴向东西两侧横向延展的联系网络，带动西海固区域经济整体发展。

"两板块"指南、北两个经济发展板块。南部板块应加强城镇体系、产业园区和绿色屏障建设，统筹资源开发和生态保护、工业强区和物流活区、巩固农业和兴办旅游的关系。北部板块应加强与沿黄经济带的联动发展，重点搞好生态治理，大力发展林果和畜牧等特色农业，加快能源基地和工业园区建设，以积极融入沿黄经济带的姿态重塑区域发展的新格局。

13.2.3 国土空间管控

遵循主体功能定位、坚持生态保护优先、落实刚性约束要求、预留未来发展空间，综合实施"三区三线"管控，约束、规范和引导西海固地区各类空间开发行为。

对生态空间实行生态保护红线和生态保护红线以外的一般生态区分类管控。①生态保护红线管控。通常禁止在生态保护红线区内进行基础设施、城乡建设、工业发展、公共服务设施布局，因国家重大基础设施、重大民生保障项目建设等确需调整的，由自治区政府组织论证，提出调整方案和生态环境影响评价，经相关部门审核后按程序报批。因重大战略资源勘查需要，经依法批准后予以安排勘查项目。区内需要明确关键保护对象及分布，确保重要自然生态系统、自然遗迹、自然景观和生物多样性得到系统性保护，提升生态服务功能和生态产品供给能力。有序实施生态移民，推动人口适度集中安置，按照"零扰动"目标调整区内人类活动强度。②一般生态区管控。根据区域生态安全格局和生态功能分区，禁止违规毁林开荒、围湖造田、侵占湿地。在生态空间内拟清退建设用地识别时，应与重点生态功能区产业负面清单衔接，细化允许、限制、禁止的产业和项目清单，从严确定禁止类产业和项目用地。区内严禁增设与生态功能冲突的开发建设活动，引导与生态保护有冲突的现状开发建设活动逐步退出，逐步恢复原有生态功能。在不损害生态功能的前提下，因地制宜地适度发展生态旅游、农林牧产品绿色生产和加工等产业。建设连接生态保护红线区的生态廊道，保护珍稀野生动植物的重要栖息地和野生动物的迁徙通道，防止野生动植物生境"孤岛化"。

对农业空间实行永久基本农田和永久基本农田以外的一般农业区分类管控。①永久基本农田管控。通常禁止在永久基本农田内进行基础设施、城乡建设、工业发展、公共服务设施布局，严格确保数量不减少、用途不改变。当重大能源、交通、水利、通信、军事等设施建设确实无法避开永久基本农田时，须严格实施可行性论证后报批，并补充划入数量和质量相等的耕地作为补划永久基本农田，明确提升农田生态环境效益的主要措施。②一般农业区管控。实行占用耕地补偿制度，严格控制耕地转为非耕地，严格限制与农业生产生活无关的建设活动。禁止闲置、荒芜耕地，禁止擅自在耕地建房、建坟、挖砂、采石、采矿、取土、堆放固体废弃物等毁坏种植条件的开发活动。加大西海固地区土地开发整理复垦，加快中低产田改造。有序推进空心村整治和村庄整合，合理安排农村生活用地，优先满足农村基本公共服务设施用地需求。适度允许区域性基础设施建设、生态环境保护工程配套、生态旅游开发及特殊用地建设，提升村庄建设特色和民族风情引导，严格控制开发强度和非农活动影响范围。

对城镇空间实行城镇开发边界内和城镇开发边界以外的城镇预留区分类管控。①城镇开发边界管控。严控城镇开发边界内开发强度和用地效率，严格执行闲置土地处置，引导城市精明增长，避免城镇建设无序外延扩张。严格执行规划用地标准和相关规范要求，统筹布局交通、能源、水利、通信等基础设施廊道和生态廊道。保护和营造绿色开敞空间，禁止破坏性建设，注重城市特色塑造，对具有历史文化保护价值的不可移动文物、历史建筑、历史文化街区予以保护。优化城镇内部功能布局，引导分散式、作坊式工业入园集中发展，提升工业用地产出效率。按照人口规模配置城镇生产和生活用地，优先保障教育、医疗、文体、养老、交通、绿化等公共设施用地需求。②城镇预留区管控。充分预留城镇和产业发展战略储备空间，原则上按照现状用地类型进行管控，不得新建、扩建城乡居民点。新增城镇和产业园区用地须在符合开发强度总量约束前提下，根据实际需要合理选址，重点用于扶贫脱贫带动类和战略前沿性产业发展。

13.2.4 跨区带动模式

"南北山川共济"的区内合作模式。加快推进沿黄经济区建设和城镇发展，充分发挥其辐射带动作用，增强吸纳贫困区生态移民、劳务移民和教育移民的能力，加大异地办教育、"飞地"办园区的力度，加快形成"南北山川共济、产业合理分工"的基本格局，不断创新自治区内跨地市扶贫的新模式。

"东西联动发展"区外合作模式。统筹区外帮扶、区域合作、对外开放的总体部署，着力打造更广泛、更紧密、更实惠、更有效的区域合作网络。不断加强与福建等东部沿海发达地区的经济合作，促进对口帮扶在办实业、育人才、扩市场等方面迈上一个新台阶。

13.3 提升西海固地区资源环境承载力的政策支撑体系

针对西海固地区承载体和承载对象优化调控的重点任务，建立和完善适应资源环境承载力的区域政策体系（图 13-1），实现政策导向由"输血"型向"造血"型转变，政策覆盖面由相对封闭式向完全开放式转变。

13.3.1 鼓励移民搬迁与转移就业政策

建立健全生态移民和劳务移民享受同等公共服务、社会保障和社会福利政策，深化"少生快富"工程，积极开展"优生促进工程"，制定完善的移民计划生育政策。加大公共廉租房、租赁费、劳务移民周转房等城镇保障性住房建设力度，新增建设用地指标优先满足易地扶贫搬迁和生态移民建房需求，制定鼓励劳务移民进行土地流转的有关政策。促

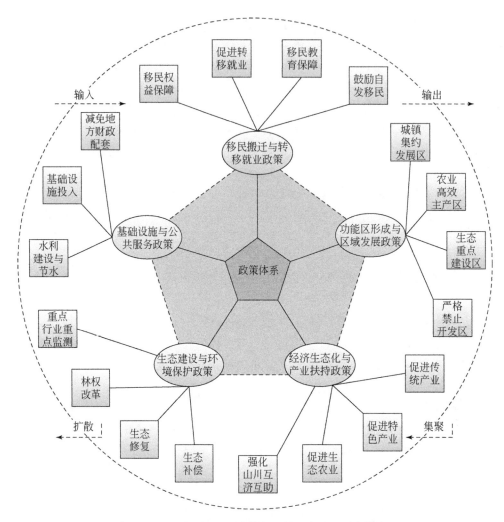

图 13-1　西海固地区适应资源环境承载力的政策体系

进转移就业政策制定，加快形成面向东部地区的区外转移就业基地和面向阿拉伯国家的国际劳务市场，建立健全绩效返利、地价降低、税收减少等优惠政策，鼓励自治区内外企业来西海固地区投资办厂，吸纳、集中西海固的农村劳动力。强化移民教育保障政策，继续加大对移民子女初、高中毕业生免费职业技能教育培训力度，生活费补助标准每年提高100元。增加对移民子女中贫困大学生的补助，鼓励外地大学生返乡就业。鼓励西海固超载区农村人口通过投亲靠友、进城务工等多种方式自发向重点城镇、工业园区转移。鼓励移民自发前往沿黄经济区或自治区外就业，建立专项基金或表彰机制奖励稳定就业移民。创办1~2个移民创业产业园，加大对自主创业移民在审批手续、工商登记、启动资金、税费贷款等环节的扶持与优惠力度。

13.3.2 促进功能区形成与区域发展政策

在城镇集约发展区，适当放宽重点城镇、工矿、物流园区等新增建设用地指标，简化审批手续，对于上缴中央的部分新增土地有偿使用费通过先征后返的形式返还地方用于基础设施建设。农业高效主产区内，加大强农惠农政策倾斜力度，增加农业补贴力度，稳定农民政策性收入，增加向龙头企业的金融政策倾斜，支持依托本地农业生产基地的农产品加工产业发展。将西海固地区马铃薯和小杂粮种植纳入国家粮食直补范围，补贴标准与玉米相同。在生态重点建设区，提高自治区财政转移支付系数，探索生态补偿机制和碳汇交易的政策框架，将六盘山及其外围的 300 万亩公益林全部纳入到国家生态补偿范围，实施引导超载人口逐步有序转移的人口政策，制定产业准入名录及鼓励发展生态旅游、文化产业等环境友好型的产业政策。严格禁止开发区优先开展生态移民，制定引导不符合功能定位的产业和超载人口逐步迁出的配套政策，妥善处理自然保护区内农牧地的产权关系，建立控制人类活动对自然生态干扰破坏的管理条例，严禁不符合功能定位的开发活动。

13.3.3 推动经济生态化与产业扶持政策

在传统产业促进政策方面，加速改革资源税政策，由从量计征改为从价计征，提高矿产资源矿业权价款的地方留成比例，用于支持当地生态建设、改善基本公共服务等；比照新疆少数民族地区和陕北老区相关政策，提高矿产开发型企业税费给地方留成比例。对于西海固地区特色产业，设立旅游扶贫专项基金，加大对西海固地区旅游资源开发的支持力度，对 A 级以上旅游景区（点）、乡村旅游示范点的基础设施、旅游公共服务设施建设项目和旅游新业态项目开发提供补贴。简化通用航空等特色新兴产业审批手续，实行税收"两免三减"优惠政策。在农业产业促进政策方面，安排专项资金或贴息贷款扶持农副产品深加工龙头企业，大力推广"公司+基地+农户"的农业产业经营模式，鼓励约定农产品收购保护价的订单农业。完善农业保险保费补贴政策，对主导农业产业，增加政策性农业保险险种，适当提高财政保险补助比例。强化山川互济互助政策，以地级市、财政强县为主体，实行强县带弱县的对口帮扶政策，在沿黄经济区设立西海固区县的"飞地"工业园区，打造重点产品基础研发的后方支撑平台。

13.3.4 强化生态建设与环境保护政策

创新生态补偿机制，将西海固地区整体列为综合生态补偿试点和国家林业碳汇造林项目试点，给予生态补偿专项资金支持。在生态修复政策方面，继续实施退耕还林、退牧还草、水土保持、荒漠化治理等重点生态修复工程，将西海固地区15°以上百万亩坡耕地整体纳入国家退耕还林计划。积极实施林权改革政策，对荒山、荒地造林种草以及坡耕地退耕还林还草，实行谁退耕，谁造林种草，谁经营，谁拥有土地使用权和林草所有权的政策。在六盘山林区选择 1~2 个乡镇或行政村，进行整建制"乡转场""村转场"试点，把农民变为林业工人，专门从事植树造林和林木抚育管护。此外，对重点行业实施重点监测政策，加强对矿产资源开发、盐化工等重点企业、行业的环境监测，严格执行污染物总量控制指标，严格开展新增建设项目的环境影响评价，不合格者一律禁止开发建设。

13.3.5 完善基础设施与公共服务政策

针对西海固地区政府性贫困突出、水土资源等要素承载力约束显著的特点，制定减免地方财政配套政策，减免各区县在基础设施与公共服务设施建设、民生项目建设的配套资金。依托大柳树水利枢纽工程建设，增加对西海固地区黄河引水配额。加大农田水利建设和农业节水改造的投入力度，完善农业申请用水、定额供水、有偿供水、超额加倍收费或停供的制度；鼓励发展低耗水行业，推广节水技术应用和循环用水制度，倡导建设节水型社会。进一步加大基础设施投入，每年安排专项资金，加大城乡道路、通信设施和供排水、供电、供热系统等基础设施建设，引导社会资金投入西海固境内开展交通、能源、通信等基础设施建设。

13.4 小 结

本章重点讨论了提升与调控西海固地区资源环境承载力的主要路径，针对不同承载状态下的现状开发性功能适宜程度、保护性功能地域的占用规模、人口容量基本特征，分类提出调控途径与发展导向。同时，将西海固地区划分为城镇集约发展区、农业高效主产区、生态重点建设区和严格禁止开发区四类功能板块，建议按照功能定位实施空间管制，优化区域人口和经济的合理布局。在提升资源环境承载力的政策支撑体系讨论中，提出了政策覆盖面由相对封闭式向完全开放式转变，政策着力点由解决局部区域、个别要素问题向解决整体区域、综合系统问题转变，由解决眼前困难向增加长远可持续发展能力转变，由注重生活领域向生态–生产–生活领域并重转变的具体措施。

参 考 文 献

白辉，高伟，陈岩，等.2016. 基于环境容量的水环境承载力评价与总量控制研究 [J]. 环境污染与防治，38（4）：103-106.

毕华兴，张建军，张学培.2003. 山西吉县 2010 年水土资源承载力预测 [J]. 北京林业大学学报，2（1）：69-73.

曹淑艳，谢高地.2007. 表达生态承载力的生态足迹模型演变 [J]. 应用生态学报，18（6）：1365-1372.

曹淑艳.2007. 耗竭性资源的生态承载力研究 [D]. 北京：中国科学院地理科学与资源研究所.

曹月娥，塔西甫拉提·特依拜，杨建军，等.2008. 新疆土地利用总体规划中的区域资源环境承载力分析 [J]. 干旱区资源与环境，22（1）：44-49.

常秋玲，田惠娟.2008. 南阳市土地生态承载力评价研究 [J]. 江西农业学报，20（3）：80-84.

常玉光，樊良新，宋琼.2008. 基于生态承载力的焦作市可持续发展能力研究 [J]. 水土保持研究，15（5）：180-182.

陈百明.1988. 中国土地资源的人口承载力 [J]. 中国科学院院刊，（3）：260-267.

陈百明.1989. 我国的土地资源承载能力研究——以黄淮海平原为例 [J]. 资源科学，（1）：1-8.

陈百明.2001. 中国农业资源综合生产能力与人口承载能力 [M]. 北京：气象出版社.

陈成忠，林振山.2009. 中国生态足迹和生物承载力构成比例变化分析 [J]. 地理学报，64（12）：1523-1533.

陈传美，郑垂勇，马彩霞.1999. 郑州市土地承载力系统动力学研究 [J]. 河海大学学报（自然科学版），（1）：53-56.

陈海波，刘旸旸.2013. 江苏省城市资源环境承载力的空间差异 [J]. 城市问题，（3）：33-37.

陈红，回燕斌.2007. 辽中南城市群水资源承载力分析 [J]. 科技情报开发与经济，17（10）：158-160.

陈吉宁，刘毅，张天柱，等.2013. 环渤海沿海地区重点产业发展战略环境评价研究 [M]. 北京：中国环境出版社.

陈杰，欧阳志云.2011. 颍河流域水资源开发潜力与承载力分析 [J]. 农业系统科学与综合研究，27（2）：129-134.

陈洁，曹克章，刘哲.2015. 基于时间序列的江苏人均 GDP 预测研究 [J]. 南京工程学院学报（社会科学版），15（4）：74-78.

陈鲁莉，胡铁松，尹正杰.2006. 区域水资源承载力研究综述 [J]. 中国农村水利水电，（3）：25-28.

陈念平.1989. 土地资源承载力若干问题浅析 [J]. 自然资源学报，4（4）：372-381.

陈劲锋.2003. 承载力：从静态到动态的转变 [J]. 中国人口·资源与环境，13（1）：13-17.

陈淑奎，王荣鲁，王启胜，等.2007. 青岛市水资源承载力预测评价研究 [J]. 青岛理工大学学报，28（6）：101-105.

陈伟.2020. 基于可达性的中国城市群空间范围识别研究 [J]. 地理研究，39（12）：2808-2820.

陈新凤.2006. 山西省大气环境承载力初探 [J]. 经济问题，（11）：79-81.

陈兴鹏，戴芹.2002. 系统动力学在甘肃省河西地区水土资源承载力中的应用 [J]. 干旱区地理，

25（4）：377-382.

程国栋.2002.承载力概念的演变及西北水资源承载力的应用框架［J］.冰川冻土，24（4）：361-367.

程雨光.2007.江西省区域资源环境承载力评价及启示［D］.南昌：南昌大学.

崔凤军.1995.环境承载力论初探［J］.中国人口·资源与环境，5（1）：76-80.

崔凤军.1998.城市水环境承载力及其实证研究［J］.自然资源学报，13（1）：58-62.

戴科伟，钱谊，张益民，等.2006.基于生态足迹的自然保护区生态承载力评估——以鹞落坪国家级自然保护区为例［J］.华中师范大学学报：自然科学版，40（3）：462-466.

邓波，洪绂曾，高洪文.2004.试述草原地区可持续发展的生态承载力评价体系［J］.草业学报，13（1）：1-8.

邓伟.2009.重建规划的前瞻性：基于资源环境承载力的布局［J］.中国科学院院刊，24（1）：28-33.

邓永新.1994.人口承载力系统及其研究——以塔里木盆地为例［J］.干旱区研究，11（2）：8-34.

董玲.2012.西海固，向贫困宣战［M］.银川：阳光出版社.

董晓波，袁媛，杨立雄，等.2016.英国贫困线发展研究［J］.世界农业，（9）：174-178.

段新光，栾芳芳.2014.基于模糊综合评判的新疆水资源承载力评价［J］.中国人口·资源与环境，24（3）：119-122.

樊杰.2009.国家汶川地震灾后重建规划：资源环境承载能力评价［M］.北京：科学出版社.

樊杰.2010.国家玉树地震灾后重建规划：资源环境承载能力评价［M］.北京：科学出版社.

樊杰.2014a.人地系统可持续过程、格局的前沿探索［J］.地理学报，69（8）：1060-1068.

樊杰.2014b.芦山地震灾后恢复重建：资源环境承载能力评价［M］.北京：科学出版社.

樊杰.2015.中国主体功能区划方案［J］.地理学报，70（2）：186-201.

樊杰.2019a.资源环境承载能力预警技术方法［M］.北京：科学出版社.

樊杰.2019b.地域功能–结构的空间组织途径——对国土空间规划实施主体功能区战略的讨论［J］.地理研究，38（10）：2373-2387.

樊杰.2019c.主体功能区划技术规程［M］.北京：科学出版社.

樊杰，陶岸君，陈田，等.2008.资源环境承载能力评价在汶川地震灾后恢复重建规划中的基础性作用［J］.中国科学院院刊，23（5）：387-392.

樊杰，王亚飞.2019.40年来中国经济地理格局变化及新时代区域协调发展［J］.经济地理，39（1）：1-7.

樊杰，王亚飞，梁博.2019.中国区域发展格局演变过程与调控［J］.地理学报，74（12）：2437-2454.

樊杰，王亚飞，汤青，等.2015.全国资源环境承载能力监测预警（2014版）学术思路与总体技术流程［J］.地理科学，35（1）：1-10.

樊杰，周侃，陈东.2013.生态文明建设中优化国土空间开发格局的经济地理学研究创新与应用实践［J］.经济地理，33（1）：1-8.

樊杰，周侃，王亚飞.2017.全国资源环境承载能力预警（2016版）的基点和技术方法进展［J］.地理科学进展，36（3）：266-276.

范英英，刘永，郭怀成，等.2005.北京市水资源政策对水资源承载力的影响研究［J］.资源科学，27（5）：113-119.

方创琳，鲍超，张传国.2003.干旱地区生态–生产–生活承载力变化情势与演变情景分析［J］.生态学报，23（9）：1915-1923.

方创琳，申玉铭.1997.河西走廊绿洲生态前景和承载能力的分析与对策［J］.干旱区地理，20（1）：33-39.

封志明，刘登伟 . 2006. 京津冀地区水资源供需平衡及其水资源承载力 ［J］. 自然资源学报, 21 (5)：689-698.

封志明，杨艳昭，张晶 . 2008. 中国基于人粮关系的土地资源承载力研究——从分县到全国 ［J］. 自然资源学报, 23 (5)：865-875.

封志明 . 1990. 区域土地资源承载能力研究模式刍议——以甘肃省定西县为例 ［J］. 自然资源学报, 5 (3)：271-274.

封志明 . 1994. 土地承载力研究的过去、现在与未来 ［J］. 中国土地科学, 8 (3)：1-9.

冯海燕，张昕，李光永，等 . 2006. 北京市水资源承载力系统动力学模拟 ［J］. 中国农业大学学报, 11 (6)：106-110.

冯耀龙，韩文秀，王宏江，等 . 2003. 区域水资源承载力研究 ［J］. 水科学进展, 14 (1)：109-113.

傅湘，纪昌明 . 1999. 区域水资源承载能力综合评价——主成分分析法的应用 ［J］. 长江流域资源与环境, 8 (2)：168-173.

高红丽 . 2011. 成渝城市群城市综合承载力评价研究 ［D］. 重庆：西南大学 .

高吉喜 . 2001. 可持续发展理论探索——生态承载力理论、方法与应用 ［M］. 北京：中国环境出版社：69-78.

高鹭 . 2006. 中国西部农牧交错带典型区生态承载力研究——以宁夏盐池县为例 ［D］. 北京：中国科学院研究生院 .

高培勇 . 2019. 理解、把握和推动经济高质量发展 ［J］. 经济学动态, (8)：3-9.

顾康康，刘景双，窦晶鑫 . 2008. 辽中地区矿业城市生态承载力研究 ［J］. 自然资源学报, 23 (1)：87-94.

郭秀锐，毛显强，冉圣宏 . 2000. 国内环境承载力研究进展 ［J］. 中国人口·资源与环境, 10 (3)：29-31.

郭秀锐，毛显强 . 2000. 中国土地承载力计算方法研究综述 ［J］. 地球科学进展, 15 (6)：705-711.

郭之天，陆汉文 . 2020. 相对贫困的界定：国际经验与启示 ［J］. 南京农业大学学报 (社会科学版), 20 (4)：100-111.

国家统计局 . 2011. 中国农村贫困监测报告 2011 ［R］. 北京：中国统计出版社 .

韩波，邵波 . 1992. 门槛分析法在区域土地承载力测算中的应用研究——以海岛承载力研究为例 ［J］. 经济地理, 12 (4)：15-19.

何秀荣 . 2019. 改革 40 年的农村反贫困认识与后脱贫战略前瞻 ［J］. 中国农业文摘·农业工程, 31 (2)：10-16.

洪阳，叶文虎 . 1998. 可持续环境承载力的度量及其应用 ［J］. 中国人口·资源与环境, 8 (3)：54-58.

胡春胜，韩纯儒 . 1990. 京郊密云县农业生态系统蛋白质生产效率和人口承载力研究 ［J］. 生态学杂志, 9 (5)：1-3.

胡晓红，何群 . 2007. 再谈环境承载力价值功能 ［J］. 生态经济, (1)：139-141.

胡焱 . 2007. 城市土地资源可持续承载力的评价与实证研究 ［D］. 重庆：重庆大学 .

黄国勇，陈兴鹏 . 2003. 甘南藏族自治州土地承载力的系统动力学分析 ［J］. 兰州大学学报 (自然科学版), 39 (4)：75-79.

黄浩 . 2006. 基于定量分析的海河流域生态环境承载力研究 ［D］. 北京：中国科学院研究生院 .

惠泱河，蒋晓辉，黄强，等 . 2001. 二元模式下水资源承载力系统动态仿真模型研究 ［J］. 地理研究, 20 (2)：191-198.

贾克敬，张辉，徐小黎，等 . 2017. 面向空间开发利用的土地资源承载力评价技术 ［J］. 地理科学进展,

36（3）：335-341.

贾嵘，蒋晓辉，薛惠峰，等.2000. 缺水地区水资源承载力模型研究［J］. 兰州大学学报（自然科学版），36（2）：114-120.

贾若祥，侯晓丽.2011. 我国主要贫困地区分布新格局及扶贫开发新思路［J］. 中国发展观察，（7）：27-30.

姜文超.2004. 城镇地区水资源（极限）承载力及其量化方法与应用研究［D］. 重庆：重庆大学.

姜忠军.1995. GM（1，1）模型及其残差修正技术在土地承载研究中的应用［J］. 系统工程理论与实践，（5）：72-78.

蒋晓辉，黄强，惠泱河，等.2001. 陕西关中地区水环境承载力研究［J］. 环境科学学报，21（3）：312-317.

焦雯珺，闵庆文，成升魁，等.2009. 基于生态足迹的传统农业地区生态承载力分析——以浙江省青田县为例［J］. 资源科学，31（1）：63-68.

景跃军，陈英姿.2006. 关于资源承载力的研究综述及思考［J］. 中国人口·资源与环境，16（5）：11-14.

蓝丁丁，韦素琼，陈志强.2007. 城市土地资源承载力初步研究——以福州市为例［J］. 沈阳师范大学学报（自然科学版），25（2）：252-256.

雷学东，陈丽华，余新晓，等.2004. 区域水资源承载力研究现状与发展趋势［J］. 水资源与水工程学报，15（3）：10-14.

李定策，齐永安.2004. 焦作市区大气环境承载力分析［J］. 焦作工学院学报，23（3）：220-223.

李东序，赵富强.2008. 城市综合承载力结构模型与耦合机制研究［J］. 城市发展研究，15（6）：37-42.

李广.2002. 黑龙江省国有林区人口承载力问题研究［D］. 哈尔滨：东北林业大学.

李郇，徐现祥，陈浩辉.2005. 20 世纪 90 年代中国城市效率的时空变化［J］. 地理学报，60（4）：615-625.

李建成，瞿理铜.2007. 泉州市土地综合承载力分析及评价［J］. 泉州师范学院学报（自然科学），25（6）：71-74.

李金海.2001. 区域生态承载力与可持续发展［J］. 中国人口·资源与环境，11（3）：76-78.

李久明.1988. 系统动态学方法在土地资源承载能力研究中的应用尝试——以黄淮平原为例［J］. 自然资源，13-20.

李丽娟，郭怀成，陈冰，等.2000. 柴达木盆地水资源承载力研究［J］. 环境科学，3（2）：20-24.

李令跃，甘泓.2000. 试论水资源合理配置和承载能力概念与可持续发展之间的关系［J］. 水科学进展，11（3）：307-313.

李培，成海霞.2006. 地区资源环境承载力研究——以青岛市崂山区为例［J］. 山东经济，22（4）：113-115，128.

李如忠，汪家权，钱家忠.2004. 模糊物元模型在区域水环境承载力评价中的应用［J］. 环境科学与技术，27（5）：54-56.

李树文，康敏娟.2010. 生态–地质环境承载力评价指标体系的探讨［J］. 地球与环境，38（1）：85-90.

李素清，王向东.2007. 山西环境承载力及其环境变化机制与驱动力分析［J］. 太原师范学院学报（自然科学版），6（3）：10-13.

李旭东.2013. 贵州乌蒙山区资源相对承载力的时空动态变化［J］. 地理研究，32（2）：233-244.

李亚，叶文南，凌沈军，等.1999. 昭通盆地土地承载力与城市建设适宜性研究［J］. 云南师范大学学报（自然科学版），19（6）：66-70.

李玉江，陈培安 . 2007. 山东省地级城市土地资源经济承载力研究［J］. 青岛科技大学学报（社会科学版），23（2）：1-5.

李云玲，郭旭宁，郭东阳，等 . 2017. 水资源承载能力评价方法研究及应用［J］. 地理科学进展，36（3）：342-349.

廖金风 . 1998. 广东省土地人口承载能力［J］. 经济地理，18（1）：75-79.

刘邦学 . 1995. 云贵高原喀斯特山区土地人口承载力研究［J］. 地域研究与开发，14（2）：67-70.

刘斌涛，陶和平，刘邵权，等 . 2012. 基于 GIS 的山区人口压力测算模型——以四川省凉山州为例［J］. 地理科学进展，31（4）：476-483.

刘长运，杨丰华，蒋国富，等 . 1998. 河南省土地资源承载力研究［J］. 南都学坛，18（6）：72-74.

刘登伟 . 2007. 京津冀都市（规划）圈水资源供需分析及其承载力研究［D］. 北京：中国科学院研究生院 .

刘殿生 . 1995. 资源与环境综合承载潜力分析［J］. 环境科学研究，8（5）：7-12.

刘妙龙，陈鹏 . 2006. 基于细胞自动机与多主体系统理论的城市模拟原型模型［J］. 地理科学，26（3）：292-298.

刘年磊，卢亚灵，蒋洪强，等 . 2017. 基于环境质量标准的环境承载力评价方法及其应用［J］. 地理科学进展，36（3）：296-305.

刘强，杨永德，姜兆雄 . 2004. 从可持续发展角度探讨水资源承载力［J］. 中国水利，（3）：11-14.

刘仁志，汪诚文，郝吉明，等 . 2009. 环境承载力量化模型研究［J］. 应用基础与工程科学学报，17（1）：49-61.

刘树锋，陈俊合 . 2007. 基于神经网络理论的水资源承载力研究［J］. 资源科学，29（1）：99-105.

刘晓丽，方创琳 . 2008. 城市群资源环境承载力研究进展及展望［J］. 地理科学进展，27（5）：35-42.

刘晓丽 . 2009. 城市群地区资源环境承载力研究［D］. 北京：中国科学院研究生院 .

刘志硕，中金升，张智文，等 . 2004. 基于交通环境承载力的城市交通容量的确定方法及应用［J］. 中国公路学报，17（1）：70-73，78.

龙腾锐，姜文超，何强 . 2004. 水资源承载力内涵的新认识［J］. 水利学报，（1）：38-45.

卢育红，史宝娟 . 2009. 唐山城市生态系统承载力评价［J］. 河北理工大学学报（自然科学版），31（1）：102-105.

陆大道，樊杰 . 2012. 区域可持续发展研究的兴起与作用［J］. 中国科学院院刊，27（3）：290-300，319.

陆大道，郭来喜 . 1998. 地理学的研究核心——人地关系地域系统——论吴传钧院士的地理学思想与学术贡献［J］. 地理学报，53（2）：97-105.

吕宝，王成端，周亚红 . 2007. 绵阳市土地资源承载力研究［J］. 合肥工业大学学报（自然科学版），30（4）：489-493.

吕斌，孙莉，谭文垦 . 2008. 中原城市群城市承载力评价研究［J］. 中国人口·资源与环境，18（5）：53-58.

马爱锄 . 2003. 西北开发资源环境承载力研究［D］. 杨凌：西北农林科技大学 .

马文武，杜辉 . 2019. 贫困瞄准机制演化视角的中国农村反贫困实践：1978～2018［J］. 当代经济研究，285（5）：32-42.

毛汉英，余丹林 . 2001a. 环渤海地区区域承载力研究［J］. 地理学报，56（3）：363-371.

毛汉英，余丹林 . 2001b. 区域承载力的定量研究方法探讨［J］. 地球科学进展，16（4）：549-555.

毛洪章, 陈军. 2006. 武汉市环境承载力研究 [J]. 理论月刊, (1)：72-77

毛显强, 郭秀锐. 2000. 中国土地承载力计算方法研究综述 [J]. 地球科学进展, 15 (6)：705-711.

门宝辉, 王志良, 梁川, 等. 2003. 物元模型在区域地下水资源承载力综合评价中的应用 [J]. 四川大学学报 (工程科学版), 35 (1)：34-37.

孟晖, 李春燕, 张若琳, 等. 2017. 京津冀地区县域单元地质灾害风险评估 [J]. 地理科学进展, 36 (3)：327-334.

孟旭光, 吕宾, 安翠娟. 2006. 应重视和加强土地承载力评价研究 [J]. 中国国土资源经济, 19 (2)：38-40.

莫虹频, 温宗国, 陈吉宁. 2008. 在土地资源和环境承载力约束下的城市工业发展 [J]. 清华大学学报 (自然科学版), 48 (12)：2088-2092.

聂庆华, Academia S A M, OF W E, 等. 1993. 土地生产潜力和土地承载能力研究进展 [J]. 水土保持通报, 13 (3)：53-59.

潘兴瑶, 夏军, 李法虎, 等. 2007. 基于 GIS 的北方典型区水资源承载力研究：以北京市通州区为 [J]. 自然资源学报, 22 (4)：664-671.

彭建, 吕慧玲, 刘焱序, 等. 2015. 国内外多功能景观研究进展与展望 [J]. 地球科学进展, 30 (4)：465-476.

彭立, 刘邵权, 刘淑珍, 等. 2009. 汶川地震重灾区 10 县资源环境承载力研究 [J]. 四川大学学报 (工学版), 41 (3)：294-300.

彭再德, 杨凯, 王云. 1996. 区域环境承载力研究方法初探 [J]. 中国环境科学, 116 (1)：6-10.

齐亚彬. 2005. 资源环境承载力研究进展及其主要问题剖析 [J]. 中国国土资源经济, 18 (5)：7-11.

钱骏, 肖杰, 蒋厦, 等. 2009. 阿坝州地震灾区资源环境承载力评估 [J]. 西华大学学报 (自然科学版), 28 (2)：79-82.

乔陆印, 何琼峰. 2018. 改革开放 40 年中国农村扶贫开发的实践进路与世界启示 [J]. 社会主义研究, (6)：67-75.

邱鹏. 2009. 西部地区资源环境承载力评价研究 [J]. 软科学, 23 (6)：66-69.

阮本青, 沈晋. 1998. 区域水资源适度承载能力计算模型研究 [J]. 土壤侵蚀与水土保持学报, 4 (3)：58-62, 86.

尚慧. 2010. 宁南山区地质灾害形成机理研究 [D]. 西安：长安大学.

盛科荣, 樊杰. 2018. 地域功能的生成机理：基于人地关系地域系统理论的解析 [J]. 经济地理, 38 (5)：11-19.

施雅风, 曲耀光. 1992. 乌鲁木齐河流域水资源承载力及其合理利用 [M]. 北京：科学出版社, 94-111.

石忆邵, 尹昌应, 王贺封, 等. 2013. 城市综合承载力的研究进展及展望 [J]. 地理研究, 32 (1)：133-145.

石玉林. 1992. 中国土地资源的人口承载能力研究 [M]. 北京：中国科学技术出版社.

苏璧耀, 许建国. 1992. 淮阴市土地资源承载力研究 [J]. 南京师大学报 (自然科学版), 15 (3)：87-94.

孙才志, 陈玉娟. 2011. 辽宁沿海经济带水资源承载力研究 [J]. 地理与地理信息科学, 27 (3)：63-68, 77.

孙弘颜, 汤洁, 刘亚修. 2007. 基于模糊评价方法的中国水资源承载力研究 [J]. 东北师大学报 (自然科学版), 39 (1)：131-135.

孙久文, 罗标强. 2007. 北京山区资源环境的生态承载力分析 [J]. 北京社会科学, (6)：53-57.

孙久文，夏添 . 2019. 中国扶贫战略与 2020 年后相对贫困线划定——基于理论、政策和数据的分析 ［J］.
　　中国农村经济，（10）：98-113.

孙莉，吕斌，胡军 . 2008. 中原城市群城市承载力评价研究 ［J］. 地域研究与开发，27（3）：16-20.

孙清元，刘承国，冯春涛 . 2007. 北京市地下水资源承载力评价及其开发利用对策研究——主成分分析方
　　法在承载力评价中的应用实证 ［J］. 中国国土资源经济，20（9）：21-24.

孙顺利，周科平，胡小龙 . 2007. 基于投影评价方法的矿区资源环境承载力分析 ［J］. 中国安全科学学
　　报，17（5）：139-143.

孙卫东，阎军印 . 2005. 区域国土资源综合承载力评价研究的探讨 ［J］. 中国国土资源经济，18（1）：
　　33-35.

孙衍芹，刘存歧 . 2009. 河北省 2006 年生态足迹和生态承载力分析 ［J］. 中国生态农业学报，17（3）：
　　588-592.

谭文垦，石忆邵，孙莉 . 2008. 关于城市综合承载能力若干理论问题的认识 ［J］. 中国人口·资源与环
　　境，l8（1）：40-44.

汤青 . 2015. 可持续生计的研究现状及未来重点趋向 ［J］. 地球科学进展，30（7）：823-833.

汤日红，安裕伦，张美玲 . 2007. 基于 3S 技术和 AHP 的贵阳市土地综合承载力研究 ［J］. 长江流域资源
　　与环境，16（A02）：158-163.

唐剑武，郭怀成，叶文虎 . 1997. 环境承载力及其在环境规划中的初步应用 ［J］. 中国环境科学，
　　17（1）：8-11.

陶岸君 . 2011. 我国地域功能的空间格局与区划方法 ［D］. 中国科学院研究生院中国科学院大学 .

田宏岭，乔建平，朱波，等 . 2009. 基于 GIS 技术的成都市灾区资源环境承载力快速评价 ［J］. 工程科学
　　与技术，41（S1）：45-48，52.

拓学森，陈兴鹏，薛冰 . 2006. 民勤县水土资源承载力系统动力学仿真模型研究 ［J］. 干旱区资源与环
　　境，20（6）：78-83.

万星，丁晶，张晓丽 . 2006. 区域地下水资源承载力综合评价的集对分析方法 ［J］. 城市环境与城市生
　　态，19（2）：8-10.

汪三贵，曾小溪 . 2018. 从区域扶贫开发到精准扶贫——改革开放 40 年中国扶贫政策的演进及脱贫攻坚
　　的难点和对策 ［J］. 农业经济问题，39（8）：40-50.

王春娟，冯利华，罗伟 . 2012. 长三角经济区水资源承载力的综合评价 ［J］. 水资源与水工程学报，
　　23（4）：38-42.

王浩，江伊婷 . 2009. 基于资源环境承载力的小城镇人口规模预测研究 ［J］. 小城镇建设，（3）：53-56.

王红旗，田雅楠，孙静雯，等 . 2013. 基于集对分析的内蒙古自治区资源环境承载力评价研究 ［J］. 北
　　京师范大学学报（自然科学版），49（2）：292-296.

王辉，林建国，周佳明 . 2006. 城市旅游环境承载力的经济学模型建立与分析 ［J］. 大连海事大学学报，
　　32（3）：18-20，25.

王家骥，姚小红，李京荣，等 . 2000. 黑河流域生态承载力估测 ［J］. 环境科学研究，13（2）：44-48.

王俭，孙铁珩，李培军，等 . 2007. 基于人工神经网络的区域水环境承载力评价模型及其应用 ［J］. 生
　　态学杂志，26（1）：139-144.

王进，吝涛 . 2012. 资源环境承载力约束下的半城市化地区发展情景分析——以厦门市集美区为例 ［J］.
　　中国人口资源与环境，S1：293-296.

王景山，李海霞，张万宝，等 . 2009. 宁夏回族自治区县（区）水资源详查报告 ［R］. 银川：宁夏回族
　　自治区水文水资源勘测局 .

王开运.2007.生态承载力复合模型系统与应用［M］.北京：科学出版社.

王奎峰,李娜,于学峰,等.2014.基于P-S-R概念模型的生态环境承载力评价指标体系研究——以山东半岛为例［J］.环境科学学报,34（8）：2133-2139.

王民良,曹健,乔美芳.1996.上海市大气环境承载能力研究［J］.上海环境科学,15（4）：16-20.

王宁,富丰珍,董大娟.2007.大庆市综合环境承载力的研究［J］.安徽农学通报,13（18）：59,250.

王宁,刘平,黄锡欢.2004.生态承载力研究进展［J］.生态农业科学,20（6）：278-281,385.

王群,章锦河,杨兴柱.2009.黄山风景区水生态承载力分析［J］.地理研究,28（4）：1105-1114.

王书华,毛汉英.2001.土地综合承载力指标体系设计及评价——中国东部沿海地区案例研究［J］.自然资源学报,16（3）：248-254.

王顺久,杨志峰,丁晶.2004.关中平原地下水资源承载力综合评价的投影寻踪方法［J］.资源科学,26（6）：104-110.

王霞.2007.新疆土地承载力问题研究［D］.乌鲁木齐：新疆大学.

王祥荣.1997.克拉玛依市水、土资源承载力与城市发展对策研究［J］.上海环境科学,16（11）：7-9.

王小林,冯贺霞.2020.2020年后中国多维相对贫困标准：国际经验与政策取向［J］.中国农村经济,（3）：2-21.

王学军.1992.地理环境人口承载潜力及其区际差异［J］.地理科学,12（4）：322-328.

王友贞,施国庆,王德胜.2005.区域水资源承载力评价指标体系的研究［J］.自然资源学报,20（4）：597-604.

王余标,王献平.2001.周口市水资源承载能力综合评价［J］.河南农业大学学报,35（z1）：97-100.

王媛,徐利淼.2003.天津水资源承载力与经济协调发展研究［J］.天津师范大学学报（自然科学版）,23（1）：68-72.

王在高,梁虹.2001.岩溶地区水资源承载力指标体系及其理论模型初探［J］.中国岩溶,20（2）：144-148.

王中根,夏军.1999.区域生态环境承载力的量化方法研究［J］.长江职工大学学报,16（4）：9-12.

魏斌,张霞.1995.城市水资源合理利用分析与水资源承载力研究——以本溪市为例［J］.城市环境与城市生态,8（4）：19-24.

魏权龄.2004.数据包络分析［M］.北京：科学出版社.

魏文侠,程言君,王洁,等.2010.造纸工业资源环境承载力评价指标体系探析［J］.中国人口·资源与环境,20（3）：338-340.

吴传钧.1991.论地理学的研究核心——人地关系地域系统［J］.经济地理,11（3）：7-12.

吴九红,曾开华.2003.城市水资源承载力的系统动力学研究［J］.水利经济,21（3）：36-39.

吴良兴.2009.大型煤矿矿区的资源环境承载力研究［D］.西北大学.

吴振良.2010.基于物质流和生态足迹模型的资源环境承载力定量评价研究——以环渤海地区为例［D］.中国地质大学（北京）.

夏军,王中根,左其亭.2004.生态环境承载力的一种量化方法研究——以海河流域为例［J］.自然资源学报,19（6）：786-794.

夏军,张永勇,王中根,等.2006.城市化地区水资源承载力研究［J］.水利学报,37（12）：1482-1487.

谢高地.2005.流域水资源承载能力研究方法的思考［J］.资源科学,27（1）：158.

谢高地.2011.中国生态资源承载力研究［M］.科学出版社.

谢红彬.1997.关于资源环境承载容量问题的思考［J］.新疆大学学报（自然科学版）,14（1）：79-84.

谢俊奇.1997.中国土地资源的食物生产潜力和人口承载潜力研究［J］.浙江学刊,（2）：41-44.

新疆水资源软科学课题组.1989.新疆水资源及其承载力的开发战略对策［J］.水利水电技术,（6）：2-9.

熊利亚,夏朝宗,刘喜云,等.2004.基于RS和GIS的土地生产力与人口承载量——以向家坝库区为例［J］.地理研究,23（1）：10-18.

徐琳渝.2003.城市生态系统复合承载力研究［D］.北京：北京师范大学.

徐卫华,杨琰瑛,张路,等.2017.区域生态承载力预警评估方法及案例研究［J］.地理科学进展,36（3）：306-312.

徐勇,张雪飞,李丽娟,等.2016.我国资源环境承载约束地域分异及类型划分［J］.中国科学院院刊,31（1）：34-43.

徐中民.1999.情景基础的水资源承载力多目标分析理论及应用［J］.冰川冻土,21（2）：99-106.

许联芳,谭勇.2009.长株潭城市群两型社会试验区土地承载力评价［J］.经济地理,29（1）：69-73.

许有鹏.1993.干旱区水资源承载能力综合评价研究——以新疆和田河流域为例［J］.自然资源学报,8（3）：229-237.

薛文博,付飞,王金南,等.2014.基于全国城市PM2.5达标约束的大气环境容量模拟［J］.中国环境科学,34（10）：2490-2496.

阳洁.2000.环境承载力评价及预测模型研究［J］.技术经济与管理研究,（1）：38-40.

杨春宇,邱晓敏,李亚斌,等.2006.生态旅游环境承载力预警系统研究［J］.人文地理,21（5）：46-50.

杨骅骝,周绍杰,胡鞍钢.2018.中国式扶贫：实践、成就、经验与展望［J］.国家行政学院学报,（6）：138-142.

杨晓鹏,张志良.1993.青海省土地资源人口承载量系统动力学研究［J］.地理科学,13（1）：69-77,96.

杨子生.1994.大理市土地资源人口承载能力之研究［J］.云南大学学报（自然科学版）,16（1）：40-47.

姚治君,刘宝勤,高迎春.2005.基于区域发展目标下的水资源承载能力研究［J］.水科学进展,16（1）：109-113.

叶京京.2007.中国西部地区资源环境承载力研究［D］.成都：四川大学.

叶兴庆,殷浩栋.2019.从消除绝对贫困到缓解相对贫困：中国减贫历程与2020年后的减贫战略［J］.改革,310（12）：5-15.

尤祥瑜,赵剑,唐辉.2004.沈阳市水资源承载力研究［J］.沈阳农业大学学报,35（1）：48-51.

余春祥.2004.可持续发展的环境容量和资源承载力分析［J］.中国软科学,（2）：129,130-133.

余丹林,毛汉英,高群.2003.状态空间衡量区域承载状况初探——以环渤海地区为例［J］.地理研究,22（2）：201-210.

余丹林.2000.区域承载力的理论、方法与实证研究——以环海地区为例［D］.北京：中国科学院研究生院.

余卫东,闵庆文,李湘阁.2003.水资源承载力研究的进展与展望［J］.干旱区研究,20（1）：60-66.

袁基瑜,于静,袁浩.2006.城市旅游环境承载力评价初探［J］.工业技术经济,25（7）：130,134.

岳晓燕,宋伶英.2008.土地资源承载力研究方法的回顾与展望［J］.水土保持研究,15（1）：254-257.

曾维华,王华东,薛纪渝,等.1991.人口、资源与环境协调发展关键问题之一——环境承载力研究［J］.中国人口·资源与环境,1（2）：33-37.

张传国, 方创琳, 全华.2002. 干旱区绿洲承载力研究的全新审视与展望 [J]. 资源科学, 24 (2):
    42-48.

张传国, 方创琳.2002. 干旱区绿洲系统生态—生产—生活承载力相互作用的驱动机制分析 [J]. 自然
    资源学报, 17 (2): 181-187.

张传国, 刘婷.2003. 绿洲系统"三生"承载力驱动机制与模式的理论探讨 [J]. 经济地理, 23 (1):
    83-87.

张传国.2002. 干旱区绿洲系统生态—生产—生活承载力研究——以塔里木河下游尉犁绿洲系统为
    例 [D]. 北京: 中国科学院地理科学与资源研究所.

张丹, 封志明, 刘登伟.2008. 基于负载指数的中国水资源三级流域分区开发潜力评价 [J]. 资源科学,
    30 (10): 1471-1477.

张戈平, 朱连勇.2003. 水资源承载力研究理论及方法初探 [J]. 水土保持研究, 10 (2): 148-150.

张戈平.2003. 城市水资源承载力评价指标体系 [D]. 哈尔滨: 东北农业大学.

张会涓, 陈然, 赵言文.2012. 基于模糊物元模型的区域水环境承载力研究 [J]. 水土保持通报,
    32 (2): 186-189.

张惠英, 李宥儒, 齐旭峰.2009. 干旱冰雹灾害对固原市农牧业的影响及防御对策 [J]. 农业科技与信
    息, (8): 11-13.

张晶.2007. 中国土地承载力的时空演变格局和未来情景分析 [D]. 北京: 中国科学院地理科学与资源
    研究所.

张军, 陈诗一, Gary H Jefferson.2009. 结构改革与中国工业增长 [J]. 经济研究, 44 (7): 4-20.

张磊.1997. 珠江三角洲经济区城市生态环境承载力研究 [J]. 环境科学与技术, (2): 11-12.

张立.2002. 初探珠江流域水资源承载能力及其制约 [J]. 水利发展研究, 2 (11): 33-34.

张林波.2007. 城市生态承载力理论与方法研究——以深圳为例 [J]. 中国环境科学出版社.

张林波.2009. 城市生态承载力理论与方法研究——以深圳为例 [M]. 北京: 中国环境科学出版社.

张美玲, 梁虹, 祝安.2006. 区域枯水资源承载力的多目标分析初探 [J]. 贵州师范大学学报 (自然科
    学版), 24 (2): 32-35.

张晓青, 李玉江.2006. 山东省水土资源承载力空间结构研究 [J]. 资源科学, 28 (2): 13-21.

张衍广, 林振山, 陈玲玲.2007. 山东省水资源承载力的动力学预测 [J]. 自然资源学报, 22 (4):
    596-605.

张燕, 徐建华, 曾刚, 等.2009. 中国区域发展潜力与资源环境承载力的空间关系分析 [J]. 资源科学,
    31 (8): 1328-1334.

张永勇, 夏军, 王中根.2007. 区域水资源承载力理论与方法探讨 [J]. 地理科学进展, 26 (2):
    126-132.

张瑜英, 李占斌.2007. 基于生态足迹模型的陕西省生态承载力定量评估 [J]. 干旱区资源与环境,
    21 (1): 6-11.

章祥荪, 贵斌威.2008. 中国全要素生产率分析: Malmquist 指数法评述与应用 [J]. 数量经济技术经济
    研究, 25 (6): 111-122.

赵彬.2011. 基于 GIS 的汉川地震地质灾害危险性评价研究 [D]. 北京: 首都师范大学.

赵斌滨, 程永锋, 丁士君, 等.2015. 基于 SRTM-DEM 的我国地势起伏度统计单元研究 [J]. 水利学报,
    (S1): 284-290.

赵兵.2008. 资源环境承载力研究进展及发展趋势 [J]. 西安财经学院学报, 21 (3): 114-118.

赵淑芹, 王殿茹.2006. 我国主要城市辖区土地综合承载指数及评价 [J]. 中国国土资源经济,

19（12）：24-27.

赵鑫霈 . 2011. 长三角城市群核心区域资源环境承载力研究 ［D］. 中国地质大学（北京）.

赵雪雁 . 2006. 甘肃省生态承载力评价 ［J］. 干旱区研究，23（3）：506-512.

赵雪雁 . 2014. 农户对气候变化的感知与适应研究综述 ［J］. 应用生态学报，25（8）：2440-2448.

赵益军 . 2006. 基于遗传算法与神经网络相结合的区域水资源承载力综合评价 ［J］. 山东大学学报（工
学版），36（4）：81-83，108.

郑振源 . 1996. 中国土地的人口承载潜力研究 ［J］. 中国土地科学，10（4）：33-38.

中国城市承载力及其危机管理研究课题组 . 2007. 中国城市承载力及其危机管理研究综合报告 ［M］. 北
京：科学出版社.

周波，贾晓红，于风存 . 2007. 模糊综合评价在区域水资源承载力研究中的应用 ［J］. 水利科技与经济，
13（10）：739-741.

周纯，舒廷飞，吴仁海 . 2003. 珠江三角洲地区土地资源承载力研究 ［J］. 国土资源科技管理，20（6）：
16-19.

周侃，樊杰 . 2016. 中国欠发达地区资源环境承载力特征与影响因素——以宁夏西海固地区和云南怒江州
为例 ［J］. 地理研究，34（1）：39-52.

周侃，樊杰，盛科荣 . 2019. 国土空间管控的方法与途径 ［J］. 地理研究，38（10）：2527-2540.

周侃，盛科荣，樊杰，等 . 2020. 我国相对贫困地区高质量发展内涵及综合施策路径 . 中国科学院院刊，
35（7）：895-906.

周侃，王传胜 . 2016. 中国贫困地区时空格局与差别化脱贫政策研究 ［J］. 中国科学院院刊，31（1）：
107-117.

周亮广，梁虹 . 2006. 基于主成分分析和熵的喀斯特地区水资源承载力动态变化研究——以贵阳市为
例 ［J］. 自然资源学报，21（5）：827-833.

朱国宏 . 1996. 关于中国土地资源人口承载力问题的思考 ［J］. 中国人口、资源与环境，6（1）：18-22.

朱农，王冰 . 1996. 三峡库区奉节县土地承载力与移民安置 ［J］. 长江流域资源与环境，5（3）：
210-214.

朱祥明 . 1992. 黄淮海平原耕地资源承载力的研究——以安徽淮北亳州、涡阳、蒙城、怀远为例 ［J］.
资源科学，（1）：13-21.

朱一中 . 2004. 西北地区水资源承载力理论与方法研究 ［D］. 北京：中国科学院研究生院 .

朱一中，夏军，谈戈 . 2002. 关于水资源承载力理论与方法的研究 ［J］. 地理科学进展，21（2）：
180-188.

朱一中，夏军，王纲胜 . 2005. 张掖地区水资源承载力多目标情景决策 ［J］. 地理研究，24（5）：
732-740.

左其亭，马军霞，高传昌 . 2005. 城市水环境承载能力研究 ［J］. 水科学进展，16（1）：103-108.

Roberts M G，杨国安 . 2003. 可持续发展研究方法国际进展——脆弱性分析方法与可持续生计方法比
较 ［J］. 地理科学进展，22（1）：11-21.

Arrow K, Bolin B, Costanza R, et al. 1995. Economic-growth, carrying-capacity, and the environment ［J］.
Science, 268：520-521.

Baade R A, Baumann R, Matheson V. 2007. Estimating the economic impact of natural and social disasters, with
an application to hurricane Katrina ［J］. Urban Studies, 44（11）：2061-2076.

Banker R D, Charnes A, Cooper W W. 1984. Some models for estimating technical and scale inefficiencies in data
envelopment analysis ［J］. Management Science, 30（9）：1078-1092.

Barrett G W, Odum E P. 2000. The twenty-first century: theworldatcarryingcapacity [J]. BioScience, 50 (4): 363-368.

Bentley H L. 1898. Cattle ranges of the southwest: a history of the exhaustion of the pasturage and suggestions foritsrestoration. US Department of Agriculture, Farmers Bulle-tin, 72: 1-31.

Bernard F E, Thom D J. 1981. Population pressure and human carrying capacity in selected locations of Machakos and Kitui Districts [J]. Journal of Developing Areas, 15 (3): 381-406.

Brush S B. 1975. The concept of carrying capacity for systems of shifting cultivation [J]. American Anthropologist, 77 (4): 799-811.

Buckley R. 1999. An ecological perspective on carrying capacity [J]. Annals of Tourism Research, 26 (3): 705-708.

Canestrelli E, Costa P. 1991. Tourist carrying capacity: A fuzzy approach [J]. Annals of Tourism Research, 18 (2): 295-311.

Catoon W R. 1987. The world's most polymorphic species: carrying capacity transgressed two ways [J]. Bioscience, 37 (6): 413-419.

Charnes A, Cooper W W, Lewin A Y, et al. 1994. Data envelopment analysis: Theory, methodology, and applications [M]. Berlin: Springer Netherlands.

Clarke A. 2002. Assessing the carrying capacity of the Florida keys [J]. Population&Environment, 23 (4): 405-418.

Cohen J E. 1997. Population economics environmental and culture: An introduction to human carrying capacity [J]. Journal of Applied Ecology, 34 (6): 1325-1333.

Cuadra M, Bjorklund J. 2007. Assessment of economic and ecological carrying capacity of agricultural crops in Nicaragua [J]. Ecological Indicators, 7 (1): 133-149.

Daily G C, Ehrlich P R. 1992. Population, sustainability, and earth's carrying capacity [J]. BioScience, 42 (10): 761-771.

Del Monte-Luna P, Brook B W, Zetina-rejo M J, et al. 2004. The carrying capacity of ecosystems [J]. Global Ecology and Biogeography, 13 (6): 485-495.

Dhondt A A. 1988, Carrying capacity: a confusing concept [J]. Acta Oecologica/Oceologia Generalis, 9 (4): 337-346.

Edwards RY, Fowle C D. 1995. The concept of carrying capacity [C]. Transactions of the 20th North American WildlifeConference, 589-602.

Ehrlich P R, Daily G C, Ehrlich A H, et al. 1989. Global change and carrying capacity: Implications for life on Eart [C]. Washington D C: National Academy Press.

Feng L, Zhang X, Luo G. 2008. Application of system dynamics in analyzing the carrying capacity of water resources in Yiwu City, China [J]. Mathematics and Computers in Simulation, 79 (3): 269-278.

Freyberg D L, Converse A O. 1974. Watershed carrying capacity as determined by water borne wasteloads [J]. UrbanAnal, 2 (1): 3-20.

Färe R, Grosskopf S, Norris M. 1997. Productivity growth, technical progress, and efficiency change in industrialized countries: reply [J]. American Economic Review, 87 (5): 1040-1044.

Gilliland M W, Clark B D. 1981. The Lake Tahoe Basin: A systems analysis of its characteristics and human carrying capacity [J]. Environmental Management, 5 (5): 397-407.

Hallegatte S, Dumas P. 2015. Can natural disasters have positive consequences? Investigating the role of embodied technical change [J] . Ecological Economics, 68 (3): 777-786.

Haraldsson H, Ólafsdóttir R. 2007. A novel modeling approach for evaluating the preindustrial natural carrying capacity of human population in Iceland [J] . Science of The Total Environment, 372 (1): 109-119.

Hardin G. 1986. Cultural carrying capacity: a biological approach to human problems [J] . BioScience, 36 (9): 599-606.

Harris J M, Kennedy S. 1999. Carrying capacity in agriculture: global and regional issues [J] . Ecological Economics, 29 (3): 443-461.

Hegenbarth J L. 1985. Carrying capacity study of Hatteras Island [C] . Baltimore, MD, USA: ASCE.

House P W. 1974. The Carrying capacity of a region: a planning model [J] . OMEGA, 2 (5): 667-676.

Hrlich, AnneH. 1996. Looking for the ceiling: estimates of the earth's carrying capacity [J] . American Scient, Research Triangle Park, 84 (5): 494-499.

Huang S, Chen C. 1990. A system model to analyse environmental carrying capacity for managing urban growth of the Taipei metropolitan region [J] . Journal of Environmental Management, 31 (1): 47-60.

Jackson I. 1986. Carrying capacity for tourism in small tropical Caribbean islands [J] . Industry&Environment, 9 (1): 7-10.

Jensen A L. 1984. Assessing environmental impact on mass balance, carrying capacity and growth of exploited populations [J] . Environmental Pollution Series A: Ecological and Biological, 36 (2): 133-145.

Kessler J J. 1994. Usefulness of the human carrying capacity concept in assessing ecological sustainability of land-use in semi-arid regions [J] . Agriculture, Ecosystems&Environment, 48 (3): 273-284.

Khanna P, Ram B P, George M S. 1999. Carrying-capacity as a basis for sustainable development: a case study of National Capital Region in India [J] . Progress in Planning, 52 (2): 101-166.

Lindberg K, Mccool S, Stankey G. 1997. Rethinking carrying capacity [J] . Annals of Tourism Research, 24 (2): 461-465.

Lindsay J J. 1984. Use of natural recreation resources and the concept of carrying capacity [J] . Tourism Recreation Research, 9 (2): 3-6.

Malthus T R. 1798. An Essay on the Principle of Population [M] . London: Pickering.

Marchetti C. 1979. A check on the earth-carrying capacity for man [J] . Energy, 4 (6): 1107-1117.

MartenG G, Sancholuz L A. 1982. Ecological land-use planning and carrying capacity evaluation in the Jalapa Region (Veracruz, Mexico) [J] . Agro-Ecosystems, 8 (2): 83-124.

Martin B S, Uysal M. 1990. An examination of the relationship between carrying capacity and the tourism lifecycle: Management and policy implications [J] . Journal of Environmental Management, 31 (4): 327-333.

Maserang C H. 1977. Carrying capacities and low population growth [J] . Journal of anthropological research, 33 (4): 474-492.

Meier R L. 1978. Urban carrying capacity and steady state considerations in planning for the Mekong Valley Region [J] . Urban Ecology, 3 (1): 1-27.

Meyer P S, Ausubel J H. 1999. Carrying capacity: a model with logistically varying limits [J] . Technological Forecasting and Social Change, 61 (3): 209-214.

Nishimura T, Kajitani Y, Tatano H. 2013. Damage assessment in tourism caused by an earthquake disaster [J]. In frastructure Planning Review, 3 (1): 56-74.

Odum E P. 1953. Fundamentals of Ecology [M] . Philadelphia: W. B. Saunders.

Oh K, Jeong Y, Lee D, et al. 2005. Determining development density using the Urban Carrying Capacity

Assessment System [J] . Landscape and Urban Planning, 73 (1): 1-15.

O'reilly A M. 1986. Tourism carrying capacity: concept and issues [J] . Tourism Management, 7 (4): 254-258.

Park R F, Burgoss E W. 1921. An introduction to the science of sociology [M] . Chicago: The University of Chicago Press.

Price D. 1999. Carrying capacity reconsidered [J] . Population and Environment, 21 (1): 5-26.

Pulliam H R, Haddad N M, Rothschild K W, et al. 1994. Human population growth and the carrying capacity concept [J] . Bulletin of the Ecological Society of America, 75 (3): 141-157.

Rodima T D, Olwig M F, Chhetri N. 2012. Adaptation as innovation, innovation as adaptation: An institutional approach to climate change [J] . Applied Geography, 33 (1): 107-111.

Seidl I, Tisdell C A. 1999. Carrying capacity reconsidered: from Malthus'population theory to cultural carrying capacity [J] . Ecological Economics, 31 (3): 395-408.

Skidmore M, Hideki T. 2010. Do natural disasters promote long-run growth? [J] . Economic Inquiry, 40 (4): 664-687.

Sleeser M. 1990. Enhancement of Carrying Capacity Options ECCO [M] . The Resource Use Institute.

Sowman M R. 1987. A procedure for assessing recreational carrying capacity of coastal resort areas [J] . Landscape&Urban Planning, 14 (4): 331-344.

Stephen B. 1975. The concept of carrying capacity for systems of shifting cultivation [J] . American Anthropologist, 77 (4): 799-811.

Thapa G, Paudel G. 2000. evaluation of the livestock carrying capacity of land resources in the Hills of Nepal based on total digestive nutrient analysis [J] . Agriculture, Ecosystems and Environment, 78 (3): 223-235.

Verhulst P F. 1838. Notice sur la loi que la population suit dans son accroissement. Correspondance mathématique et physiquepubliée par A [J] . Quetelet, 10: 113-121.

后　记

（以本人博士学位论文中的致谢作为后记）

　　论文最后一字落入文档之际，也是我的博士研究生学业即将完成之时。蓦然回首，一个滇西云岭走出的学子，怀揣着知识改变命运的信念，从金沙江畔到紫金山下再到皇城根旁，求学路上的辛酸苦辣甜尽在点滴中。在人生的一个个岔路口，是亲人、是师长、是朋友不断地给予我支持、鼓励和启发，让我鼓起勇气执着前行，感恩之情油然而生……

　　衷心感谢我的博士导师樊杰研究员，三年之中，为学处事，我的每一个进步，无疑都凝聚着老师谆谆教诲和悉心栽培。在论文选题与写作过程中，导师将汶川、玉树、舟曲、芦山等灾后重建资源环境承载力评价中积累的创造性的学术思想毫无保留地传授，并在芦山地震灾后重建以及全国国土规划的资源环境承载力综合评价中委以我学术秘书之重任，让我得以有幸切身参与评价的总体设计与综合集成过程，使我对资源环境承载力学术内涵与应用价值的理解更加透彻。感谢导师在学术上高屋建瓴而又细致入微的指导，他在面对资源环境承载力这一复杂而系统的科学问题时展现的大智慧，一次又一次地令学生叹服。他渊博的学识、严谨的治学风格和唯实的研究态度将指引我在未来的学习和工作中继续进步。感谢导师在生活中无微不至的关怀，为我潜心学习创造了最好的生活环境，对我衣、食、住、行的细致照料中流露着温暖的师生情怀。

　　感谢中国科学院地理科学与资源研究所给予我无私帮助的先生和老师们。感谢陆大道院士在学习和生活上对我的殷切关怀，对于我这个晚辈学子，陆先生始终报以赞赏的态度，关注并鼓励着我学业和工作的进展，备受感动之余，还被他饱满的工作热情所感染。感谢刘毅研究员在论文选题和研究工作中对我的指点与帮助。感谢金凤君研究员、徐勇研究员、张文忠研究员、陈田研究员、刘盛和研究员、蔡建明研究员、高晓路研究员、王传胜副研究员在论文选题与写作过程中的悉心指导，还要感谢他们在历次科研实践中的热心帮助，从他们的身上我真切体会到了"齐心协力办大事"的团队精神与实干作风。

　　感谢在我学习生涯中帮助我成长的老师们。感谢我的硕士研究生导师首都师范大学的申玉铭教授，在我数次重要的人生节点总能得到他的鼎力支持，还要感谢马礼教授对我的关照。感谢国家发展和改革委员会宏观经济研究院的任旺兵研究员，与他的每次交流都让我受益匪浅。感谢南京师范大学的陆玉麒教授、张小林教授、杨山教授、赵媛教授、汤茂林教授、汪涛教授，他们在我从事地理学科研实践的启蒙时期，用耐心的指导使我打下了夯实的专业基础，还要感谢杨燕老师一直以来对我的鼓励与关怀。

　　感谢从事经济地理研究的青年才俊对我的提点与关怀。感谢中国科学院地理科学与资源研究所孙威老师、陈东老师在日常学习与工作中的鞭策与帮助，他们的科研与处事能力为我树立了好榜样。感谢王志强老师用超强的计算机运用能力为我排忧解难。此外，还要感谢王娇娥老师、马丽老师、陈明星老师、余建辉老师、王岱老师、汤青老师、马妍老师、杨宇老师的诸多帮助，感谢王志辉老师对我日常生活的热情关怀。感谢良师益友首都师范大学的蔺雪芹博士、宏观院的邱灵博士，他们给予我热心的帮助，时常为我化解学业和生活中的困扰。

感谢与我共同度过3年美好时光的兄弟姐妹们。感谢与我同时入学并肩完成博士学业的王强博士、洪辉博士和尹国庆博士，我们真诚互助、精诚团结，在学期间的酸甜苦辣我们共同担当与分享。感谢张有坤博士、陈小良博士、胡望舒博士、程婧瑶博士师兄师姐领我踏入"樊门"，热忱的关爱使我快速融入团队之中。感谢蒋子龙博士、闫梅博士、孔维锋博士、丁哲澜硕士、韩晓旭硕士、张雪飞硕士等师弟师妹对我的信赖与帮助。还要感谢陈学斌博士、韩振海博士、马海龙博士、盛科荣博士、王昱博士、吴旗涛博士、梁育填博士、陶岸君博士等"樊门"子弟在论文撰写与日常生活中的指导与帮助。缘分使我有幸成为"樊门"大家庭的一员，这个进取向上的精英集体鼓舞着我努力向前。

感谢真诚而友爱的同学和朋友们。感谢中国科学院地理科学与资源研究所的湛东升博士、袁海红博士、颜秉秋博士、高超博士、党丽娟博士、刘艳华博士、陈琳琳博士、孙贵艳博士、杨逢渤博士、孙晓一博士、戚伟博士以及同住室友刘文彬博士、陈峰博士的关心与帮助。感谢中国科学院沈阳应用生态研究所的罗旭博士、中国建筑设计研究院的高宜程规划师、环境保护部南京环境科学研究所的钱者东硕士、清华大学的关学国硕士、首都师范大学的张欣硕士、康慨硕士等同学在学业和生活中的帮助。

最后要感谢家人给予了我莫大的理解与支持。感谢温暖慈爱的亲人们，正是他们无私的爱和不求回报的付出才让我走出大山，让我有力量在每一次跌倒时，总能微笑站立。感谢美丽可爱的妻子，执子之手近十年，从南京到北京，我们的爱情经历了时间与空间的重重考验，感谢你的信任与包容，你永远是我最坚实的后盾。

周 侃
于中国科学院奥运村科技园区